I0047165

Rudolf A. Vogel

Rudolph Augustin Vogels neue mediznische Bibliothek

Des achten Bandes erstes Stück

Rudolf A. Vogel

Rudolph Augustin Vogels neue mediznische Bibliothek
Des achten Bandes erstes Stück

ISBN/EAN: 9783743623170

Hergestellt in Europa, USA, Kanada, Australien, Japan

Cover: Foto ©berggeist007 / pixelio.de

Weitere Bücher finden Sie auf **www.hansebooks.com**

D. Rudolph Augustin Vogels

Königl. Großbrit. und Churfl. Braunschw. Lüneb. Leibmedici,
der Arzeneywissenschaft öffentlichen Lehrers auf der Georg
Augustus Universität zu Göttingen und der Kays. Acad.
der Natürf. wie auch der Königl. Schwed.
und Churf. Maynz. Mitglieds

Neue

Medicinische

Bibliothek.

Des achten Bandes erstes Stück.

Göttingen
verlegts Abram Vandenhöks Wittwe.
1769.

Inhalt.

I.

Medical Transactions publiſhed by the College of Phyſicians in London. *Volume the firſt.* London: Printed for S. Baker and and I. Dodsley 1768. 1 Alph. 7½ Bogen in gr. 8.

Engffand hat ſchon ſeit vielen Jahren in der mediciniſchen Praxis, ſo wie in ſo viel andern Wiſſenſchaften, ſeine Vorzüge gehabt. Die Mannigfaltigkeit der in dieſem Lande herrſchenden Krankheiten, die vortreffflichen Hoſpitäler, der Aufenthalt geſchickter Aerzte in den Beſitzthümern entfernter Weltgegenden, die vielen Seereiſen, die den Arzt ſo ſehr belehrenden Kriege, der zum Nachforforſchen vorzüglich fähige Geiſt der Nation, groſſe Beyſpiele, die ein jedes einzelnes Mitglied eines Staats beleben, ſo wie die Aerzte beſonders, ein Sydenham, ein Mead,

VIII.B. 1. St.   A   ein

ein Pringle, ein Whytt: alles dieses vereinigt sich in diesem Lande zum Vortheil unserer
Wissenschaft, und macht es zum Lehrer des
übrigen Erdtheils. Ueberzeugt, wie trüglich
das Vernünfteln in der Arzneykunst sey, folgen die dortigen Aerzte der Natur aufs genaueste nach, die sich doch leichte dem Gesichts-
puncte des Forschers entzieht, wofern nicht
mehrere einander die Hände bieten. Die
Edinburgischen *Medical Essays*, die *Medical
Observations and Inquiries*, und nicht weniger die gegenwärtigen *Transactions* sind in
diesem Stück die ehrenvollesten Denkmähler
der Nation. Der Plan ist bey allen dreyen
derselbe, Beobachtungen und Versuche, die
zur Aufnahme der Medicin dienen können,
zu sammeln.

Die mehresten der in diesem Theile enthaltenen Aufsätze haben Mitglieder des Londo-
ner Collegiums der Aerzte zu Verfassern.
Es wird aber auch fremden Abhandlungen
hinkünftig die Aufnahme nicht versagt werden. Eben so wird man, obgleich eine ge-
nauere Kenntniß der Krankheiten und der
Kräfte der Arzneymittel eine Hauptabsicht ist,
auch andere sich auf die Medicin beziehende
Materien einrücken. Das Collegium wählt
nicht blos seltene Fälle, verbittet sich aber doch
einzelne Beobachtungen über gemeine Krankheiten

heiten, und schon genug erforschte Heilkräfte.
Den unglücklichen Erfolg unter den Händen
eines erfahrnen Arztes hält es für eben so un-
terrichtend, als den glücklichen, und ermun-
tert daher seine Amtsbrüder, auch Fälle von
der ersten Art bekannt zu machen. Dabey
erklärt es sich, daß es als eine Gesellschaft
dennoch nicht für die Wahrheit und das Ansehen eines jeden einzeln mitgetheilten Auf-
satzes stehen wollen.

1. Hr. Wilhelm Heberden liefert Be- p. 1.
merkungen von den Brunnenwassern in London und die beste Art sie zu reinigen. Die
meisten dieser Wasser enthalten einen Kalkstein und die drey mineralischen Säuren nebst
einem öhlichten Wesen, wodurch sie ein gelb-
lichtes Aussehen, in Vergleich mit reinem destillirten Wasser, bekommen. Der Vitriolgeist verändert so viel von dem Kalkstein, als
sich sättigen läßt, in Selenit. Die andern
beyden Säuren lösen einen Theil desselben auf,
und vereinigen ihn aufs genaueste mit dem
Wasser. Sobald aber das Wasser zu sieden
anfängt, erscheint er als ein weisses Pulver,
fällt allmählig nieder, und überzieht die Gefässe mit einer Borke. Das Verhältniß dieser Grundstoffe ist nicht in allen Brunnen,
noch zu jeder Zeit, gleich. Das größte Gewicht von ihnen insgesamt hat 29 Gran auf

2 Eng-

2 Englische Quartier betragen; und das geringste über 10 Gran. Der unvereinigte Theil des Kalksteins ist wenigstens mit allen übrigen Bestandtheilen gleich.

Das Wasser ist folglich so rein nicht, wie man sich vorstellt; und ein Fremder merkt es leicht an dem Geschmack und der Wirkung. Auch glaubt Hr. H., daß dadurch bey vielen der Grund zu Beschwerden im Magen und in den Gedärmen, zu Drüsenerhärtungen, und nach der verschiedenen Mischung bald zu Verstopfungen bald zu Durchfällen, gelegt wer-

7. de. Dennoch spricht er es von der Wirkung, den Harnstein zu erwecken, da dieser ein thierisches Product ist, frey. Die Zumischung des Alauns zum Brot kömmt ihm uns unschuldiger vor, als man nach dem vor einigen Jahren in London dadurch entstandenen Aufsehen glauben sollte; um so viel mehr, da man zweymahl so viel von den Bestandtheilen desselben mit dem Brunnenwasser zu sich nimmt.

8. Durch das Aufkochen und Abkühlen des Wassers verliert dasselbe zwar einen Theil des noch nicht gesättigten Kalksteins, zugleich wird es aber um so viel stärker von den Salzmaterien durchdrungen. Das Weinsteinsfalz schlägt den Kalk zu Boden und verwandelt den

den salzigen Theil in Salpeter oder in des Sylvius Salz. Am besten thut man doch, wenn man das Flußwasser (Thames and new-River-water) zum gewöhnlichen Gebrauch vorziehet, dessen Trübheit, wenn man es eine Weile in einem irdenen Krug stehen läßt, sich leicht verliert. Schwerer hält es, ihm den Geschmack nach den Gewächsen zu benehmen. Die Art das Wasser durch das Reiben des Gefässes mit zerstossenen Mandeln zu läutern, hat sich nicht bewährt gefunden; und das Trübe durch Alaun zu fällen wird durch das Filtriren überflüßig gemacht. Vom Regen- p. 19. und Schneewasser, so vorzüglich es gleich ist, läßt sich nicht genug sammlen, noch läßt es sich bequem aufheben. Auch hindern die Unkosten, das Wasser von entfernten Oertern verfahren zu lassen. Die Destillation liefert das reinste Wasser, und läßt sich da brauchen, wo die Feurung nicht theuer ist. Man lernt hier dieselbe am bequemsten zu bewerkstelligen, und besonders ihm den angebrandten Geschmack zu benehmen. Die bey der Zumischung des Bleyzuckers beständig bleibende Klarheit des Wassers, giebt das beste Zeichen der Reinigkeit. An der Heilsamkeit des destillir- 22. ten Wassers läßt sich um so viel weniger zweifeln, da alles reine Wasser von der Natur destillirt worden ist; und Franz Secardi

Honig lebte durch Beyhülfe eines solchen ganze 115 Jahre.

2. Von der Elephantiasis zu Madera handelt Hr. Thomas Heberden, der daselbst Arzt ist. Den wahren Scharbock, so wie auch den Aussatz hält sein Bruder William wider die gemeine Meynung für ein in England seltenes Uebel. In den südlichen Ländern ist dieses letztere aber um so viel gemeiner.

25.   In Madera fängt es mit einem knotigten rothen Ausschlag an, wobey ein Fieber ist, das sich allmählig verliert. Das Gesicht schwillt auf. Die Augenbraume und der Bart fallen ab, die Haupthaare bleiben aber sitzen. Die Nase wird inwendig von Geschwüren verzehrt, so daß sie ganz abfällt. Die Stimme ist heiser, rauch, ohne Anzeige einiger in den Schlund befindlichen Geschwüre, obgleich diese sonst bey andern nicht selten sind. Die Nägel werden uneben und rauh. Bey zunehmender Krankheit fallen die Finger und Zähe von einem Brand ab. Die Beine schwellen zum Erstaunen auf, und erhärten sich, und die Haut daselbst schälet sich ab, wird aber sonst bald von Geschwüren bald von Knoten oder einem dicken krätzigten Schorf besetzt: da bey andern die Beine sehr abmagern. Die Haut giebt einen besondern Glanz von sich, die Empfindung

pfindung ist sehr stumpf. Der Puls ist über=
haupt schwach, und langsam. Die Ursachen
dieses Uebels fallen nicht deutlich genug in die
Augen.

Zu Anfang des Uebels sind die wider Ent= p. 30.
zündungen üblichen Mittel kräftig; und wenn
das Fieber überwunden ist, die Chinchina mit
der Saffafrasrinde. Welche Mittel auch bey
einem eingewurzelten Uebel zum Lindern die=
nen, welches sonst keine völlige Cur verstat=
tet, eine einzige Person ausgenommen, deren
Umstände der Hr. V. hier beschreibt.

Die Krankheit ist nicht sehr ansteckend, 32.
wenigstens pflanzt sie sich nicht durch das Be=
rühren fort, welches sonst besonders bey Ehe=
leuten geschehen sollte. Bisweilen ist sie erb=
lich, doch auf eine so eigene Weise, daß der
Zunder in einer ganzen Generation unwirk=
sam bleiben kan; hernach aber ausbricht.
Ueber 10 ja 15 Jahre hat verschiedentlich das
Uebel gedauret, und die Kranken starben an
einer andern Krankheit. Nur ein einziger
Mann starb zuletzt daran nach einer Aus=
zehrung.

Nach einigen gemachten Versuchen hat 34.
sich in dieser Krankheit die Chinchina beson=
ders kräftig erwiesen. Die Mercurialien

A 4 haben

haben aber, wider den Verdacht der mehresten Aerzte, das Uebel nicht verschlimmert.

p. 39.   Hr. W. Heberden erklärt in einem Anhang sein Mistrauen zur Wirksamkeit der Vipern in dem Aussatz, obgleich ohne eigene Erfahrung.

3. Eben dieser B. theilt Beobachtungen von den Zufällen, welche ein Arzt von den Springwürmern (ascarides) bey sich selbst bemerket hat, und von dem Erfolg einiger gebrauchter Mittel mit. Bisweilen erweckten sie Schmerzen über den Schamknochen, worauf ein blutiger Schleim abgieng. Purgierende und reizende Clystiere, wie von dem Aufguß des Tobacks, dem Kalkwasser, aufgelösetem Eisensalz brachten verschiedene schlimme Folgen zuwege, trieben aber die Würmer nicht ab. Das beste abführende Mittel war aber Rhabarber, mit Zinnober, von jedwedem eine halbe Quente. Calomel hatte vor einem andern nichts voraus; dem Oehl, als ein Clystier gebraucht, gaben sie bisweilen nach. An der freyen Luft starben sie in einigen Minuten. Der Arzt ist fast beständig ohne viele Beschwerden mit ihnen behaftet gewesen. Der stark abgehende Schleim gab ihnen einen bequemen Aufenthalt. Sollen Purgiermittel hier etwas ausrichten, so muß ihre Wirkung
schnell

schiek seyn und die Wiederholung dem Kran
ken nicht schwer ankommen.

4. Der Wundarzt Leigh erzählt die gu- p. 54.
te Würkung des Küchensalzes wider die Würmer. Der Kranke trank 2 Pfund Küchensalz in 2 Quartieren (quarts) Quellwasser innerhalb einer Stunde. Diese unschickliche
Menge konnte den Kranken nicht anders als
sehr angreifen. Er brach aber eine halbe
Pinte von Würmern theils von Springwür- 55. 9
mern, theils von kleinen Würmern, die bey
Pferden häufig sind (botts) auf, und nachher
giengen mit blutigen Stuhlgängen eben so
viel Würmer ab. Ein wiederholter Versuch
hat eben die Würkung gehabt, worauf sich
weder keine Würmer gezeigt haben.

5. Die Geschichte einer nächtlichen Blind- 60.
heit ist wieder von Hrn. W. Heberden.
Sie befiel einen Mann, der sonst mit Bley
zu thun gehabt hatte, kürzlich aber mit einem
Fieber geplagt gewesen war, welches das zu kleine Gewicht der Chinchina nicht gehoben, das kalte Bad aber hernach gehemmt hatte. Die
Blindheit kam nach verschiedenen Zwischen-
zeiten wieder.

6. Von der Erzeugung des Krebs giebt 64.
der Hrn. Aberstür die Geschichte eines Man-
A 5   nes

nehr zu neben Gelegenheit, der bey sonst dem
Ans hen nach guten Säften mit knotigten Geschwülsten geplagt war, die er sich mit einem
Scheermesser abzuschneiden gewohnt war.
Sie waren hart und unempfindlich und ließen
frey und beweglich an der festichten Haut.
Der Hr. W. gedenket einiger wider den Krebs
gebrauchter Mittel. Nach einigen hier angeführten Versuchen ist es ihm mit dem Merca-
chalgriff gelungen. Hirgegen hat der Schier-

p. 75. ling nur wenig ausgerichtet. Bisweilen
folgt darauf ein, obgleich leicht vorgehender,
Schwindel mit kaltem Schweisse. Anfänglich leistete es gute Dienste, die aber sehr un-
beständig waren, so daß auch die vermehrte
Dosis ohne Frucht war. Er gestehet doch,
daß der Schierling in Krebsschäden, beson-
ders denjenigen der Gebährmutter, ein gutes
Schmerz stillendes Mittel sey. Er lobt die
Verbindung der Fieberinde mit dem Schier-
ling oder dem Sublimat und bestätigt den
Nutzen derselben durch einige Beyspiele.
Bleibt aber dabey stehen, daß nur zu Anfang
der Krankheit, nicht aber in eingewurzelten
Krebsen, wenn schon ein grosser Theil der
Drüsen oder fleischigte Theile angefressen sind,
Hülfe zu schaffen sey.

93. 7. Eben der W. rühmt die Ipecacuanha
in der krampfigten Engbrüstigkeit. In die-

fem Uebel, hat er sonst keine Zuflucht zu einer
starken Dosis des Mohnsafts genommen.
Jetzt aber zieht er die Brechwurz in allen den
Fällen vor, wo keine Gegengründe sind. In
einem heftigen Anfall giebt er einen Scrupel
davon. Ist das Uebel aber chronisch, so zieht
er alle Morgen 3 bis 5 Gran, ja auch wohl
5 bis 10 Gran, womit er bisweilen einen Monat oder 6 Wochen fortgefahren. Der Kranke gewöhnt sich allmählig, sie ohne Beschwerden zu nehmen. Fünf Gran erwecken ge-
niglich ein Brechen, doch aber auch bey andern nicht. Das Brechen ist aber nicht er-
forderlich, daher die Wurzel vielmehr als ein
erschlaffendes und den Krampf hebendes Mittel wirkt, welches Hr. Akenside auch schon
in seinem Werk de dysenteria angemerkt hat.
Zur Bestätigung werden ein Paar Fälle angeführt. Einige dunkle Spuren dieser Heilart entdeckt man bey dem Riviere und Willis.
Oefters ist eine merkliche Anhäufung des
Schleims auf der Lunge dabey, in welchem
Fall das Brechen um so viel wirksamer ist.

8. Noch von dem Hrn. Akenside schreibt p. 104.
sich, ein Aufsatz von der vorzüglichsten Behandlung des Gliederschwamms (white-Swel-
lings of the Joints) her.   Das Uebel ist
hartnäckig, bringt oft eine übel geartete Eyterung zu wege, verdirbt den Gelenkesaft, ver-
kürzt

fårjt die Sehnen, greift selbst die Knochen
an, und macht das Gelenke unbrauchbar.

Am zuträglichsten hat er nebst dem Gebrauch innerlicher alterirender Mittel, Zugpflaster an dem Ort aufgelegt, gefunden.
Wenn aber eine Anhäufung der Feuchtigkeiten innerhalb den Gelenken wirklich vorhanden ist, erwartet er keine Hülfe. Mehrere
beygebrachte Krankengeschichte beweisen die
p. 108. empföhlnen Mittel. In einem ließ er mit
Vortheil das durchs Kochen aus den Gelenken des Rindvlehs herausgebrachte Oehl ein-
zelben. Eine von diesen Geschwülsten hatte
so gar vier Jahre lang mit einer Steifheit
gedauret; und ein anderes mahl waren auch
nicht die zusammenfliessenden Pocken an dem
Erfolg hinderlich.

112. 9. Hr. T. Lane giebt von den Versuchen, die er in Ansehung der Stein auflösen-
den Kräft des Kalks und der Laugensalze angestellt hat, Nachricht. Der Harnstein wurde vorher gepülvert, damit er überall eine
gleiche Fläche und Härte hätte. Das im Filtrum zurückgebliebene zeigte sodann die Kraft
des Probmittels an. Erst versuchte er den
Kalk und die Laugensalze allein, hernach in
einer beyderseitigen Vermischung. In Beurtheilung seines Versuchs giebt der Hr. W.

auf

auf die Menge der entwickelten festen Luft. Achtung; welches doch keine recht sinnliche Erklärung giebt. Feste Laugensalze haben keine besondere Stein auflösende Kraft geäussert, bis sie vermittelst des Kalks von einem Theil der festen Luft befreyet worden. Wenn aber mehr Kalk gebraucht worden, als nöthig ist, die feste Luft abzusondern, so scheint der überflüßige Theil die auflösende Kraft zu vermehren. Der Kalk, der Marmor, der Kalkstein oder Austernschalen haben alle, wenn sie nur recht calcinirt worden, einerley Wirkung. Auch ist die Pottasche (Pearl-ash) und das Weinsteinsalz gleich wirksam; ausgenommen, daß jene oft sehr unrein ist. Das mineralische Laugensalz ist schwächer, als das vegetabilische.

10. Hr. **Eduard Barry** hat eine weitläuftige Abhandlung von der Art, wie das Quecksilber in verschiedenen Krankheiten wirket, die er durch Krankengeschichten erläutert, abdrucken lassen. Man hat dabey auf die Eigenschaften dieses flüßigen Metalls und die Lage und den Bau der Gefässe zu sehen. Durch die Schwere, Flüßigkeit und Theilbarkeit vermag es das Blut und die übrigen Säfte stark aufzulösen, wodurch sie einen grössern Raum als vorher einnehmen, und folglich auch die Ge

Gefäffe merklich ausdehnen. Die Säfte werden scharf und reizen nebst dem Queckſil: berkügelgen die Gefäffe, ſo, daß eine erfol: gende Ausführung unvermeidlich iſt. Dieſe Auflöſung geſchieht aber zuvörderſt und am ſtärkſten in ſolchen Gefäſſen, wohin das Queck: ſilber in größter Menge geleitet wird, und die Entledigung daſelbſt beſonders, wo der ge: ringſte Widerſtand iſt, wo die Ausführungs: Drüſen am zahlreichſten und die Mündungen derſelben am weiteſten ſind.

Der Richtung und dem Bau der Aorta, und der davon abläufenden Gefäffe zufolge muß das Queckſilber beſonders nach dem Kopf getrieben werden, obgleich das Verhältniß mit völliger Richtigkeit ſich nicht beſtimmen läßt. Die vielen Drüſen des Mundes und beſonders die Speichelörüſen und die Weite ihter Mündungen, ſind aber eine Urſache, daß das Queckſilber beſonders durch die äuſ: ſere Carotis einen Trieb hat: daher der Spei: chelfluß eine nothwendige und mehr beſtimm: te Ausführung iſt.

P. 137. Was aber durch die innere Carotis und Wirbeladern nach dem Kopf ſteigt wird durch die Kehladern wieder dem Herzen zugeführt, und dient als ein kräftiges Mittel in Verſto: pfungen.

Nach

Nach Hrn. B. wirkt das Queckſilber in p. 140.
der Liebeſſenche nicht als ein das Gift derſelben erſtickendes Mittel (Specifit.), ſondern
blos durch die auflöſende Kraft, wodurch nebſt
den angeſteckten Säften zuletzt das Gift ſelbſt
aus dem Körper geführt wird. Daher wirkt
es auch ſehr leicht bey ſolchen Leuten, die ſehr
erſchlaffte Fäſern und empfindliche Nerven
haben, und deren Feuchtigkeiten weniger zähe
ſind. Im widrigen Fall iſt es nöthig, daß
Abführungen, warme Bäder, und eine ver-
dünnende Diät vorangehen. Schon aus der
gegebenen Erklärung folgt auch, daß es ſicher
und wirkſamer iſt, das Queckſilber in kleinen
Doſen und anhaltender zu geben.

Kurz beſchreibt Hr. B., wie allmählig 142.
der Gebrauch des Queckſilbers aufgekommen,
was er für Schickſale gehabt hat, und wie er
ſicher einzurichten ſey. Anders wirket das un-
vermiſchte Queckſilber, als die daraus gemachten Zubereitungen. Hr. B. ſcheint eben kein
Freund vom Speichelfluß zu ſeyn, wenn nur
das Metall durch andere Ausführungswege
abgeleitet wird. Durch einen unvorſichtigen
und übertriebenen Gebrauch deſſelben hat der
Hr. B. die Knochen angefreſſen geſehen, wovon ein Paar Beyſpiele angeführt werden.

.p. ...   j Das Mercurialsublimat zu 1 Gran in ge-
theilter Dosis mit einem Sassaparilldecoct innerhalb 24 eingenommen stellte einen veneri-
schen Kranken her, da das Einreiben der
Mercurialsalbe fruchtlos gewesen war.

p. 165.   II. Hr. Munckley beschreibt die Geschichte einer Frau, die mit einem gänzlichen Un-
vermögen, Nahrungsmittel zu verschlucken befallen war. Das Uebel stellte sich allmählich
ein und zuletzt konnte sie nur die dünnesten
Feuchtigkeiten herunterbringen. Ihre Stimme war heiser und das Athemholen sehr geschwächt. Man entdeckte aber keine Geschwulst.

. .p. ...   Hr. M. giebt eine allgemeine Geschichte
dieser Krankheit, auch der Zergliederung nach.
Und ihm sind davon mehrere Fälle vorgekommen. Nach dem Rath eines erfahrnen Arztes hat sich das Quecksilber am bewährtesten
erwiesen. Unter gelindern Umständen hat er
es in so kleiner Dosis und in Verbindung der
Purgiermittel gegeben, daß kein Speichelfluß
erfolgen konnte. In schlimmern aber hat er
auch denselben unterhalten. Durch diesen ge-
lang es ihm ebenfalls in dem besonders hier
beschriebenen Fall.

12, Ue-

12. Ueber 6 Bogen nimmt Hrn. G. Ba- p. 171
ker's Abhandlung von der Ursache, daß die
Colik in Poitou in Devonshire endemisch ist,
ein. Musgrave ist der erste, der dieser daselbst herrschenden Krankheit erwähnte, der   170
auch schon den Aepfelwein anklagte. Weit
genauer beschreibt sie aber Hurham. Die-   183.
sem berühmten Arzt ist der Weinstein, den der
Saft der Aepfel, so lange er noch nicht in
Gährung gekommen ist, so reichlich enthält,
verdächtig. Hr. B. hingegen findet in dem   198.
Bley die Ursache. So hat er beobachtet, daß
die eisernen Klammern an der Aepfelmühle,
wie auch diejenigen an dem steinernen Trog,
worin die Aepfel zerrieben werden, mit Bley
befestigt sind, welches auch um die Rißen des
Steins zu verdichten, eingeschmolzen wird.
Auch pflegen einige die Pressen, um das leck-
werden zu verhindern, mit Bley zu überziehen, oder einen bleyernen Rand umher zu ma-   246.
chen. An andern Orten nagelt man bleyerne
Bleche, über die Spalten oder Fugen der
Pressen und leitet den Saft in bleyernen Röh-
ren ab. Vermuthlich aus Unwissenheit sind
auch einige gewohnt, in den zeitig gepreßten   275.
Cider ein Gewicht von Bley zu legen. Und
andere ziehen den Saft, wenn er zu sehr gährt,
und daher leicht zu Eßig würde, auf bleyerne
Kasten ab.

VIII.B. 1.St.   B   Auch

§. 212.   Auch pflegt der ausgepreßte Saft in Devonshire mehrentheils vor der Gährung gekocht zu werden, wozu man sich solcher Gefäße, die oben von Bley gemacht sind, bedienet.

214.   Ein Edelmann hat Hrn. B. ferner erzählt, daß in seiner Familie lange in Gebrauch gewesen, die Gährung des Ciders durch eingeworfenen Bleyzucker zu hemmen. Und manche mögen auch wohl den herben Cider durch unerlaubte Mittel verbessern wollen. Ein in aller Händen befindliches Buch (*Art of making wines from fruits, flowers and Herbs by William Graham.*) schlägt Bleymittel öffentlich vor. Hr. B. Versuche mit der sympathetischen Dinte und der flüchtigen Schwefeltinctur haben ihn von der Gegenwart des Bleyes im Cider völlig überzeugt. Er setzt sie hier ausführlich auseinander.

242.   Nach einem hier befindlichen Anhang hat man gegen des Hrn. B. Meinung verschiedene Einwendungen gemacht, davon die wichtigste ist, daß viele von dieser Colic angegriffen worden, ohne jemahls Aepfelwein gerrunken zu haben. Die schwarze Farbe bey

252.   den Versuchen mit den Probliquears haben einige von vermischtem Eisen hergeleitet; und Hr. B. hat selbst durch diese bey der Eisensolution eine schwarze Farbe entstehen gesehen. Gleichwohl ist die Dunkelheit der Farbe bey

eben

eben dem Gewicht der Probfeuchtigkeit sehr
verschieden gewesen.   Und Infuse von adstringirenden Kräutern änderten bey der Bley-
solution die Farbe gar nicht, da dies doch bey
der Eisensolution geschiehet u. s. w.

13. Mit dem vorigen Artikel steht des Hrn. p. 257.
B. Untersuchung von den verschiedenen Arten,
wie das Bley unvermerkt in den Körper kommen könne, in Verbindung. Nur kurz berührt er die Gefahr, der sich solche, die mit
Bleyarbeiten zu thun haben, blos stellen, welche, da man den Feind kennt, doch geringer
ist, als von den geheimen Arten. So findet
sich dasselbe nicht selten im Wein, selbst in dem
Weinesig, wenn es auch nur zufällig wäre,
in dem Oehl, da man ein schlechters dadurch
verbessern will, in der Butter, in der Milch,
wenn man sie in bleyernen Gefässen hat stehen
lassen. In einigen Haushaltungen hat man
gesalzene Speisen in bleyernen oder mit Bley
überzogenen Gefässen.   Dahin gehört auch   272.
die Verzinnung kupferner Gefässe mit einer
Mischung aus Zinn und Bley, wovon, so
wie auch Hr. B. durch Versuche bestätigt,
das Bley durch saure und salzige Sachen aufgelöset wird; der Gebrauch glasirter irdener
Gefässe; und die ehedem gewöhnliche Art das
Wasser in bleyernen Helmen zu destilliren.

B 2   Denn

p. 282.　Demnach ist ihm wahrscheinlich, daß die Colik von Poitou (dry-belly-ach) überhaupt, die auch in den Engl. Colonien in Amerika so häufig vorkömmt, von dieser Ursache entspringt, wie von den letztern auch andere besondere Nachrichten sehr wahrscheinlich ma-

295.　chen. Das Wasser hat doch keine Kraft auf das Bley; wenn es nur frey von fremder Zu-

301.　mischung ist. Auch in sehr kleinem Gewichte ist es schädlich, so wie das Bley, als ein

311.　Heilmittel innerlich gebraucht, lehret. Der äusserliche Gebrauch desselben kömmt dem Hrn. B. nicht weniger verdächtig vor, so gar, daß das Pudern mit Bleyweiß an den wundgewordenen Stellen bey Kindern Zuckungen ver-

313.　ursacht habe. Selbst den Setzern in den Buchdruckereyen sind die Finger geschwächt und contract worden, wenn die Lettern, um sie zu trocknen, zu lange an dem Feuer gestanden sind. Besonders leiden die Muskeln von dem Bley.

319.　14. Hr. Baker setzt in den zwey folgenden Abschnitten die bisher von ihm abgehandelte Materie fort. Die Geschichte dieser Colik beschäftigt ihn nun zuerst. Paulus von Aegina scheint ihrer zuerst erwähnt zu haben. Das Bley selbst ist aber unter dem Namen μόλιϐος schon dem Homer bekannt gewesen, und Hippokrates schlägt es zum äusserlichen

ſerlichen Gebrauch vor. Innerlich aber iſt p. 322.
es von Nicander, Dioſcorides, Plinius
und Aetius unter die Gifte gezählt worden.
Franz Citois (*diatriba de novo & populari*
apud pictores dolore colico bilioſo 1617.) hat
dieſes Uebel zuerſt Colik von Poitou genannt,
in welcher Provinz das Uebel um das J. 1572.
zuerſt ſich geäuſſert haben ſoll, obgleich Citois
darin geirret, daß er es als ganz neu angeſe-
hen. Denn John of Gaddesden redete
ſchon davon im 14 Jahrhundert in ſeiner *Ro-*
ſa anglica, Andernac im J. 1532. und Colter
1553., anderer nicht zu gedenken.

Dem Paracelſus wirft er unter dieſen 332.
vor, durch ſeine Liebe zu den Bleymitteln in
der Medicin viel zur Ausbreitung dieſer Krankheit beygetragen zu haben. Die mehreſten
Schriftſteller werfen auf den Wein die
Schuld, der doch nur durch die Zumiſchung
von Bley ſchädlich ſeyn kan. Schon die alten Dichter machten auf die Art den Wein zu
zubereiten, Anſpielung und die Schriftſteller
de re ruſtica, ohne auf diejenigen zurückzu-
denken, deren Schriften verloren gegangen,
gaben ſchädliche Rathſchläge. Man ſollte 358.
nehmlich den Moſt (Defrutum) in bleyernen
Gefäſſen kochen. Daß aber doch das Uebel
heut zu Tage öfter ſich äuſſert, leitet Hr. B.
von der geſtiegenen Ueppigkeit her. Die Alten

B 3

ten hatten nicht glaſirte irdene Gefäſſe, wie
man aus denjenigen, die in dem Britiſchen
Muſeum aufbehalten ſind, ſiehet. Und die
Etruſiſchen Gefäſſe hatten eine ganz andere
Glaſur, als die unſrigen. Die Alten brauch=
ten auch nicht ſoviel Bleyweiß, kannten ver=
ſchiedene Manufacturen von Bley nicht, fürch=
teten ſich mehr vor der innerlichen Anwendung
des Bleys, obgleich ſchon nach dem Avicen=
na von einigen ein Misbrauch geſchehen.

p.364.   15. Dieſer Artikel beurtheilt die verſchie=
benen Urſachen, denen man dieſe Colik zuge=
ſchrieben hat. Er bezieht ſich auf diejenige
Ordnung, der ſich Hr. Maſſuet in ſeinem
der *bibliotheque raiſonnée* 1732. einverleibten
Auffaße bedient hat, den Hr. Baker aber wi=
derlegt. Mit Unrecht giebt man Fiebern, die
eine unvollkommene Criſis gehabt, oder übel
behandelt worden, kupfernen Geſchirren oder
dem Grünſpan, dem Spiesglas, oder deſſen
Ausdünſtungen in den Bergwerken, dem
Rauch von Queckſilber oder andern Metallen,
dem Misbrauch des Weins und ähnlicher
ſaurer und gegohrner Feuchtigkeiten, der Gicht
oder dem Rheumatiſmus, der gehemmten
Ausdünſtung, dem Scharbock, der Melancho=
lie, oder heftigen Gemüthsbewegungen, die
Schuld. Denn nach dem Vergleich aller Um=
ſtände, iſt das Bley die einzige wahre Urſache.

16. Hr.

16. Hr. Warren beschreibt einen in den p. 407.
Aesten der Luftröhre sich erzeugten Schleimpfropf. Die damit behaftete Patientin war
scrophulöser Beschaffenheit, empfand zuerst
eine Beschwerlichkeit im Athmen mit einem
trockenen und kurzen Husten, nebst einem Druck
in der Brust ohne Schmerzen. Der Puls
schlug sehr geschwind. Unvermuthet hustete sie
ein polypöses Gewächs auf, welches hernach
zu wiederholten mahlen geschahe, mit größter
Erleichterung. Doch hielte das beschwerliche
Athemholen und der geschwinde Puls noch immer an. Zuletzt erzeugte sich ein Geschwür 412.
an der Ferse und der Fersenknochen wurde angegriffen; nach welcher Zeit sie aber weiter
keinen Schleimpfropf aufhustete, und von allen übrigen Brustzufällen befreyet war. Die
Gestalt von zweyen wird durch ein angehäng-
tes Kupfer erläutert. Dem zufolge er sich
völlig nach dem Stamm der Luftröhre und
dessen Aesten geformet hatte; andere sahen,
wie Würmer aus, oder hatten sonst eine Gestalt angenommen.

Hr. W. bringt ähnliche Beyspiele aus
den Schriftstellern bey, die man bald für Blutgefäße, bald für etwas anders gehalten, und
beschreibt die Erzeugung derselben. Diese 425.
Schleimpfröpfe können den Grund zur Auszehrung legen, oder, wofern eine Entzündung
entstan-

entſtanden, leicht Geſchwüre erwecken. Auch
hofft er das mehreſte von Mitteln, die ſonſt
in den Scropheln gut ſind.

p. 427.   17. Von Hr. W. Herberden lieſet man
die Geſchichte der wilden Pocken (Chicken-
pox). Er vermißt eine genaue Beſchreibung
derſelben bey den Schriftſtellern, ſo nothwendig die Kenntniß derſelben gleich iſt, um ſie
mit den rechten Pocken nicht zu verwechſeln.
Bisweilen geht keine andere Beſchwerde voran, bey andern aber fieberhafte Zufälle. Sie
ſind mehrentheils ſo groß als die ächten Pocken, niemahls ſehr zahlreich. Anfänglich
ſind ſie roth, den zweyten Tag aber ſetzt ſich
ein kleines Bläsgen an der Spitze zur Gröſſe
eines Hirſenkorns an, worin eine weisliche
Feuchtigkeit enthalten. Das Bläsgen zerber-
ſtet den erſten oder zweyten Tag leicht, worauf ſich ein Schorf ſetzt, ohne daß ein Eyter
entſteht. Den fünften Tag nach dem Ausbruch ſind ſie faſt alle trocken. Während des
Verlaufs ſind faſt keine andere Zufälle.

433.   Sie ſcheinen eben ſo anſteckend als die ächten Pocken zu ſeyn, und greifen ſo wie dieſe
nur einmahl im Leben an, wie ſich der W.
durch einen Impffaden vergewiſſert hat. Hr.
H. glaubt ſo gar, daß durch die Aehnlichkeit
zwiſchen beyderley Arten Pocken, einige veranlaßt

anlaßt worden sind, die letztern einzupfro-
pfen — (Da nun durch die eine Art die andere nicht verhütet wird: so mag dies die Ursach mancher Fälle seyn, von denen man behauptet, daß auch nach der Einpfropfung ächte Pocken entstanden sind.)

Hr. H. beschreibt auch einen andern Aus- p. 434.
schlag, von dem er unschlüßig ist, ob er eine
besondere Art ausmache, oder nur eine schlim-
mere Art wilder Pocken sey. Das Fieber ist
heftiger und mindert sich nicht nach dem Ausbruch. Jedwede Spitze besteht aus mehrern
Bläsgen. Hr. H. versichert, daß die zweyten ächten Pocken so selten in England wären,
daß unter 10,000 nicht mehr als eine Person
zu rechnen sey.

18. Eben dieser Arzt ist Verfasser von der 437.
Geschichte eines epidemischen Catarrhes, der
im Junius und Julius 1767. in London geherrscht hat. Es war damit eine grosse Entkräftung, ein Fieber, und verlohrner Appetit
verbunden; war doch weniger gefährlich, als
der vom J. 1762. Die Aderlasse, und wenn
sich die Krankheit einem Wechselfieber näherte, die Chinchina waren die vornehmsten
Mittel.

19. Hr. Baker hat einige Erfahrungen 442.
B 5   von

von dem Nuzen der Blumen der Wiesenkresse
(Cardamine pratensis) in spastischen Krankheiten.   Nur Dale hat dieser Wirkung mit
zwey Worten erwähnt.   Einer hysterischen
Frau wurde nach andern vergeblichen Versuchen in der Engbrüstigkeit und dem Krampf
des Unterleibs ein Scrupel in Pulver Morgens und Abends von einem ihrer Freunde mit
Nuzen angerathen.   Nach diesem glücklichen
Versuch verschrieb Hr. B. die Blumen mit
eben dem Erfolg in dem Veitstanz, in Zuckungen der Glieder.   In einer krampfigten
Colik, nebst Zuckungen in den nachher para-
lytischen Füssen, leisteten sie anfangs Dienste.   Die Patientin starb aber nachher durch
die Gewalt des Uebels und im Gehirn entdeckten sich verschiedene Fehler, besonders eine ungewöhnliche Festigkeit verschiedener Theile.
Bey 3 epileptischen Kranken waren die Versuche vergebens.   Hr. H. giebt 1 Quentgen
bis anderthalb, 2 oder 3 mahl des Tages.

p.460.   20. Hierauf folgt ein Anhang zu Hrn.
Baker's obigen Abhandlung von der Ursache
der Colik zu Devonshire. Hr. B. macht von
Herrn Chaudelier Beschreibung von der
zu Rouen herrschenden Colik-Gebrauch, woran
das im Cider enthaltene Bley auch seinen Antheil hat.   Hr. B. bestärkt noch weiter die
Auflösung des Bleyes durch den Cider, ver-
  von   C   sichert,

ſichert, daß wo dieſe vermieden wird, auch
keine Colik vom Cider bemerkt werde; hat
ferner vernommen, daß in der Grafſchaft Dorſet
der Cider mit Bleyzucker verſüſſet werde, und
daß einige mit einer Röhre von Bley den Cider von der Preſſe nach dem Keller ableiten.
Auch räth er an, das Queckſilber zur mediciniſchen Abſicht jederzeit vorher zu deſtilliren,
weil es ſo oft mit Bley verfälſcht wird.

21. Hr. Heberden leugnet fragweiſe die p.469.
von der Chinchina befürchtete verſtopfende
Kraft, da ſie weder das Geblüt nach der Geburt noch den Monatsfluß, und eben ſo wenig den Speichelfluß in den zuſammenflieſſen-
den Pocken, vermindert hat.

Sollte wohl, fährt er fort, der Kampfer
das Brennen in der Harnröhre verhüten können, da doch eine Frau von 2 Quentgen im
Clyſtier heftige Schmerzen empfunden, und
ein anderer, von einem Biſſen, worin Kampher geweſen, eine beſchwerliche Strangurie
erlitten.

Er zweifelt auch, daß der Ausſchlag in
hitzigen Krankheiten durch die Kälte verhindert würde, und daß die Gicht ein ſo groſſes
Mittel, in andern Krankheiten ſey. In
der Lähmung und dem Schlag ſcheine ihm
die

die Aberlasse nicht ohne Unterscheid sicher ge
nug zu seyn.

M.

II.

*Essai pour servir à l'histoire de la Putre-
faction.* Par le Traducteur des Leçons de
Chymie de Mr. Shaw, premier Medecin du
Roi d'Angleterre. A Paris, chez P. Fr. Didot le jeune. 1766. 578 Seiten ohne
Vorrede und Tabellen
in gr. 8.

Grössere Selbstverläugnung hätte man
nicht leicht von einem Schriftsteller erwarten können, als diejenige des Hrn. V., der
bey den mühsamsten und sehr zahlreichen, dabey äusserst nützlichen, Versuchen, die er als
ein denkender Naturforscher jederzeit nach Absichten angestellt und glücklich anzuwenden gewußt hat, seinen Namen verschwiegen und
die bescheidene Sprache, die er durchgängig
führet, auch dann nicht fahren läßt, wenn der
Erfolg seiner Versuche fremden Erfahrungen
zuwider läuft. Den Verdiensten des Baro-
net Pringle um die Geschichte der Fäulniß
läßt er die größte Gerechtigkeit widerfahren;
geesteht

gesteht auch, daß dieser vortreffliche Arzt ihn
zu allerst auf seine Versuche gebracht
hat. Dennoch wünscht er, daß die andern
wichtigen Beschäftigungen desselben ihn erlau-
bet hätten, manche Versuche zu wiederholen,
und sie mit andern nöthigern zu vermehren.
Sollte auch, bey einigen des Baronets, so
gar ein Fehler begangen seyn: so behält er
doch immer die Ehre des schöpferischen Gei-
stes. Unser B. bemüht sich die selbst in der
Heilung der Krankheiten so wichtige Kenntniß
von der Natur der Fäulniß noch mehr zu er-
hellen. Denn voll von Verehrung gegen einen Pringle sagt er, das zurückgeworfene Licht
giebt nicht selten einen hellern Glanz, wenn
sich dessen Strahlen vereinigen, als die Fackel
selbst, wovon es doch seinen Ursprung erhalten
hat. Den Hrn. Macbride, aus dessen Werk
er zuletzt kurz den Inhalt anzeigt, hat er erst,
wie schon das Seinige den Druck übergeben
worden, kennen gelernt. Dessen Theorie,
daß die Fäulniß von einer Beraubung der festen Luft herkomme, findet bey ihm vielen
Beyfall.

Der Hr. B. behauptet, daß niemahls eine Fäulniß ohne vorhergegangene saure Gährung geschehen könne, die aber bey thierischen
Theilen so plötzlich ist, daß man sie leicht ver-
kennet. Noch grössere Gewißheit von der
Natur

Natur der Fäulniß würde man erlangen, wenn sich die Versuche im Grossen anstellen liessen. Bis 300 Versuche hat der V. geliefert, davon einige zu mehrern mahlen wiederholt worden sind. Die Jahrszeit, die Kälte und Wärme, die Feuchtigkeit und Trockenheit der Luft, die Veränderung der Winde, der Sturm und der Ort, wo die Versuche gemacht worden, haben, nicht selten den Erfolg sehr geändert: daher er auf alle diese Einflüsse sehr aufmerksam gewesen ist. Die Höhe des Thermometers, ist überall angezeigt worden. Wenn es auf den Vergleich verschiedener zu prüfender Körper angekommen, hat er bey allen einerley Gewicht beobachtet. So hat er z. B. zu 2 Quentgen Fleisch 2 Unzen der mit einer Heilkraft versehenen Feuchtigkeit, oder zu einem Quentgen Salz oder Gummi 2 Unzen Wasser genommen. Die Arzneystoffe haben sich jederzeit kräftiger trocken, als aufgelöset erwiesen.

Weder das blaue Papier noch der Violensyrup haben zuverläßige Anzeigen der allmählich sich verändernden Natur der fäulenden Körper gegeben. Nicht blos das Fleisch, sondern auch die Milch und Eyer sind bey den Versuchen gebraucht, und diese letztern sind durch die angegewandten Verwahrungsmittel länger als das Fleisch gegen die Fäulniß gesichert worden. Am längsten hat

sich

sich das Kalbfleisch gehalten. Eben so halten
sich die Fische länger, als das Fleisch: da hingegen jene, wenn sie einmahl in Fäulniß gerathen, einen höhern Grad derselben annehmen. Von einem Franzen finden sich hier
Versuche mit der Galle von Menschen und
dem Rinde.

Umsonst hat er von dem Saft verschiedener Pflanzen eine der Fäulniß widerstehende
Kraft erwartet. Nur allein die Myrrhen p. 359.
haben sich vorzüglich erwiesen. Denn sogar
die mit dem Lavendel verwandten Pflanzen
(verticillatae) und die einen Sonnenschirm
tragenden, die doch ein dem Campher ähnliches Oehl enthalten, waren unkräftig.

Auch auf die Verschiedenheit des Geruchs
bey dem Fäulen hat der V. acht gegeben.
Bisweilen ist er angenehm gewesen, ob er
gleich nichts ähnliches mit demjenigen Körper
gehabt, den man der Prüfung unterworfen.
Bisweilen hat es wie siedend Fett gerochen.
In vielen Fällen hat das Fleisch weder an der Grösse zugenommen, noch etwas
an der Festigkeit verloren.

Das Marienbad hat sich weniger zu den
Versuchen geschickt, da der V. nicht immer
dabey das Kochen des Fleisches hat verhindern
kön-

können, wodurch sich aber die Fäulniß verzögert hat. Eben darum hat er sich auch nicht des Sandbades bedienen wollen.

Der Schimmel ist ein gutes Verwahrungsmittel gewesen, wenn er die ganze Fläche der Feuchtigkeit oder des Fleisches bedeckt hat.

Von den Versuchen mit thierischen Theilen, die sich selbst überlassen gewesen, geht der W. zu denen, wobey das Wasser gebraucht worden, und zuletzt zu denen bey welchen er Dinge, welche die Fäulniß entweder befördern oder abhalten, geprüfet hat, fort. Bey allen diesen giebt er auf die Tage Achtung. Nach diesem Plane hat er seine Versuche in verschiedene Classen gebracht, nach deren jedweder er die nöthigen Anmerkungen und Folgerungen beybringt.

p. 8.   Das Gelbe des Eyes kömmt weit eher als das Weisse in Fäulniß; und dieses letztere dann erst, wenn es durch das Ausdünsten verdickt worden und eine grünliche Farbe ange-
26. nommen hat.   Die Milch hat die Fäulniß des Fleisches zwar durch ihre Säure und den Rahm aufgehalten: zuletzt ist sie aber sehr stinkend worden.

27.   Die Salze, die eine Erde zum Grunde
stoffe

fast haben, nvermögen, weniger wider die
Fäulniß als andere. Oefters ist aber das
geringe Gewicht, wenn man sie braucht,
Schuld, daß sie nichts ausrichten. Das p. 34.
Glaubersche Salz hat hierin doppelt so viel
Kraft, als das Epsomer; auch ist es wirksamer
als das Seignettesalz. Das Meersalz mit 36.
einem erdigten Grundstoffe hinderte auch nicht,
daß nicht schon den zweyten Tag das Fleisch
einen Gestank von sich gab: Ohne diese
Grundmischung verwahrte es aber das Fleisch,
mehrere Tage. Ueberhaupt sind die Mittelsalze
in diesem Stücke nur schwach. Der Zucker,
erweiset sich auch nicht anders, als in grösserer
Menge kräftig. Das Guajack, die Fieberrinde, aber in Pulver; das arabische Gummi
und einheimisches Gummi, widerstunden der
Fäulniß nicht merklich. Das Decoct des
Guajaks war doch stärker als der Aufguß.
Der Saft der Wurzel der Zaunrübe vermochte in diesem Stück nichts merkliches, übertraf
doch, wider Vermuthen, das Extract von der
Alandwurz. Noch besonderer aber war es, 57.
daß die Chamillenblüthen, auch in einem sehr
starken Aufguß, die vom Hrn. Pringle ge- 89.
rühmte Kraft nicht äusserten. Die wilde schien
kräftiger als die Gartenpflanze zu seyn.

Mit dem Bier, so wie auch mit dem El-
VIII.B. I.St.   C   der

p. 175. der, hat es nicht gelingen wollen.   Die Wei=
200. ne verhüten allerdings die Fäulniß, doch aber
210. die rothen mehr, als die weissen.   Das Pech
 · 2 · hat vor der Chinchina den Vorzug.

256.   Durch mehrere Versuche wird die Wirk=
280. samkeit der flüchtigen und festen Laugensalze
327. in Widerstehung der Fäulniß bestätigt.   Viele
242. Harzarten schützten das Fleisch auch bis auf
den 23sten, ja bis auf den 27sten Tag darwi=
der.   Als Beyspiele von dem Unterschied in
der Wirkung, führen wir nur an, daß Ma=
stix und Takamahak mehr als Sandarach ver=
mochte.

      Der Saft des Sauerklees hat hierin vor
246. vielen andern Mitteln etwas vorzügliches, steht
252. aber doch der Münze nach.   Ebenfalls be=
währt sich der Salmiak noch immer.

      Der versüßte Salpetergeist, der Weingeist,
270. das Safranextract, das Bernsteinsalz, das
 · 2 Sydenhamsche flüßige Laudanum, das Wer=
muthsalz, der Borax, der weisse Vitriol, der
 · 2 weisse Champagnerwein, der Meth, das Gall=
äpfeldecoct, verschiedene Zubereitüngen der
Chinchina, der Aufguß oder das Decoct des Gua=
jaks, erhielten das Fleisch zu mehrern Mona=
ten unverzehrt.

                                        Beydes

Beydes, das Weisse und das Gelbe, vom p. 376. Es blieb durch die Zumischung des Chinchina-pulvers, unverändert. Eben diese Kraft die Fäulniß völlig von dem Fleisch und Fischen ab-zuhalten besitzen das wesentliche Salz (eigentlich das Extract) der Chinchina, das Pulver von den Galläpfeln, das Mohnsaftertract, das trockne Guajak, das arabische Gummi, das Gummitraganth, das Ammoniakgummi, die Sarcocolla, der Styrax, deren alle trocken zugemischt wurden, das Burgundisch Pech, der Campher, der peruvianische Balsam, verschiedene Weine, der rothe Eßig der blaue Vitriol, das Bleysalz und andere metallische Salze, der Kalk. Einiger dieser Mittel bediente sich der Hr. W. auch bey den Eyern mit eben dem Erfolg.

Bey der Chinchina hat sich manche Verschiedenheit in Ansehung der Zeit, da sie die Fäulniß verhütet, gezeiget, davon man nicht jederzeit die Ursache hat entdecken können. Indessen ist sie eines der kräftigsten Mitteln gewesen, sowohl der Fäulniß vorzubeugen, als die verfaulten Theile wiederherzustellen. 445.

In einem Anhang finden sich von einem Fremden viele erhebliche Versuche mit der Galle. Die mineralischen, sowohl einfachen als versüßten, Säuren haben fast einerley Wir- 339.

C 2   kung

ſtung bey derſelben, als die vegetabiliſchen, geleiſtet. Durch die Zumiſchung wurde eine
Menge grünlicher Körner erzeugt, aber ohne
Aufwallen, und ſie wurde gegen die Fäulniß
geſichert. Die erwähnten Körner entſtunden
auch durch zugemiſchte Laugenſalze, die der
Galle aber eine gelbe Farbe gaben. Das Seife vereinigte ſich genau mit ihr und beyde ver-
miſchten ſich ohne Schwierigkeit mit dem
Waſſer. Auch das Laudanum ſchützte ſie wider das Faulwerden.

Die angehängten zahlreichen Tabellen ſind
ein Auszug aus den Verſuchen.

III.

CAROL. STRACK M. D. & in Vniuerſ.
Mogunt. Inſtit. Med. Prof. Publ. Emin. ac
Celſiſſ. Princ. Elect. Mogunt. Iud. Auſ. Conſil. Elect. util. Scient. Acad. Erf. Soc. Obſer-
uationes medicinales de morbo cum petechiis,
& qua ratione eidem inedendum ſit. Carolsru-
hae, ex offic. aul. Macklot. 1766. 307

S. in 8.

Dies iſt eine der nützlichſten Schriften, die
alle Aufmerkſamkeit verdient, weil ſie
eine der ſchlimmſten und gefährlichſten epide-

miſchen

mischen Krankheiten glücklicher besiegen lehrt, als
bisher hat geschehen können. Hr. Str. verpflich:
tet sich hierdurch nicht allein die Aerzte, son:
dern auch das ganze Publicum; und ob man
wohl schon sonsten den Nutzen abführender
Mittel in dergleichen bösartigen Fiebern hin:
länglich erkannt hat; so geben doch seine Ver:
suche dieser zwar noch lange nicht hinlänglich
genug ausgebreiteten Heilart eine neue Stär:
ke. Denn das ist der Hauptsatz dieser Schrift,
daß Aderlassen, säuerliche Mittel, Blasenpfla:
ster und Kampher, diese Krankheit zu heben
nicht zureichen, sondern oft wiederholte, ge:
linde oder stärkere Purgiermittel die einzigen
wahren Arzeneyen sind.

Es finden sich überdem noch mehrere ar:
tige Bemerkungen und Gedanken über das
Fleckfieber in diesem Büchelgen, die wir dem
Leser gerne mittheilen, wenn wir vorher die
Gelegenheit zu dessen Abfassung, und wie Hr.
Str. allmählig zu der abführenden Heilart
gebracht worden, erzählet haben.

Im Jahr 1760 hat das Fleckfieber in und
um Maynz herum geherrscht und etliche Jahre
gedauert. Hr. Str. hat gegen 400 Kranken
in seiner Cur gehabt, und an solchen sowohl
die ganze Natur der Krankheit, als auch die
besten Mittel dargegen ganz deutlich kennen
lernen.

C 3 Hr.

Hr. Str. hat acht Jahre lang practicirt,
ehe er ein Fleckfieber unter den hitzigen gesehen
hat; und er hat angefangen mit einigen andern angesehenen Aerzten zu glauben, daß jene
blos von dem Gebrauch hitziger Arzeneyen entstehen, und ihm deswegen nicht zu Gesichte
kommen, weil er sich nur kühlender bedient.
Allein im Jahr 1755 hat er bey dieser kühlenden Heilart an fünf Personen in einem Hause
dieses Fieber bemerket; im Jahr 1756 hat er
die Flecken wieder an einem Jüngling, und im
J. 1757 und 1759 sehr häufig in Ländern, die
von Kriegsheeren überschwemmt waren, und
unter diesen selbst, wahrgenommen; so daß
er nunmehro überzeuget worden, daß die Flecken aus einem eigenen Fehler der Säfte entstehen, und von hitzigen Arzeneyen und Verhalten, als vor welchen er sich gänzlich gehü-
tet, nicht gemacht werden.

p. 14.   Dies ist der Inhalt des 1. Kapitels.   Im
2ten werden die Merkmale des Fleckfiebers angezeiget; daraus wir nur das vornehmste aus-
17. zeichnen wollen.   Ein geschwinder Ausbruch
der Flecken erleichtert die Krankheit so wenig,
als ein später.   Die mehresten Flecken brechen am Unterarm aus.   An den Augenliedern
18. lassen sie sich zuweilen auch sehen.   Die Gefahr der Krankheit richtet sich nicht immer
19. nach der Menge der Flecken.   Graue und
schwa-

schuppichte Flecken sind dem Hrn. Str. nicht
vorgekommen. Die Zeit, wenn sie verschwinden, ist ungleich. Es giebt auch Flecken ohne
Fieber und ohne alle Entkräftung. Das p. 20.
Fieber wird durch den Ausbruch der Flecken
nicht gemindert; und man kan solche daher für
keinen critischen Ausschlag ansehen. Die breiten und zusammenfliessenden Flecken sind die 26.
gefährlichsten. Es sind deren immer nur wenige, und sie verschwinden innerhalb drey Tagen wieder. Wenn man daher nicht alle Tage die Haut des Kranken besichtiget, oder zu
späte dazu kommt, so verkennt man die Krankheit leichte. Auf ein starkes Nasenbluten ver- 28.
stärkt sich das Fieber bey diesen ausgebreiten
Flecken, und wird tödtlich; und dawider hat
Hr. St. noch kein Hülfsmittel finden können.
Das Blut ist sehr dünne.

Im 3. Kap. stattet Hr. St. von dem 31.
Ausgang der von ihm versuchten verschiedenen
Heilarten einen Bericht ab. Die Flecken ent- 34.
stehen bey den besten kühlenden Arzneyen und
Ptisanen, und bey dem gelindesten Fieber.
Campher ist ein ungewisses Mittel. Das 36.
Fieber nimmt mit dem Ausbruch der Flecken
zu und die ganze Krankheit verschlimmert sich;
weswegen die Flecken kein critischer Auswurf
seyn können. Die Kranken sterben sowohl 37.
bey kühlenden, als schweißtreibenden Mitteln;

C 4 und

und beyde sind daher ungewiß. Nichts ist
hingegen ofenlicher, und mindert die Hiße und
Räserey mehr, als abführende Mittel, worauf viele faule Säfte abgehen. Die ganze
Krankheit wird auch dadurch verkürzet; und
nach gewissen Tagen und Zufällen hat man
ihren Gebrauch nicht einzurichten. Zum Abführen, das Hr. St. oft und viele Tage lang,
und fast allezeit um den zweyten oder dritten,
angestellt, hat er verschiedene bald gelinde, bald
starke Dinge, als Rhabarber, Jalappen-
wurzel und Harz, Scammonium, abgekochte Tamarinden mit Manna und Seignette
Salz, wie auch manchmahl Brechmittel, und
zuweilen auch Chstiere aus Molken, Salpeter,
Salz und Honig; anbey auch kühlende Mip-
turen, aus destillirten Wassern, scharfen Eßig,
Salpeter und einem Syrup oder Meerzwiebel-
saft eingegeben.

p. 69.   Im 4. Kap. wird wiederholet und bestä-
tiget, daß diese Krankheit von faulen Säften
in Därmen entstehet, sie mögen aus verdorbenen Speisen, oder von Würmern, oder einem
andern Zusammenfluß verdorbener Feuchtigkeiten herkommen. Unter armen Leuten und
gemeinen Soldaten im Felde ist die Krankheit
72.   daher weit häufiger, als unter andern; sie
nimmt auf freywillige Durchfälle ganz allein
ab, und kein Kranker genießt ohne

der

der nicht einen Bauchfluß bekommt. Wer p. 76.
demnach keine unreine Säfte im Unterleibe hat,
der hat sich auch vor dem Anstecken nicht zu
fürchten.

Hr. St. hat auch angemerkt, daß wenn p. 77.
die Ruhr eine Zeitlang vor dem epidemischen
Fleckfieber vorhergehet, keiner von denen, der
die Ruhr gehabt, in diese Krankheit zu fallen
pflegt; und daß alle diejenigen, die das Fleckfieber bekommen haben, von der Ruhr vorher
verschont geblieben sind. Dahingegen hindert
das Fleckfieber nicht, daß nicht nachher eine
Ruhr erfolget.

An der ansteckenden Eigenschaft des Fleckfiebers zweifelt er nicht. Zu Castell lagen
A. 1760 über 100 Menschen darnieder, und
in den Armen-Hütten zu Maynz wären zuweilen fünfe, auch neune unter einem Dache krank.
Die Flecken zeigen sich manchmahl gleich am   79.
ersten Tage des Fiebers.

Je frühzeitiger stark abführende Mittel gebraucht werden, desto kürzer ist die Krankheit,
und endigt sich schon am vierten Tage.

Flecken, die schon lange gestanden haben,   85.
verlieren sich alsobald nach einer gegebenen
starken Abführung. Jedoch bey einem armen 86.88.
E 5   Mann

Mann haben die Flecken 25 Tage gestanden,
und er hat etliche Purganzen nöthig gehabt,
p. 92. ehe sie verschwanden; und bey einem Mädgen
96. 40 Tage, ohngeachtet das Fieber mit dem
20sten sich geendigt hatte: dergleichen Exempel noch mehrere vorkommen, so gar, daß die
Flecken zwey Monate lang stehen geblieben.

99. Ueberhäuftes Essen bringt die geendigte
96.101 Krankheit wieder hervor, und bey einigen erst
103. nach einem Jahre; die Purgiermittel aber sind
104. auch hier wider das einzige Genesmittel. Aus
109. welchen Umständen der Hr. V. wiederum einen gegründeten Beweiß nimmt, daß die Flecken kein critischer Ausschlag sind; wie denn
auch, wenn dieses wäre, die Purgiermittel
höchst schädlich seyn müßten.

111. Der Hr. V. bedient sich übrigens eines ar-
tigen Gleichnisses von genossenen faulen Muscheln, womit er erläutert, wie verdorbene
Säfte in den Därmen Flecken auf der Haut
hervorbringen, und Abführungen darwider
helfen können. Ein bloses Miasma kan daher diese schlimme Krankheit nicht allein erregen, sondern es wird noch dazu ein Zunder
im Unterleibe erfordert, womit es sich verbinden muß.

112. Im 5. Kap. wird der Siß des ansteckenden

Gift im Körper untersucht. Aus dem vorigen erhellet schon, daß der Hr. B. solchen nicht
im Blute, sondern in den Därmen sucht.
Dieses aber ist ihm aus folgenden Gründen
glaublich, 1) weil die Flecken bey vielen sich schon
am ersten Tage der Krankheit zeigen, ehe nehmlich das Blut von dem Gift angesteckt seyn
kan; 2) weil die Flecken auf zeitige Brech- und
Purgiermittel schleunig verschwinden; 3) weil
sich ihre Dauer nach der Menge der verdorbenen Materie in den Därmen richtet; 4) weil
sie sich auf einen natürlichen sowohl, als künstlichen Bauchfluß verlieren; und hingegen 5)
stehen bleiben, wenn dieser oder jener nicht be-
würket wird; 6) weil die häufigsten Flecken
manchmahl auch ohne Fieber ausbrechen; und
hingegen 7) das Fieber ofte noch heftig fort wü-
tet, nachdem die Flecken verschwunden sind; 8)
weil die auf ein Purgiermittel verschwundene
Flecken durch einen Diätfehler wiederkom-
men; und solches 9) auch geschiehet, wenn der
Gebrauch schweißtreibender Mittel, wovon sie
vergangen, unterlassen wird; 10) weil diejenigen, welche reine Eingeweide im Unterleibe
haben, der Seuche entgehen, obgleich das
Gift in sie gedrungen ist; 11) weil die Flecken
einige andere aus dem Blut entsprungene
Krankheiten, als ein kaltes Fieber, eine Ruhr,
oder Pocken, nicht verändern, noch verschlimmern, wenn sie sich dazu gesellen; und endlich
12)

12) die Kranken von dem Fieber mit Flecken
eben das leiden, was andern ohne Flecken wie=
derfährt.

p. 116.   Wie schwer übrigens die Krankheit auch
119. bey gar wenigen Flecken sey, wie auch umge=
kehrt, Flecken in Menge ohne Fieber zuweilen
daseyn, solches wird nunmehro noch mit eini=
gen Krankheitsgeschichten erwiesen.

   Daß auch die Flecken nicht von der Fieber=
hitze geboren werden, erweißt der Hr. Vf. aus
123. zweyen Erscheinungen, erstlich weil sie bey ei=
ner nachlassenden Hitze immer die gleiche Far=
124. be behalten und zweytens das Fieber oft lange
über ihre Erscheinung hinaus dauert.

133.   Das 6te Kap. erörtert die Frage, aus wel=
chem Theile des Körpers das Fieber entsprin=
ge? Aus dem vorhergehenden kan man die
Antwort schon errathen, nehmlich aus den er=
sten Wegen, jedoch mehr aus den Därmen,
als aus dem Magen, weil die Brechmittel
weniger, als die abführenden helfen; aus dem
Magen weniger verdaute Säfte, als aus den
Därmen ausgeworfen werden, die mehresten
auf einen Durchfall, und nicht auf ein Bre=
chen genesen, der mehresten ihr Harn trübe
ist, die Därme nach dem Tode brandigt ge=
funden werden, die Kranken einen Schmerz

und

und Schwulst unter dem Magen haben und
ängstlich Athem holen, und endlich auch viele
derselben gelbsüchtig werden.

Im 7ten Kap. werden die Zufälle erklä- p. 141.
ret; wobey wir uns aber nicht aufhalten wollen. Vieles aus der Geschichte der Fleckens
krankheit wird hier nützlich wiederholt. Einige Kranken werden in der Zunahme des Fie- 145.
bers gelbsüchtig, ohne daß die Leber merklich
hart ist. Hr. Str. meynt aber nicht, daß
diese Gelbsucht von Flecken herkomme. Die 146.
Schweisse hält er durchgängig alle für symptomatisch. Er sieht es best den breiten Flecken 178.
für ein tödtlich Zeichen an, wenn die Kranken
in keine Schlafsucht verfallen. Er braucht in
diesem Fall das Extract der Kinkina, wie
auch Campher, Schlangenwurzel, Salmiac,
und Blasenpflaster; doch hält er selbst auf alle 182.
diese Dinge nichts, die Kinkina ausgenommen.

Auf die Fleckenkrankheit folgen zuweilen 184.
kalte Fieber, Wassersucht, und Eyterbeulen
an äusserlichen Theilen: und von diesen Uebeln
handelt er besonders im 8. Kapitel. Die kalten Fieber kommen mehrentheils von überlade-
nem Magen her, und endigen sich wieder auf
abführende Mittel, oder, (wo diese nicht zureichen), auf die Fieberrinde. Die Flecken gesellen sich auch oft wieder zu diesem Fieber.
Die

204. Die Wassersucht rührt auch von der unzuläng-
205. lichen Abführung des Leibes her, und erfor-
206. dert solche von neuen.   Der wässerige Geschwulst nimmt sobann erst hinter her ab, wenn
alle Unreinigkeiten ausgeführet sind, wo das
210. Wasser durch den Harn weggehet.   Die Eyterbeulen sind nicht für critisch anzusehen, weil
sie erst nach geendigter Krankheit entstehen.

216.   Im 9ten Kap. werden die verschiedenen
eingeführten Curarten von dem Hrn. P. beurtheilt.   Er setzt an allen aus, daß sie die
Ursach nicht wegnehmen, und folglich unzulänglich sind.   Doch läßt er die kühlende Art
als ein Nebenmittel gelten; und die erhitzende
in Flecken ohne Fieber; die alterirende aber
mit der Kinkina, bey zusammenfliessenden Flecken, und wo ein Brand in den Därmen zu
243. befürchten ist.   Von der Aderlässe werden die
Flecken nicht zurückgetrieben; sie ist aber nur
244. in der zunehmenden Hitze nöthig.   Die Blasenpflaster sind überhaupt unnütze.

247.   Im 10ten Kap. wird gelehrt, wie man
sich zu erhalten, wenn sich Flecken unter andere Krankheiten, als kalte Fieber, Scharlach-
fieber, Pocken, Masern, Friesel und Ruhren, mischen.   Bey allen diesen Krankheiten
hat Hr. Stickelne sonderliche Verschlimmerung durch die Flecken wahrgenommen.   In
kalten

kalten Fiebern hat er oft abgeführt, und sodann
die Kinkina gebraucht: in den Pocken hat er
sich letzterer unter kühlenden Mitteln bedient:
den Friesel hat er wie die Flecken selbst behan=
delt. Etwas seltenes ist es, daß sich die Fle= p. 265.
cken zur Starrsucht gesellen.

Im letzten Kap. erzählt der Hr. V., daß 276.
er auch in einer Epidemie wahre Seitenstiche,
an statt des Fleckfiebers, bemerkt habe, wel=
che auf Aderlässe und andere gewöhnliche Mit=
tel nichts gegeben, und am 7ten Tage den Tod
zuwege gebracht; hingegen von häufigen ab=
führenden Mitteln und dem zu den gewöhn=
lichen Mitteln gesetzten Kinkinaertract, sich
haben überwältigen lassen. Der Auswurf
war in diesen Seitenstiche roth oder braun:
und ein freywilliger Durchlauf immer erprieß=
lich. Den Schmerz selbst waren weder
Aufschläge, noch Blasenpflaster zu mindern
fähig.

Hundert und sieben Krankengeschichte
sind in diesem sauber gedruckten Buche ent=
halten.

IV.

IV.

Schwaben zur Arzneygelahrtheit und Naturkunde. Erster Band. Nördlingen, bey Carl Gottlob Beck 1769. 18 Bogen in 8.

Hiemit fängt sich eine Sammlung medici-
nischer und zur Naturgeschichte gehöri-
ger Beobachtungen an, welche in Schwaben
durch den Betrieb des Nördlinger-Physicus,
unsers ehemaligen Mitbürgers, Hrn. D. Ge.
Aug. Phil. Gesner erscheinet. Dieser erste
Band hat ihn einzig und allein zum Verfasser,
und ist auch unter dem Titel von dessen Sammlung von Beobachtungen aus der Arzneygelahrtheit zu haben. In dem Vorbericht lieset man den Plan zu der Sammlung
der Schwäbischen Gelehrten. Naturkunde
und Medicin werden darin verbunden werden.
In der Medicin wird man auf die Theorie
eben so wohl als die Praxis sehen, und hiervon nicht blos an das Wunderbare gränzende
Fälle, oder blos glückliche Curen wählen.
Psychologische Beobachtungen, in denen der
Arzt mit besserm Grunde als der Philosoph
sprechen kan, gehören auch hieher. Die Naturgeschichte soll sich blos auf Schwäbische
Producte erstrecken, und ihrer Verwandschaft
wegen mit der Chemie, Physik und Haushal-
tungs-

tungskunst vereinigt werden. Selbst gute Hypothesen, da sie bisweilen zur Wahrheit führen, sind den Absichten der Gesellschaft nicht zu wider. Auch werden Beyträge zur Geschichte der Medicin und der Naturkunde, und nebst originellen Schriften, Recensionen und Auszüge aus schwäbischen Schriften hier eine Stelle erhalten.

Der gegenwärtige Band ist ganz und gar practisch, und von einem so wichtigen Inhalt, daß er die besten Begriffe von diesem Institut erweckt. Besonders sehnen wir uns nach Hrn. G. eigenen Aufsätzen. Denn in diesen gefällt die Schärfe im Wahrnehmen, die gut angebrachte und unaffectirte Vergleichung fremder Beobachtungen mit den seinigen, die Feinheit im Urtheilen, selbst die Schreibart, die ihr besonders Gepräge von Nachdruck und Lebhaftigkeit hat, bisweilen aber doch für einen Beobachter, bey dem die Kälte kein Fehler ist, zu feyerlich wird. Einige Erklärungen sind zu mecha- nisch, die man aber dem Hrn. B., als einen sonst Erfahrung liebenden Mann noch eher zu gute halten kan.

Von einer epidemischen Ruhr, die zu Nördlingen 1766 herrschte, ist zuerst die Re- de. Die Verschiedenheit der Zufälle verans laßt

läßt ihn seine Kranken in drey Ordnungen
zu theilen. Es gieng kein Fieber voran,
noch war der Zustand des Magens oder Zwölf-
fingerdarms widernatürlich. Am schlimmsten
war diejenige Ruhr, die bey den häufigsten
Stuhlgängen, womit doch kein oder nur weniges Blut abgieng, keine Schmerzen in
Verbindung hatte. Denn nach 2, 3 oder
5 Tagen erfolgte bey einer starken Kälte der
Glieder, der Tod. Das Reissen im Leibe und
den Stuhlzwang hält er daher für unbeständi-
ge, und nur einer gewissen Art von Ruhr eigene Kennzeichen, und beweiset dies ferner aus
andern Schriftstellern. Er meynt, die
Ruhrmaterie hätte in der schlimmern Art die
Nerven betäubet, daher auch der Mohnsaft
in derselben nichts ausrichtete. Dem Rhabarber ziehe er sonst laxierträncke aus Oehl,
Salz und Manna vor; so wie der Brech-
weinstein durch die Erschütterung gute Dienste leistete.

p. 31. Bey einem Schwindsüchtigen half sich
die Natur selbst durch ein Geschwür, das
sich auswärts an der Brust zog und hernach
geöffnet wurde. Von dem eingesprüzten De-
cocte hustete der Kranke einen Theil auf.
He. G. räth setzt die Eröffnung der Brust
an, da die mehrsten Lungengeschwüre auß der
Fläche der Lunge befindlich sind, und der Hand-
griff,

griff, wofern man auch den schadhaften Theil
der Lunge selbst nicht träfe, doch wegen des
erweckten künstlichen Geschwürs nützlich ist.
Auf balsamische Mittel hält er mehr in der
Schwindsucht als auf die Fieberrinde.   Des
Hrn. W. Kranke fanden wider die gewöhnliche Meynung bey der Lage auf die kranke
Seite mehr Beschwerlichkeit.   Nach der
vorhergehenden Empfindung eines Druckens
über die Herzgrube, drang daselbst ein zäher
und bisweilen mit zarten Blutstriemen vermischter Schleim durch, und zuletzt wuchsen
daselbst lange Haare aus.   Bisweilen hat
Hr. G. aus der Geschwulst der Hand oder
des Fusses die in der Schwindsucht ange-
griffene Stelle zu bestimmen vermocht.

Die schwarze Krankheit ist ausführlich p. 55.
abgehandelt worden, und zwar sind mehrere
Fälle zum Grunde gelegt.   Als Kennzeichen
derselben giebt er den schwarzen Auswurf
durch den Mund oder After, die Kälte der
Glieder mit kaltem Schweisse, die Ohnmacht,
und den schwachen verborgenen Puls an.
Sonst sind die Consistenz der Geruch und
Geschmack der Materie sehr verschieden.

Auch Hrn. G. bestärkt, daß oder welche
Pulsmischt bestärkt und bösartig oder
längere Zeit zugesetzt   Die Ammoniac
D 2   gummi

gummi schätzt er wegen der Beförderung
der Coction sehr. Warnt aber der Peripneumonie, auch bey einer anscheinenden Ge-
schwindigkeit, nicht zu sehr zu trauen

Vom Sommerseitenstich findet sich hier
ein Beyspiel, das doch nichts mit andern
Krankheiten im Sommer gemein halte. Die
Speckhaut, wovon der Hr. V. viel lesens-
würdiges beybringt, kan um so viel weniger
als ein Zeichen einer Localentzündung angesehen werden, da sie nach der Kälte des Jahrs
1766 auch auf dem Geblüte ganz gesunder
leute bemerkt wurde.

p. 131.   Nun folgt der Rheumatismus. In
diesem Abschnitt rühmt Hr. G. gelegentlich
das mit Weingeist bereitete Extract der Arons-
wurz, aus gleichen Theilen der Wurzel und
Blätter, oder der Blätter allein, welches
letztere rösten ist, zur Beförderung des
Auswurfs in Brustkrankheiten. langwierige Rheumatismen sich verschiedentlich in
einen chronischen Friesel übergegangen, das
bisher vorher sich aber mit einer Nessel-
sucht

1588   Es wechselte Drüsengeschwulst an dem
Ohr erwähnt die sich nach die Backen erst
zeigte, und allmählich durch den Auswurf

Aa   eines

eines schwärzlichen Schleims aus der Lunge
vergieng.

10. Die Zahl der periodischen Krankheiten p. 163.
wird durch ein Nervenübel vermehrt, das
sich mit einem Gesichtsfehler anfieng, auf
den in abwechselnder Ordnung eine unaus-
stehliche Empfindung eines Kriechens von Insecten an der Nase, der Oberlippe, dem Zahnfleisch, an den Zähnen, der Spitze der Zunge, an dem Gaumen, den Armen, innerhalb
einer Viertelstunde folgte. Es war Grund
vorhanden, dieses Uebel von einer Unreinigkeit in den Gedärmen herzuleiten, die durch
die Gemeinschaft der Nerven den Zufall verursacht hat.

Ohne eine merkliche Hitze, sahe man auf   175.
dem Harn eines jungen Menschen Fett schwim-
men, welches sich auch an den Seitentheilen
des Nachtgeschirrs eine Linie dick angesetzt
hatte.

Ein Mann aber, der mit dem Herzweh   177.
geplagt war, brach eine Menge Fett mit Erleichterung des ersten Uebels aus. Er war
keine Hitze noch Auszehrung dabey.

Ein Ohrengeschwür, das eine Folge der   179.
Rose war, zog einen Verlust des Gesichts

nach

nach sich. Welcher Zufall durch die Beförderung der Eyterung gehoben wurde.

183. Bey einem Mädgen erzeugte sich 3 Wochen nach der Geburt ein Feuermahl neben
dem Auge, das anfänglich wie Frieselblätter-
gen aussahe.

184. Der Hr. B. hat einen Scharlachausschlag
ohne Fieber gesehen.

186. Eine andere Geschichte beschreibt den
Veitstanz, den Hr. G. glücklich hob.

192. Ohne merkliche Ursache entstund bey einer Wöchnerin nach der Geburt ein Unsinn,
der doch durch Aderlasse und Campher eine
emulsion vergieng. Bey einer Frau vom
Lande thaten aber in ähnlichem Fall die Star-
keyischen Pillen besondere Wirkung.

Der Hr. B. hat verschiedene erhebliche
Versuche mit den von Wien aus empfohlenen
Arzeneyen gemacht. Den verdickten Saft
des Bilsenkrauts gab er in einer Krampfco-
lik zu 3 Gran. Es hielt den Leib offen, den
der sonst dienliche Mohnsaft verstopfte, und
brachte die Haemorrhoiden zum Fluß.

196. In harnäckigen Gliederreissen, wie auch
in

in dem hysterischen Uebel war das Extract
aus dem Eisenhut (Napellus), zu ¼ Gran
nützlich. In andern Fällen haben aber auch
6 Gran nichts ausgerichtet.

Der Aufguß der Pommeranzblätter 198.
schlug auch unter seiner Hand bey einem epileptischen Knaben gut an.

Ein epidemischer Kinderhusten, wahr- 199.
scheinlich ein Keichhusten, verminderte sich im
geringsten nicht durch Brechmittel, hingegen
waren Pillen aus Biesem und Toback extra-
cte um so viel kräftiger.

Vom Schierling sind hier 12 Versuche 204.
angehängt, nach welchen das Extract in böse
senerhärtungen, Geschwülsten der Gelenke,
in einer bösartigen Krätze, in einer Neigung
zu Eytersammlungen u. s. w. sich nützlich erwiesen. Bey einer Entzündung der Hand
legte der Hr. B. mit Vortheil, zur Linderung der Schmerzen, den Magneten an.

M.

V.

*Thefaurus Differtationum, Program-
matum aliorumque opufculorum felectiffimo-
rum* ad omnem medicinae ambitum perti-
nentium. Collégit edidit & neceffarios iu-
dices adiunxit *Eduardus Sandifort.* Med. D.
Acad. Med. Caefar. Nat. Curiof. Reg. Scient.
Svec. Societat. Phyfico med. Bafileenfis Infti-
tuti hift. Oötting., Sodalis ac Societ. Lit. Ie-
henf. membrum Honorar. Vol I. cum tabulis aeneis. Roterdami apud Henr.
Beman 1768. Ohne Vorrede
und den Inhalt 572
Seiten in gr. 4.

Man kan bey der Ausgabe fremder Schriften eben fo wohl Gefchmack und Einfichten, als bey der Ausarbeitung eigener,
zeigen, und nicht weniger oft ift man dem
Publico eben fo nützlich durch feine als durch
diefe. Hr. D. Sandifort hat fich bisher
auf beyderley Weife verdient gemacht, und
von feiner noch immer fortdaurenden preis-
würdigen Gefchäftigkeit ift diefe eine neue
fehr angenehme Frucht. Sein Werk verdiente fchon diefes Urtheil, wenn es nur eine
Wahl guter Streitfchriften enthielte. Denn
bey der ungeheuren Menge von fchlechten
kommen doch manche gute hervor, die entweder

wider einen geschickten Responbenten, oder
einen andern wisern Gelehrten, der seine Mü
he der Ehre des jungen Doctors aufgeopfert
hat, zum Verfasser haben, die sich aber
sehr leicht verstecken. Er macht es aber
durch die Verbindung der Programme und
kleiner medicinischen Schriften, die eben=
falls das Schicksal haben, leicht zerstreut zu
werden, um so viel nützlicher. Hr. S. hat
durch den Zuschub auswärtiger Gelehrten,
die er nennet, an ähnlichen Schriften, ei=
ne beträchtliche Sammlung. Akademische
Schriften, die vereinigt in besondern Samm=
lungen herausgekommen, als die Linneischen,
Trillerschen, Vögelschen werden in dieses
Werk nicht aufgenommen werden, noch wird
Hr. S. leicht über das J. 1760. zurückge=
hen. Vor jedem Bande wird der Inhalt
der enthaltenen Schriften voranstehen. Ue=
berhaupt sind hier bis 20 Schriften nachge=
druckt, welche ohne einem Theil der Medicin
einen Vorzug zu geben, vermischten Inhalts
sind.

Der ausser der Verbindung mit der Aka=
demie erschienenen, und hier nachgedruckten
Werkgen sind nur zwey, nehmlich,

A. *Tissot* Epist. ad illustr. *I. G. Zimmer-*
mannum de morbo nigro, scirris visce-
rum

rum cephalæa inoculatione irritabilitate cum cadauerum sectionibus; und

5. *I. G. Hasenörbt,* Historia medica morbi epidemici s. febris petechialis u. s. w.

Die Akademischen Schriften haben aber folgende Titel, die wir abzuschreiben uns nicht verdrießen laſſen, weil einigen Leſern ſie zu wiſſen gewiß nicht gleichgültig ſeyn wird.

1. *G. C. Reichel* Diff. de epiphyſium ab oſſium diaphyſi deductione.

2. *R. H. Dahl* Diff. de humeri amputatione ex articulo praeſ. *R. A. Vogel.*

3. *I. T. Adolph* Progr. quo capſam Petitianam pluribus cruris complicate fracti caſibus aptandam proponit.

6. *I. Ulr. Toggenbrugger* Diff. caſum ſtirporis ſcabiei inoculatione curati exhibens.

7. *C. Cramer* Diff. de Paralyſi, & ſetaceorum aduerſus eam eximio vſu.

8. *M. A. Barchewitz* Diff. ſiftens ſpicilegia ad phoſphori vrinarii vſum internum medicum pertinentia, praeſ. *A. D. Buchneri.*

9. *I. T. Mautt* Diff. de cortice peruuiano

10. *I. G. Stocker de Neufern* ſpecimen de
ſuccino

...ſuccino in genere & ſpeciatim de ſuc-
, ...nerio foſſili Wisholzenſi.

11. *B. S. Pallas* Diſſ. de infeſtis viuentibus
...intra viuentia.

12. *I. I. Huberi* Progr. ſiſtens Obſeruatio-
nes aliquot anatomicas.

13. *G. M. Fried* Diſſ. de foetu inteſtina
plane nudis extra abdomen propenden-
tibus nato.   IV

14. *I. F. Lobſtein* Diſſ. de neruo ſpinali ad
par vagum acceſſorio.

15. *Sam. Zieruogel* Diſſ. de naribus inter-
ni praeſ. *Sam. Auriuillio.*

16. *Dom. Cotunnii* Diſſ. de aquaeductibus
auris humanae internae.

17. *Petr. Paul. Desbans (Vogel)* ſpecimen pract. de hydrope peritonaei ſa-
nato, memorabili caſu confirmato e-
ditum a *Vogelio.*

18. *G. Gummer* Diſſ. de cauſa mortis ſub-
merſorum, eorumque reſuſcitatione
experimentis & obſeruationibus inda-
gata.

19. *G. S. Pilling* Diſſ. de vrina cretacea
praeſ. *C. F. Hundertmark.*

20. *I. F. Ehrmann* Diſſ. de hydragyri prae-
paratorum internorum in ſanguinem
effectibus, praeſ. *I. R. Spielmann.*

Ein Register macht diesen Band um so
viel brauchbarer, und der schöne Druck und
nette Stich der Kupfer lockt noch besonders
zum Lesen an.   Ehestens wird der zweyte
Band die Presse verlassen.   M.

VI.

Akademische Schriften.

I.

Diss. inaug. *de febre neruosa eiusque
genuina indole,* praes. RVD. AVGVSTIN. VO-
GEL, resp. SIGISM. ERN. ALEX. VOL-
PRECHT *Luneburgens.* Gott.
1767. 4 ½ Bogen.

Der Hr. V. hält dieses von den Engländern so genannte Fieber nicht für neu,
sondern ein sehr lange bekanntes bösartiges;
und möchte es daher lieber febris maligna
lenta, als neruosa, genannt haben.   Die
Ursachen desselben sind eben diejenigen, als in
dem bösartigen.   Denn in beyden kan eine
gar zu zarte Grundlage der Theile, ein Mangel oder Verlust dienlicher Säfte, eine Be-
kümmerniß, eine feuchte und faule Luft, die
Schuld

Schuld haben. So ist auch in Ansehung der Zufälle eine Uebereinstimmung, von denen diejenigen des Nervenfiebers nach dem Huxham beschrieben werden; so gar, daß auch solche, die man als wahre Unterscheidungszeichen des Nervenfiebers angesehen, als die grosse Entkräftung, der schwache und dabey geschwinde und unordentliche Aderschlag, die Kleinmüthigkeit, der fast gänzliche Mangel des Durstes, der blasse Harn, die flüßigen Stuhlgänge, gemeinschaftlich sind. Und, eben so verhält es sich mit der Heilart. Beyde verschlimmern sich mehrentheils durch Aderlasse, starke Abführungen und Schweißtreibende und Schlafmachende Mittel von der Art. Da im Gegentheil Blasenpflaster, Clystiere, eine mäßige Wärme, nahrhafte Speisen, Brechmittel, gelinde Abführungen und mäßig den Schweiß treibende, säuerliche, wie auch reizende und stärkende Mittel erfordert werden. Dennoch läßt sich nichts allgemeines und einem jeden Kranken angemessenes bestimmen. Man hat nicht jederzeit das Geblüt dünne, sondern bisweitlen, wie im Fleckfieber selbst, mit einer Speckhaut bedeckt gesehen. Nach Hrn. B. Meynung ist dies nicht, wie Hurham will, des Celsus, morbus cardiacus, noch räumt er dem Sauvages ein, daß Hippokrates es Typhos genannt habe. M.

2. Diss.

Diss. inaugur. de alchima bilis qualitate,
de eiusdem alio excretorum aut vomitu ejectorum color? praes. PHIL. GE. SCHRÖDER
resp. IO. MARTINO STARCK Francof.
Gott. 1767. 53 Seiten.

Bey Kindern verspürt man einen solchen
grünen Auswurf in Verbindung des
Reissens und convulsivischer Zufälle zum öftern. Man schreibt ihn aber mit Unrecht
einer Säure zu, da ihr Unrath nicht selten, ob er gleich sauer gerochen und ihnen
eine geronnene Milch abgegangen, und ihre
Nahrung, wie auch die Fehler der Amme,
eine Säure veranlassen können, eine gelbe
Färbe gehabt hat. Im Gegentheil ist die
grüne Färbe eine Folge eines Nervenfehlers,
wie man bey Kindern, die entweder selbst,
oder deren Ammen zu Nervenzufällen geneigt
sind, ersiehet. Andere Krankheiten, bei denen man einen solchen Auswurf entdecke, sind
intermittirende Fieber, schlimmer Art, gallichte oder bösartige Fieber, die Pest, die
Hirnwut, der Hundsbiß, die Ruhr, die Cholera, und einige Fälle, in denen die Galle sogar eine den Giften ähnliche Schärfe annimmt. Das Brechen einer grünlichen Materie beobachtet man besonders in Kopfwunden, auf Seereisen, in der Epilepsie und

ents

entstandenen Affecten, in der Gicht und dem
Stein, in der Colik von Poitou, dem hypo=
chondrischen und hysterischen Uebel, in wel=
chem letztern offenbar die ausgebrochene Ma=
terie eben so oft ohne Anzeigen einer Säure,
als in Begleitung derselben, gewesen ist.
Daß die Galle die Ursache dieser Farbe sey,
ist ausgemacht. Sie besitzt aber diese Far=
be entweder schon, ehe sie sich in die Gedär=
me ergießt, oder nimmt dieselbe hernach erst
an. Nach des Hrn. Präses Versuchen mit
der Galle ausser dem Körper, ist zwar durch die
Zumischung saurer Dinge die Galle grün wor=
den; doch ist die grüne Farbe nicht der Stärke
der Säure proportionirt gewesen, noch ist sie er=
folgt, wenn nebst der Säure, Brotkrumen,
Fleischbrühe, Fett u. s. w. zugemischt wor=
den. Auch hat der urinöse Salmiakgeist
eine ziemlich dunkelgrüne Farbe zuwege ge=
bracht. Die verschiedenen Meynungen der
Schriftsteller von der Ursache dieser Farbe
findet man hier bey einander, die in so ferne,
weil sie einen Nervenfehler zu erkennen giebt,
nicht gering zu schätzen ist.

M.

Diff. inaug. de evacuantium usu in febrium

brium acutarum rem tractabo, quam deuortia,
resp. GE. CHRISTIANO RADEFELD.
Hildburghauf. Gott. 1767.

Diese Probschrift giebt nur die Brech- und
Purgiermittel an, davon die allgemeinen Anzeigen ihrer Nothwendigkeit zuvörderst angegeben werden. Selbst Hippokrates und unter den neuern, Sydenham,
Glaß, Burham, Breidel, Pringle, und
andere, billigen sie. Da aber Hr. de Haen
denselben zuwider ist, hat Hr. R. dessen Gründe nach der Ordnung hier untersucht. Er
bemühet sich, dieselben zu entkräften, und meynt,
daß die Aerzte, die Hr. de H. zu seinem Vortheil anführt, diese Mittel nur in gewissen
Krankheiten und wenn die Materie noch nicht
säuerisch gewesen, verworfen haben; selbst
Hippokrates hat aus Besorgniß einer er-
folgenden Ermattung den Rath ertheilet, sich
ihrer schon zu Anfang zu bedienen. Zudem
muß man die heftigen Mittel dieser Art, die
nur Hippokrates kannte, mit unsern sichern
und gelindern nicht vergleichen: daher er
freylich sonst furchtsam ist. Boerhaave
rühmt sie doch eben sowohl als sein Ausleger der Freyherr v. Swieten, bey einem
Eckel, einem Brecher, einem Durchfall und
andern Zufällen in hitzigen Fiebern; der in
den Gedärmen sich gehäufte Unrath erwecke
nicht

nicht selten ein Fieber und reizet dieselben, mehr, als solche Mittel. Daher man nicht Grund hat, sich vor ihrem Reiz zu fürchten. Und da das Kopfweh und Rasen so oft durch ein gegebenes Brechmittel gewichen: so kan man wegen eines Antriebs nach dem Kopf unbesorgt seyn. Wir übergehen andere Gründe. Indessen verwirft der Hr. V. durchaus die Behutsamkeit nicht. Er bereitet daher den Körper dazu durch Mittelsalze, Aderlasse, Clystiere und ähnliche Mittel, läßt bey ihrer Wirkung häufig trinken, giebt sie zur Zeit der Remißion und in getheilten Dosen. Unter diesen Umständen trägt er in keinem Zeitraum sie zu geben Bedenken. Das mehreste richtet er aber im Anfang mit ihnen aus. Hiervon macht der Hr. V. auf gallichte und fäulichte Fieber, die Pocken, Masern und die unächte Lungenentzündung eine Anwendung. In Entzündungsfiebern richtet er sich aber nach besondern Anzeigen.

M.

4.

Diss. inaug. *de apoplexiae ex praecordiorum vitiis origine analecta*, praes. PHIL. GR. SCHRÖDER, resp. GR. PHIL. KOCH, *Wetzlariens.* Gott. 1767.

Nach vorläufigen Betrachtungen von dem
Schlag überhaupt handelt der Hr. V.
die überschriebene Materie selbst ab. Die
Vergleichung der in Leichen angestellten Beobachtungen zeigt, daß das Uebel nicht jederzeit einen sichtbaren Fehler des Gehirns zum
Grunde hat. Fette, vollblütige, gichtische
und Nervenzufällen ausgesetzte Personen werden am öftersten von ihnen befallen, bey denen man aber in den Eingeweiden, die in den
Präcordien liegen, beträchtliche Fehler entdeckt hat. Der Hr. V. beruft sich beydes
auf Gründe und zuverläßige Zeugnisse. Ue-
berdem bestätigen die Zufälle, die vor dem
Schlag hergehen, davon die mehresten von
eben der Art sind, wie in den bösartigen Fiebern und einer starken Hypochondrie, und die
apoplectischen Wechselfieber, die, wie die in-
termittirenden Fieber überhaupt und die nachlassenden Fieber offenbare Fehler in dem Ver-
dauungsgeschäfte verrathen, den Antheil der
Präcordien. Einen neuen Erweiß geben
aber die Oeffnungen todter Körper. Oefters
hat man zwar gar keinen Fehler entdecket,
den man aber auch nicht immer fordern kan,
da so oft das Uebel nur durch ein Mitleiden
der Nerven erfolgt. In andern Fällen hat
man aber die Gedärme, die Leber, die Gallenblase, die Galle, die Milz u. s. f. merklich
verletzt gefunden. Endlich beruft sich der
Hr.

Hr. V. auf die Cur, da dann das Uebel öfters durch ein von selbst entstandenes Brechen oder einen Durchfall sich verloren hat. Und die Kunst ist diesem Winke der Natur gefolget, nachdem sie, wofern es nöthig gewesen ist, durch Aderlasse, Lavements, kühlende Mittel u. s. w. den Anfang gemacht hat.

M.

5.

Diss. inaug. *de partu serotino valde dubio* praes. RVD. AVGVSTINO VOGEL, resp. IO. CHRISTOPH. HARKER, *Ratisbonensi.* Gott. 1767. 42 Seiten

Der Hr. V. erzählt alle diejenige Gründe, die man seiner Meynung entgegen setzet, und beantwortet sie sogleich nach der Ordnung. Die ersten beziehen sich auf einen Vergleich der Thiere mit den Menschen; und er findet bey beyden eine gleiche Beständigkeit. Obgleich die Fruchtbarkeit nach dem Himmelsstrich verschieden ist: so hebt dies doch die Ordnung nicht auf; da jene und die Geburtszeit zwey so verschiedene Dinge sind. Neun Monate und wenige Tage sind die wahren Gränzen der Schwangerschaft. Die Misgeburten sind nicht jederzeit mit einer Verzögerung verbunden. Die beschleunigten Geburten können bey ihrer eben so grossen

Unge-

Ungewißheit nichts beweisen.   Die seibes-
beschaffenheit und das Alter der Eltern hat
keinen Einfluß; denn Frauen von einer welch-
lichen Lebensart, und solche von einer harten,
kommen zu gleicher Zeit nieder, und Platers
mehr als hundertjähriger Grosvater erzeugte
mit seiner 30jährigen Frau doch zur rechten
Zeit einen wackern Knaben.   Fehler in der
Lebensordnung, eine Entkräftung von Hunger und die Leidenschaften, können also um
so viel weniger die Ordnung der Natur stö-
ren.   Schwächliche Mütter bringen doch set-
te und starke Kinder auf die Welt: oder sie
leiden eher einen Umschlag.   Wendet man
die Empfängniß mehrerer Geburten ein: so
beweiset dieses nichts, als, daß die eine Geburt unzeitig gewesen, die andere aber bis
zur Reise zurückgeblieben ist.   Die ungleiche
Weite der Gebährmutter findet der Hr. V.
nicht in der Natur gegründet, da die Ausdehnung derselben sich nach der Grösse der
Frucht richtet.   Eine wirklich verspätete Geburt, müßte sich auch durch die Schwere und
Grösse, eine engere Fontanelle, lange Haare,
vollkommene Nägel u. s. w. verrathen.   Das
Resultat aus dem allen also ist, daß die späten Geburten nur ein Geschöpf der Leichtfer-
tigkeit oder der Misrechnung sind.   Nur
die Verzögerung von widernatürlichen Ursachen, die keine ordentliche Geburt zulassen,

h. E.

z. E. wenn die Frucht in der] Fallopischen Röhre oder dem Eyerstock stecken geblieben, macht eine Ausnahme, die doch in der Hauptsache keiner Ausflucht günstig ist.

M.

6.

Diff. inaug. *de pelvi eiusque in partu dilatatione,* auctore EDVARDO SANDIFORT, *Dordraco-Batauo.* Lugd. Batav. 1763. 5 Bogen in 4.

Des Hrn. S. Meynung geht da hinaus, daß bey der Geburt wirklich die Fugen der Knochen sich trennen können. Um dies desto wahrscheinlicher zu machen, war es nöthig, zuvörderst von dem Becken überhaupt, dessen Knochen, Knorpeln und Bändern zu handeln. In der Hauptmaterie sucht er dreyerley besonders zu erweisen, daß die Trennung der Knochen des Beckens möglich sey, daß sie wirklich geschehe, und daß sie auch nöthig sey.

Bey der Geburt, deren Auftritt hier kurz erzählt wird, klagen die Frauensleute über die heftigsten Schmerzen in den Fugen des Heiligbeins und der Schaamknochen. Einige haben entweder vor der Geburt oder bey derselben ein Knirschen daselbst vermerkt. Andere hat man nachher hinken gesehen.

E 3 Das

Das Becken bey Frauensleuten ist zwar weiter als das männliche: man muß aber auf das Verhältniß zwischen jenem und der Frucht sehen. Durch die allmählich schon in der Schwangerschaft zuschlessenden Feuchtigkeiten, werden die Bänder und die Knorpeln erweichet und beweglich.

Mehrere so wohl an lebendigen als todten Frauensleuten gemachte Beobachtungen sind aber angezeichnet, nach denen entweder alle Knochen des Beckens oder dieser oder jener allein getrennt gewesen sind. Da es auf diesen Beweisgrund vorzüglich ankömmt: so hat der Hr. V. seine Belesenheit gut anzuwenden Gelegenheit gehabt. Zu den zahlreichen Beyspielen aus den Schriften, setzt der Hr. V. ein neues von seinem Freunde dem Hrn. D. Bicker hinzu. Eine 26jährige Frau brachte 3 Tage, nachdem die Wasser gesprungen waren, nach einer sehr schweren Geburt ein ungewöhnlich grosses Kind zur Welt. Als sie fünf Tage nachher aufstund, empfand sie einen heftigen Schmerz unten im Unterleibe, und hinkete nach beyden Seiten. Bey der angestellten Untersuchung fand er die Schaamknochen wirklich beweglich: durch dienliche Mittel verlor sich aber dies Uebel.

Auch

Auch bey leichten Geburten glaubt Hr.
S., daß die Fugen der Knochen nachgeben,
da auch dann der Schmerz und das Anstrengen so groß ist. Die Verengerung des Kopfs
des Kindes ist auch nicht hinlänglich und selbst
diese kan ohne viele Gewalt nicht erfolgen.
Um so viel nöthiger ist die Erweiterung des
Beckens bey einer schweren Geburt. Und
eben daher, weil diese wegen der Trockenheit
der Knorpeln und der Bänder bey alten Personen nicht so leicht nachgeben können, ist
bey diesen die Geburt um so viel schwerer.

Diese Erweiterung läßt in den wenigsten Fällen üble Folgen nach, da die Theile
vermöge ihrer Federkraft sich wieder zusammenziehen. Um diejenigen zu widerlegen,
welche in der englischen Krankheit, dem Lei-
besübel oder einer Cacherie die Ursache setzen,
bedient sich Hr. S. der viel geltenden Worte
des Morgagni, der überhaupt der von dem
Hrn. S. vertheidigten Meynung günstig ist.
Das Nachgeben des Steisbeins ist aber
durchgängig so bekannt, daß er dessen nur
mit zwey Worten erwähnt. M.

E 4 VII.

VII

Kurzgefaßte Nachrichten.

I.

Joseph Georg Pasch, der Wundarzney und Geburtshülfe Meisters,
Ihro Röm. Kaiserl. Königl. Apost. Ma-
jestät Pensionairs, Abhandlung aus der
Wundarzney von den Zähnen, derselben,
wie auch des Zahnfleisches, der Kiefer-
krankheiten, und Heilarten. Erster
Theil. Wien gedruckt bey Trattnern
1767. 103 Seiten in 8. Dieses kleine Buch
hat viele Vorzüge vor andern ähnlichen, und
verräth einen guten Kenner der Anatomie und
einen erfahrnen Zahnarzt, der dabey im Stande ist, die Feder zu führen. Wir bleiben bey
den eigenen Beobachtungen und Gedanken
des Hrn. V. stehen. Die Schädlichkeit des
Reinigen der Zähne durch mineralische Säuren wird durch Hrn. P. Versuchen offenbar:
denn innerhalb einigen Stunden zerstörte
die Salpetersäure und die Salzsäure den
Schmalz der in dieselben eingeworfenen Zähne. Der Vitriolgeist aber wirkte langsamer.
Er selbst hat Kinder, die mit Zähnen gebor-
ren sind, gesehen. Bey einem schlimmen
Zahnausbruch, will er durchaus nicht den
Durchschnitt des Zahnfleisches versäumt haben

ben, aus dessen Unterlassung ein Kind vornehmer Eltern das Leben einbüßte. Er erwähnt einer Frauensperson, die bey einem langsamen Ausbruche eines Zahns mit einer Taubheit befallen wurde, welche, nachdem er durchgedrungen von selbst sich verlor. Bey einem jungen Menschen brachen an dem untern Kinnbacken 6 Hundszähne aus. Hr. P. und seiner Freunde Versuche mit dem Magneten fallen dem Stahl nicht zum Vortheil aus. Mehrentheils ist er unwirksam gewesen, bey andern hat er eine schädliche Wirkung als eine heftige Hitze, Zuckungen und eine starke Entzündung des Gesichts erwecket. Ausser der Kälte des Stahls findet er nichts wirksames bey ihm: daher es ihm nicht gelung, da er denselben erwärmt hatte. — In dem zweyten Theil haben wir die Handgriffe und den Gebrauch der Werkzeuge zu erwarten.

2.

Johann Friedrich Zuckerts, der Arzneygelahrtheit Doctors, der Römischkaiserlichen Akademie der Naturforscher und der Churmaynzischen Akademie nützlicher Wissenschaften Mitglieds, Systematische Beschreibung aller Gesundbrunnen und Bäder Deutschlands. Berlin und Leipzig, in der Rüdigerschen

gerschen Buchhandlung 1768. Ohne
Vorbericht und Register 333 Seiten in gr. 4.
Es mangelte uns noch ein Werk, das
uns aus den Büchern von den mineralischen
Wassern in Deutschland einen ausführlichen
und zuverläßigen Auszug lieferte, und uns
diese Wasser in einer den Bestandtheilen derselben gemässen Ordnung vorstellte. Hr. Z.
hat bey dieser Bemühung viele Schwürigkei-
ten gefunden, da von manchen nur unvollkommene oder fehlerhafte Beschreibungen erschienen; und öfters die davon gegebenen Nachrichten einander widersprechen. Von manchen findet man aber überhaupt nichts anges
zeichnet. Man wird dem Hrn. V. also
leicht verzeihen können, wenn einige hier aus-
gelassen sind, die er aber in einem andern
Werk nachholen will. Das gegenwärtige
besteht aus zweyen Theilen. — Der erste
handelt von den Gesundbrunnen und Bädern
überhaupt, woselbst er auch die Wirkungen
der Mineralwasser, die Art sie zu gebrauchen,
die Brunnendiät, und ihren Misbrauch aus
einander setzt — In dem zweyten Theil
sind diese Wasser in ihre Classen gebracht,
nehmlich in seifartige Wasser, Bitterwasser,
alcalische, muriatische, schwefelichte und martialische Wasser. Vor einer jeden Classe gehen die Hauptcharaktere voran, darauf nennt
er die Schriftsteller, der er sich bedienet, er-

zählt

zählt den Ursprung und die Schickſale des
Waſſers, ſeine Eigenſchaften und Beſtandtheile, und die Wirkungen deſſelben. Eine
angehängte Tabelle von dem Gehalt der erwähnten Waſſer macht den Beſchluß.

3.

Kritiſcher Verſuch einer Deutſchen
Ueberſetzung der acht Bücher des Aurel.
Cornel. Celſus von der Arzneykunſt von
D Johann Hentich Lange, Stadt-
phyſikus zu Lüneburg, wie auch der
Röm. Kayſerl. Akademie der Naturfor-
ſcher und der Herzoglichen deutſchen Ge-
ſellſchaft der ſchönen Wiſſenſchaften zu
Helmſtädt Mitglied. Lüneburg, verlegts
Gotthilf Chriſtian Berth 1768. 196 Seiten in gr. 8. Johann Rhüffner hat ſchon
in dem J. 1531 eine deutſche Ueberſetzung vom
Celſus geliefert. Hr. L. wird aber bey der
ſeinigen die Almeloovenſchen Ausgabe vom
Jahr 1748 zu Baſel, gebrauchen; wobey er
dennoch in den nöthigen Fällen die Varian-
ten anzeigen wird, und niemahls der neuern
Leſeart deswegen den Vorzug geben, weil ſie
mit den Meynungen der Neuern beſſer über-
einſtimmt. In den Unterſcheidungszeichen
wird er ſich nach dem Sinne richten; und
durch Anmerkungen wird er die dunklen Stellen zu erläutern ſuchen. Nach dieſen Regeln

geln ist auch die gegenwärtige Probe verfaß-
set. Man findet darin die Vorrede und die
beyden ersten Capitel des ersten Buchs des
Celsus ganz übersetzt, und einige einzelne
Stücke aus den andern Büchern, die von
abwechselnden Inhalte sind. Hiernach zu
urtheilen, ist die Uebersetzung dieses gedan-
kenreichen Schriftstellers in sehr gute Hände
gerathen. Hoffentlich aber wird der Hr. W.
bey der eigentlichen Ausgabe diejenigen Anmerkungen, welche die deutsche Sprache an-
gehen, auslassen. Der Verleger druckt das
Werk auf Subscription.

*Traité complet des accouchemens natu-
rels, non naturels, & contre Nature, expli-
qué dans un grand nombre d'Observations &
de Réflexions sur l'art d'accoucher. Par le
Sieur* DE LA MOTTE, *Chirurgien Juré &
Accoucheur à Vallognes. Nouvelle Edition
augmentée & de beaucoup de Remarques
intéréssantes, & mise en meilleur ordre,
avec Figures en taille-douce. A Paris, chez
Laur. Chr. d'Houry* 1765. *Tom. I. II.* zusammen 1488 Seiten in gr. 8. Der de la Mot-
tische Name erhält sich noch immer in Ansehen bey den Hebärzten. Daher der Herausgeber dieser neuen Edition sein Verdienst hat.
Sie hat zu dem ihre Vorzüge vor den vorigen.

gen. Die Beobachtungen selbst sind in bessere Ordnung gebracht, wobey doch in dem Register, die Nummern der alten Ausgabe angezeigt stehen, und sind durch nützliche Anmerkungen, die zur Erläuterung oder fernern Bestärkung dienen, begleitet. Bis 8 Kupfertafeln, bey denen Hr. Sue, K. Demonstrator in der Chirurgie, die Aufsicht geführet, sind hinzugekommen.

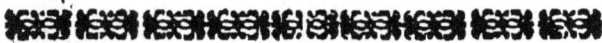

VIII.

Medicinische Neuigkeiten.

Upsala. Zu Ende des Jahrs 1767 überlieferte der nunmehr verstorbene große Kenner der Bergwissenschaft, Hr. Anton von Swab, der Königl. Akademie, die von derselben ihm abgekauften Mineralienzsammlung, die eine der schätzbaresten unter den bisher bekannten ist. Sie besteht aus mehr als 4000 Arten, die er theils selbst auf seinen weitläuftigen Reisen gesammelt, theils durch andere sich verschaffet hat. Der jetzige Chemiä Professor, Hr. Thorbern Bergman, führt die Aufsicht darüber, und hat nachdem seine eigene sehr zahlreiche damit verbunden. Die dadurch entstandenen Doubletten

ten wird man theils zu Versuchen, und zum
Schleifen, theils zum Auswechseln gegen
noch fehlende Stücke anwenden.

Der Hr. Doctor Joh. Gust. Acrel ist
zum Adjunct in der Medicin daselbst ernannt
worden.

Harlem. Auf das Jahr 1769 hat die
dasige Gesellschaft der Wissenschaften eine
Preisfrage aufgegeben, die in folgenden Puncten besteht: was bisher in der Naturgeschichte von Holland geleistet worden? was noch
darin zu entdecken übrig sey? welches die beste Art sey, eine solche Geschichte zusammenzuschreiben? Die Antwort muß an den Secretair der Gesellschaft, den Hrn. von der Aa,
geschickt werden.
Eben diese Gesellschaft hat auch auf den
Anfang des J. 1770 eine Preisfrage bekannt
gemacht, was zu der Kunst zu beobachten erfordert werde, und was diese zur Bildung und
Verbesserung des Gemüths beytrage.

Wittenberg. Im May 1768 trat Hr.
Adolph Julianus Bose eine ausserordentliche Profeßion in der Medicin mit einer Rede,
de medico prae ceteris humani corporis fragilitatem intelligente an. Die Einladung dazu
geschah in einem Programm de differentia fibrae in corporibus trium naturae regnorum.

⚹ ❀ ⚹

D. Rudolph Augustin Vogels

Königl. Großbrit. und Churfl. Braunschw. Lüneb. Leibmedici,
der Arzeneywissenschaft öffentlichen Lehrers auf der Georg
Augustus Universität zu Göttingen und der Kayl. Acad.
der Naturf. wie auch der Königl. Schwed.
und Churf. Mäynz. Mitglieds

Neue
Medicinische
Bibliothek.

Des achten Bandes zweytes Stück.

Göttingen
verlegts Abram Vandenhöks Wittwe,
1779.

Inhalt.

I.

Observations on the Asthma and on the Hooping cough. By John Millar M. D. London 1769. 14 Bogen in 8.

Die Engbrüstigkeit, wovon Hr. M. handelt, ist eigentlich diejenige, die man sonst krampfartig nennt, die zwar viele Aerzte beschrieben, nicht aber, wie der Hr. V. meynt, nach ihrem ersten Anfang und ihrer einfachen Gestalt betrachtet haben. Er hat darzu besonders bey einer Epidemie, die ihm in Northumberland Roxburgshire und Berwicksshire vorgekommen, Gelegenheit gehabt. Und auf diese bezieht sich vornehmlich die hier gegebene Beschreibung.

Die Lage dieses sich auf 40 Meilen erstreckenden Landes ist sehr mannigfaltig, theils gebirgicht, theils niedrig, theils trocken, theils feucht, wornach sich auch die

Verschiedenheit der Wärme beurtheilen läßt.
p. 10. Im Frühling und Herbst herrscht ein nach-
laſſendes Fieber fäulichter Art, das sich doch
durch die Peruvianiſche Rinde im Anfang
gebraucht, bezwingen läßt, aber wenn es
sich selbst überlaſſen bleibt und nicht gehörig
durch die Rinde angegriffen wird, in wenigen Tagen einen schlimmen Ausgang nimmt,
oder in ein beschwerliches anhaltendes Fieber ausartet.

11.   Im October 1755. erfolgte nach einem
vorhergegangenen naſſen Sommer eine hitzige Engbrüſtigkeit (Aſthma acutum) in Begleitung von nachlaſſenden Fiebern, Nervenkrankheiten und andern schlimmen Uebeln.

12. Inſonderheit wurden Kinder von der
Engbrüſtigkeit, und einem nachlaſſenden
Fieber befallen, das mit einer unempfindli-
chen harten Geschwulſt an dem Nacken und
unter dem Kinnbacken, die niemahls zur
Eyterung, wohl aber in den Brand übergieng, verbunden war.

17.   Die Engbrüſtigkeit griff selten Säuglin-
ge an, sondern nur solche, die von 1 bis 13
Jahre alt waren. Selten fand man sie bey
Erwachſenen. Mehrentheils trat sie des
Nachts ein und erweckte bey einigen eine
plötzliche Erstickung. Geschahe dies nicht:
so

so erfolgte in der Nacht darauf, wofern nicht
eher, ein neuer Anfall.   Der Harn gieng
sparsam und oft mit Beschwerlichkeit ab, war
anfangs blaß, hernach trübe und mit Schaum
bedeckt.   Allmählich schlug der Puls ge- p. 20.
schwinde und niedrig.   In dem Zwischen-
raum war der Kranke sehr niedergeschlagen,
einige wenige hatten mancherley Nervenzufälle, als ein widernatürliches Lachen, Springen
der Sehnen, doch äusserte sich oft ein Fameln.
Versäumte man diesen ersten Zeitraum: so
kam der Anfall heftiger und in kleinen Zwi-
schenräumen wieder, die Engbrüstigkeit wurde anhaltend, das Kind wurde heiser und
athmete mit einem quackenden Geräusche und
mit äusserster Beschwerlichkeit, bis endlich
der Kranke allmählich aus Entkräftung oder
nach vorhergegangenen heftigen Zuckungen
starb.   Bey manchen gieng die hitzige Engbrüstigkeit in eine chronische über.   Wir
übergehen die besondern Zeichen, wodurch sich
das Uebel von andern Krankheiten unterscheidet und wornach man den Ausgang vorher bestimmen kan.

Am kürzesten, wie Hr. M. in der Fol- 44.
ge erst lernete, half er dem Uebel durch die
Assa soetida ab, die er, nebst dem innerlichen
Gebrauch, in Clystieren anbringen ließ.   Er
lösete davon gemeiniglich 2 Quentgen in einer

Unze Spiritus Minderi und 3 Unzen Po'ey
waſſer auf, und lies davon einen Eßlöffel
mehr oder weniger nach Verſchiedenheit des
Alters alle halbe Stunde nehmen. Der Geſchmack war den Kindern nicht zuwider.
Nachdem das Uebel nachgelaſſen, war die
Chinarinde ungemein kräftig, und hinderte,
daß das Uebel nicht anhaltend wurde.

Den guten Erfolg dieſer Heilart beſtätigt der Hr. B. durch einige ausführlich be-
ſchriebene Fälle.

p. 61. Bey einem Kinde, das in dem erſten
Anfall geſtorben war, entdeckte der Hr. B.
nicht den geringſten Fehler in den Lungen noch
einem andern Eingeweide: nur waren ſie
durch Luft ſehr ſtark aufgetrieben. Bey einem andern Kinde aber, das im 2ten Zeitraum geſtorben war, bemerkte man nach dem
Zeugniß eines fremden Arztes, an dem Bruſt-
fell, der Fläche der Lungen und der Luftröhre, deutliche Spuren einer Entzündung und
eine brandigte Farbe, und die Luftröhrenäſte
waren mit einem weiſſen zähen gallertarti-
gen Schleim angefüllt.

Der Hr. B. bemüht ſich dieſe Krank-
64. heit aus der damahligen Beſchaffenheit der
Luft, und der Bau der Werkzeuge
zum

zum Athemholen bey Kindern zu erklären.
Sodann macht er aus andern Schriften,
worin dieser den Kindern eigenen Engbrüs
stigkeit Erwähnung gethan wird, einen Auss
zug. Und zeigt an, wie sich dieselbe bey
ihnen verhüten lasse.

Von der beschriebenen Engbrüstigkeit p. 92.
geht der Hr. V. zur chronischen fort. Von
welcher letztern er aber gänzlich diejenige die
von einer Entzündung, Verstopfung der Lun»
gen und einer Wassersucht kömmt, trennet.
Sie ist oft eine Folge von der hitzigen, und
setzt einen Fehler in den Luftröhrenästen, vors
nehmlich eine Erschlaffung und dadurch er»
folgte Anhäufung von Schleim voraus.

In der Curart des Hrn. V. bey dieser 104;
Art findet sich mehr Mannigfaltigkeit. Al»
lerdings muß die Diät auch hier die Hand
bieten. In dem Anfall selbst preiset er den
Campherjulep sehr an; denn der Campher
in fester Gestalt liegt lange ohne Würkung
im Magen. Nach anderer Erfahrung em»
pfiehlt er das kalte Bad sehr. In einer 115.
Schwindsucht, die aus einer Engbrüstigkeit
entstanden war, schlug die Eröffnung der
Brust gut an.

Mit dem bisher abgehandelten Uebel 127.
verbin»

F 3

verbindet der Hr. W. den Keichhusten,
welcher mit jenem in Ansehung der unregel:
mäßigen Rückkehr des Anfalls, des Nach:
lassens, der Zufälle beym Athemholen, der
Heiserkeit, der Cur und des Uebergangs in
eine chronische Engbrüstigkeit, oder die Lun:
gensucht übereinkömmt.

Hr. M. entwirft den Auftritt dieses Hu:
stens und die Cur nach seinen eigenen Er:
fahrungen aber nur kurz. Mit Sydenham's
p. 129. Heilart ist er nicht zufrieden. Er hat aber
131. mit Nutzen Brechmittel, besonders die Spies:
glasessenz, gebraucht, und bey einem sehr
beschwerlichen Athemholen, und Verstopfung
der Lungen hat er eine Spanische Fliege oder
eine Fontanelle setzen lassen. Ist er aber
132. früher gekommen: so ist ausser der Assa foe:
tida selten etwas anders nöthig gewesen, wo:
von er anderhalb Quente in 6 oder 8 Unzen
Polenwasser aufgelöset, und diese Dosis oder
nach den Umständen mehr oder weniger den
Tag über nehmen lassen. Er wagt dennoch
134. nicht dieselbe in einem Uebel, womit es schon
weit gekommen, oder wenn schon ein hecti:
sches Fieber, ein Blutfluß oder Zeichen der
Schwindsucht verbunden gewesen sind, zu
geben. Auch schließt er nach den Umständen
andere Mittel nicht aus, und läßt insonderheit
der Chinchina zur Wiederherstellung der Kräf:
te,

te, bey einer Neigung zur Hectik und bey
einem nachlasenden Fieber, Gerechtigkeit wie:
derfahren. Hr. M. vergleicht die verschie: p.140
denen Heilmethoden einiger neuern Aerzte
mit einander, davon die mehresten den Nu:
gen der Brechmittel erkennen. Hierzu hat
man sich vorzüglich der Präparate aus dem
Spiesglas bedient, die doch dem Hrn. B.
für das Alter der Kinder zu heftig zu wirken
scheinen. Auch misbilligt er den innerlichen
Gebrauch der Spanischen Fliegen, vor dem
sich Burton und Hillary nicht scheueten.
Nächst den Brechmitteln hat auch bey den
verglichenen Schriftstellern die Chinchina
vorzüglichen Beyfall erhalten.

In einem Anhang gedenket er des Ge: 183.
brauchs den die Alten von der Assa soetida,
oder wie sie bey ihnen hieß, Laser, Laser-
pitium und Silphium, gemacht haben, giebt fer:
ner kurz die Bestandtheile nach dem Neu:
mann, wie auch die Hauptwirkungen dieses
Mittels, an.

M.

II.

Nomenclator botanicus inserviens Flo-
rae

rae Danicae (Auctore G. C. OEDER).
Hafniae, typis Cl. Philibert 1769.
231 Seiten in gr. 8.

Die Nußbarkeit derjenigen botanischen
und oekonomischen Schriften, welche
in einer andern als Lateinischen Sprache geschrieben sind, machen es nothwendig die
Kräuternamen auch in dieser zu verstehen.
Und bey Uebersetzungen erfordert es die Reinigkeit, daß man auch die Kräuter in der
neuen Sprache gehörig zu benennen weiß.
Keines von beyden läßt sich aber erreichen,
wofern man sich nicht in Ansehung der Bestimmung der Landeswörter (nomina ver-
nacula) vereiniget, und ihre Bedeutung nach
einem Hauptschriftsteller der die Naturpro-
ducte in ihrem ganzen Umfang untersucht
hat, abmißt.   Hierzu dient das Linneische
System, dessen Geschlechts- und Trivialnamen der Hr. Prof. Oeder daher mit so grossem
Rechte den Landeswörtern jederzeit hinzuzu-
setzen anräth.

Dieses hat der Hr. V. selbst in dem gegenwärtigen Buch mit einer ihm eigenen Genauigkeit beobachtet, in welchem er zuvörderst die Lateinischen Synonymen mit den Linneischen Namen verbunden hat, darauf aber die Apotheker-
namen ,und die Französischen , Englischen,
                                          Deut

Deutschen, Schwedischen und Dänischen Namen auf eben diese Weise angegeben hat. Für eine jede Sprache ist ein doppeltes lexicon verfertigt z. E. Nomenclator Linnaeano-Suecus und Suecico-Linnaeanus. Seine Bemühung erstreckt sich aber nicht weiter als auf die Dänischen Pflanzen. Bey manchen Linneischen Namen stehen eine Menge Landeswörter, vermuthlich nach Verschiedenheit der Provinzen, die der Hr. V. besonders bey den Schwedischen angezeichnet hat. Einige wenige Grönländische Namen sind zuletzt hinzugefügt worden. Nur solche erkennt er als wahre Landeswörter, welche von dem ungelehrten Landmann im Gebrauch gebracht worden. Denn hier hört das Recht des Botanisten Neuerungen zu machen auf, wenigstens wäre es sehr ruhmsüchtig sich eine ganze Nation zu Nachfolgern zu versprechen; und eine wörtliche Uebersetzung ist wegen der Unbestimmtheit eben so tadelhaft.

So denkt Hr. Oeder von den Landeswörtern, die nicht blos den Gelehrten, sondern auch andern zu statten kommen sollen. Daß er aber sonst andere der Wissenschaft, das heißt, dem Begriff der Sache gemäß übersetzte Kräuternamen nicht verwirst, zeigen die Proben seiner jetzt im Druck befindlichen Beschreibung der dänischen

F f   schen

ſchen Pflanzen, die wir in Händen haben,
an. Solchen Namen aber Beyfall zu vers
ſchaffen, dazu wird eine Scharfſinnigkeit,
wie Prof. Oeder hat, erfordert, der bey einem Wort nicht blos Buchſtaben ſich vorzu-
ſtellen, ſondern eine Menge Ideen zu ſamm-
len weiß.

M.

III.

De Vermibus in lepra obuiis iuncta le-
proß hiſtoria et de lumbricorum ſetis Ob-
ſeruationes Reg. ſocietati ſcientiarum Gotting. praelectae cum figuris aeneis auctore
Io. ANDREA MVRRAY Ph. & M. D. Medicinae Profeſſore Gottingenſi & R. Academiae ſcient. Suecicae Membr. Gottingae impenſis Io. Chr. Dieterich
1769. 6 Bogen in 8.

Es ſind in dieſer Schrift 2 Abhandlungen
enthalten, die Prof. M. zu verſchiedenen Zeiten der Königl. Societät der Wiſſ.
hieſelbſt übergeben hat. Die erſte von den
Würmern im Auffatz iſt, einige Zuſätze ausgenommen, ſchon im J. 1762 ausgearbeitet,
aber bis jetzt ungedruckt geblieben. Die Gelegenheit

legenheit hierüber Beobachtungen anzustel-
len verschaffte dem Verfasser der Hr. leibmedicus Vogel, der zu der Zeit einen im ho-
hem Grade aussätzigen Manne in der Cur
hatte.

Gleich zu Anfang war der V. begierig p. 7.
zu untersuchen, ob die Krankheit etwa von
Würmern entstünde, so wie Hr. v Linné
von der Kräße und andere von andern Arten
von Ausschlag, Calnier aber, wie auch gegenwärtig v. Linné, nahmentlich von dem
Aussaß behaupten. Viele Besuche unter-
nahm der V. ohne im geringsten hierin Licht
zu erhalten, bis er endlich gegen das Ende
der Krankheit eine Menge Würmer in den
Geschwüren entdeckte, die er für Maden von
der gemeinen Hausfliege (Musca domestica)
ansieht. Diese Maden beschreibt er genau
nach ihrer kegelförmigen Gestalt, ihren 11
Ringen, beyden Luströhren, ihrer Stellung
u. s. w., und vergleicht sie zu mehrerer Gewißheit mit andern Fliegenmaden, bey deren
Untersuchung er verschiedene zur Lebensart
derselben gehörige Wahrnehmungen beybringt.

Ueberhaupt unterscheidet Prof. M. un- 34
ter denjenigen Würmern, die als eine Ursache, und denen, die, als eine Würkung des
Aussa-

Auffaßes, anzuſehen ſind. Calmet nahm, doch ohne eigene Beobachtung, Würmer von der erſten Art an. Hiob klagt über Wür= mer, die ihn plageten. Ein Franzöſiſcher Arzt (*Med. Obſerv. & Inqu. T. I. p.* 201.) erwähnt derſelben in der Beſchreibung des Auffaßes zu Martigues, ohnweit Marſeille. Und Peyſſonel (*Philoſ. Tranſactions Vol.* 50. *obſ.* 7.) in derjenigen über den Auffaß zu Guadeloupe. Ein junger Arzt Martin iſt nicht abgeneigt, den Auffaß in Norwegen dieſer Entſtehungsart zuzuſchreiben, worin Hr. v. Linne' ihm an mehrern Orten recht giebt ; und Rolander nennt eine Fliege (*Muſca leprae*), welche bey den Negern die= p. 41. ſe Krankheit erzeugen ſoll. Der V. wun= dert ſich aber, daß niemand von den Alten der Würmer im Auffaß Erwähnung thut. Vielleicht darum, weil ſonſt in Geſchwüren nicht gar ſelten Würmer bemerkt werden, wovon verſchiedene Beyſpiele in Schriften vorkommen, aber faſt nur ein einziges, von Steenevelt, welches einem Naturforſcher Genüge leiſten kan.

Es iſt offenbar, daß in dem von Prof. M. beſchriebenen Fall die Würmer nur eine 44. Folge des Uebels waren. Doch behauptet er durchaus nicht ſogleich, daß die Würmer jederzeit von der Art wären. Er läßt es
viel=

vielmehr dahin gestellt seyn, ob nicht, nach
dem verschiedenen Grad der Fäulniß oder
nach Gelegenheit andere Insecten herbeyge=
lockt würden, und ob nicht bey einigen Wür=
mer entstünden, die beydes als eine Ursache
und Würkung angesehen werden könnten.

    Ganz neu ist die Krankengeschichte, wo= p. 45.
bey die gebrauchten Mittel mit practischen
Anmerkungen angeführt werden. Weder
dem Mangel an dienlicher Nahrung oder
guter Pflege konnte man die Schuld geben.
Das Uebel fieng mit einer Impetigo an,
die sich zwar heben lies, allmählich aber wie=
der einfand, und durch das unverständige
Heilungsverfahren unwissender Afterärzte
in den scheuslichsten Aussatz übergieng. Das
Queckfilber, womit man bis zum Speichelfluß
stieg, war unter ihren Mitteln offenbar schäd=
lich. Zu Anfang des May erblickte der
Verf. im Gesichte viele runde erhabene dunk=
le Flecken oder Knoten, die auf der Brust
bald roth bald schwarz waren. An den
Händen und Armen waren sie am grössesten,
woselbst sie wahre Geschwüre mit sehr ent=
zündetem und gelbblauem Rande vorstelleten.
Die Hände waren stark aufgeschwollen.
Noch mehr Jauche und Eyter, als die=
se, gaben die Füsse von sich. Das Jucken
und Schmerzen der Schwären machte das
Uebel um so viel unerträglicher.

Der

Der Hr. Leibmed. Vogel fieng mit Vipern an, bald für sich allein, bald in Verbindung mit der Winterschen Rinde, der
Dulcamara, der Klettenwurz, dem Seifenkraut, der peruvianischen Rinde, Myrrhen
u. s. w. Aeusserlich reinigte man die Geschwüre durch frisch aufgelegte Blätter vom
guten Heinrich. Ob nun gleich diese Mittel
anfänglich zu helfen schienen: so verschlim-
merte sich doch das Uebel im Junius, vielleicht aus Mangel der Vipern, vielleicht aber
auch und mit mehrerer Wahrscheinlichkeit,
durch die zunehmende Hitze. Denn nun
brachen auch an dem haarigten Theil des Ko-
fes dergleichen Knoten aus, das Gesicht
schwoll mit einer brennenden Röthe stark auf,
und die Geschwulst der Hände nahm merklich zu, aus den Schwären brach wahres
Blut aus, und an vorher verschonten Stellen schlug nachher der Aussatz aus. Umsonst versuchte man die schwarze Nieswurz,
die Cantharidentinctur, den medicinischen
Spiesglaskönig und andere Mittel. Im
Gegentheil erfolgte ein schleichendes Fieber,
und eine zum Erstaunen starke Geschwulst
der Füsse, aus denen bey einem allmählichen
Verlust der Empfindung und Beweglichkeit
eine fast unglaubliche Menge Wasser ausflos,
und der Gestank nahm äusserst zu. Die Würmer stellten sich aber erst 3 Tage vor seinem
Ende

Ende ein. Zu ihrer Erzeugung vereinigten sich mehrere Umstände. Denn man konnte wegen des Todes der Frau des Aussätzigen nicht die gehörige Reinlichkeit beobachten, die Hitze der Luft, nehmlich im August, war sehr stark, besonders in einem so engen Kranzkenzimmer, und die Fliegen ließen sich fast auf keine Weise abhalten. Endlich erfolgte der Tod, obgleich bey völligem Gebrauch des Verstandes.

Der zweyte Aufsatz ist vom J. 1768. p. 66. Prof. M. hat eigentlich seine Beobachtungen an Regenwürmern angestellt, macht aber davon so viel als sich, ohne zu irren, thun läßt, auf die Spuhlwürmer im menschlichen Körper Anwendung, die Hr. v. Linné von einerley Art zu seyn glaubet; obgleich sonst die Farbe verschieden ist, die Ringe weit steifer und beweglicher bey den Spuhlwürmern sind, und diesen der grosse Ring oder Gürtel fehlet. Tyson und Pallas setzen noch diesen Unterscheidungszeichen hinzu, daß der Spuhlwurm keine Stachel hätte, welche doch Hr. v. Linné gesehen.

Weil aber selbst die Stacheln der Regenwürmern theils nur unvollstänig, theils unrecht beschrieben: so ersetzt der V. diesen Mangel. Er gedenket der Beschreibungen des

des Tyson, Ray, Willis, v. Linné und
Pallas. Einige unter diesen merken zwar
an, daß diese Stacheln 4 Reihen nach der
Länge des Körpers ausmachen, niemand aber,
daß jede Reihe doppelt sey, dergestalt daß
jeder Ring mit 8 Stacheln bewaffnet ist.
Der Ort, der Abstand, die Grösse und Fe=
stigkeit, die Richtung und Beweglichkeit
werden hier genau beschrieben. Sie sind
sehr steif, sitzen insgesamt nur an dem unter=
sten Theil des Körpers, der Wurm kan sie
nach Gefallen aus und einstecken, und sie
sind so gros, daß der V. sie mit einem Mes=
ser hat herausziehen und auf eine Glasscher=
be legen können. Wir übergehen die ge=
nauere Beschreibung.

p. 73. Die Beweglichkeit der Stacheln scheint
dem Verfasser ein nicht geringer Umstand
zur Vereinigung des Hrn. v. L. mit andern
zu seyn, welche die Stacheln bey den Spuhl=
würmern nicht wahrgenommen haben, ob=
gleich dies von einer Vermechselung der Asca=
ris lumbricoides mit dem Spuhlwurm auch
hergekommen seyn mag und die Stacheln
bey ihnen nothwendig sehr fein seyn müssen.
Nimmt man sie aber an, so wird man viele
Beschwerden, als die unangenehme Empfin=
dung, das Reissen im Leibe, die Entzündung
und andere Zufälle, und warum diese Wür=
mer

mer so schwer abzutreiben sind, erklären können.
Welches durch die Erwägung der Menge dieser
Stacheln um so viel deutlicher wird.   Denn
nach Hr. v. Linne Rechnung hat jeder Wurm
100 Ringe, nach Ray's aber, womit der Hr.
Landdrost Otto von Münchhausen übereins
stimmt, der den V. von verschiedenen dieser
Beobachtungen nach eigener nachher angestell=
ten Untersuchung zu vergewissern die Gewo=
genheit gehabt, 140 Ringe.   Und da jeder
Ring 8 Stacheln hat, so wäre dem Wurm
nach der ersten Berechnung 800, nach der
letztern oder 1120 Stacheln eigen, nur mit
Ausnahme derjenigen, die dem Ringe fehlen.
Dabey erwäge man, daß selten der Spulwurm
einzeln, sondern mehrentheils in grosser Men=
ge, vorhanden; so wie Hr. v. Rostenstein de=
ren 90, Mouset aber deren 177 anmerkt, die
einer einzigen Person abgegangen: so wird man
zum Erstaunen viele Werkzeuge finden, die den
Menschen zu foltern vermögend sind.

M.

- - -

IV.

Arzeneyen eine physicalisch=medicinische
Monatschrift zum Unterricht allen denen wel=
che den Schaden des Quacksalbens nicht ken=

nen von E. G. Baldinger der Weltw. und
Arzneyw. Doctor des Chursächsischen Amtes
Langensalze Physicus, ꝛc. Langensalze, gedruckt
und verlegt von J P. Heergarts sel. Witt-
we. Erster Band 1766. Zweyter
Band 1767. 8.

Für jeden Monat im Jahr ist ein Bogen von dieser Schrift bestimmt. Der Anfange geschahe in der Mitte des J. 1765; und
sind also bey dem Aufenthalt des Hrn. Prof.
in Langensalze 2 Jahrgänge herausgekommen.
Sie wird noch immer fortgesetzt, jetzt aber
unter dem Titel: Neue Arzeneyen belegt. Die
Absicht des Hrn. B. ist nicht die Arzeneykunst
mit neuen Erfindungen zu bereichern, sondern
Lesern von allerley Art die ersten Gründe derselben faßlich und verständlich vorzutragen,
welche fast keine andre Wissenschaft als eine
natürliche Erkenntniß voraus setzen. Dieses
ist zwar auch von andern geleistet worden, besonders von dem Verfasser des Arztes, und
was die Krankheiten namentlich betrift von
Hrn. Tissot. Ihre Schriften haben aber
den Fehler, daß sie Bücher sind, vor denen sich
Ungelehrte scheuen, und die Vorurtheile mit
denen der Arzt zu kämpfen hat, sind nicht an
allen Orten gleich. Durchgängig wird den
Afterärzten, und die ihnen überhaupt gleich sind,
den Charlatanen, so wie denen, die sich ihnen
anver-

anvertrauen, eine derbe Section gegeben, und
das Unheil, das dadurch dem Staat erwächset,
handgreiflich gemacht. Bey diesem Artickel
kann freylich ein wohlimnnender Arzt, wie
Hr. B. leicht in Hitze gerathen.

Der Inhalt der gegenwärtigen Bände ist
mehr allgemein und zwar pathologisch. Im
ersten erfährt man, von welchen Leibesumstän-
den man den Arzt, den man zu rathe zieht, unterrichten muß, und hier werden auch die Ursachen der Krankheiten auseinander gesetzt.
Der zweyte Band handelt von den Erbkrank-
heiten, vorzüglich aber von denjenigen, welche der Aberglauben dem Einfluß des Teufels
zugeschrieben, womit die Hexerey in Verbindung
steht. Es ist eine Demüthigung für den menschlichen Verstand, daß eine solche Abhandlung
als die letzte für gewisse Leute und an gewissen
Orten noch nöthig ist. Ein vernünftiger und
aufmerksamer Arzt findet ihm nähere und natür-
lichere Ursachen dergleichen Auftritte zu erklären.
Des Hrn. Verf. gute Absichten fordern die
Aerzte zum Beyfall auf, und die Leichtigkeit
mit der er schreibt, zeigt, daß seine Schrift nicht
durch ein mühsames Nachlesen vieler Bücher, sondern durch eignes Nachdenken und
durch die beym Schreiben in das Gedächtniß
zurück getretenen Bemerkungen entstanden
sind.   21J.

G 2   V.

Johannn Georg Zimmermann, Mitglied der Königl. Preußl. Acad. der Wiss. in Berlin, und Stadtphysicus in Brugg von der Ruhr unter dem Volke im Jahr 1765, und denen mit derselben eingedrungenen Vorurtheilen, nebst einigen allgemeinen Aussichten in die Heilung dieser Vorurtheile. Zürich, bey Füeßlin und Comp. 1767. 529 Octavseiten.

Ob wir wohl versichert sind, daß dieses mit so vieler Gründlichkeit geschriebene Werk bereits in aller aufmerksamer und lesender Aerzte Händen ist; so ermangeln wir doch nicht, solches allhier als eine Zierde unsrer Bibliothek aufzustellen und den Kern daraus unsern Lesern vorzulegen.

Der Ruhmvolle Verfasser erzählet hier mit der reinsten und aufrichtigsten Wahrheitsliebe, was in der im Jahr 1765 epidemisch gewesenen Ruhr nützlich und schädlich gewesen, und belehret dadurch nicht nur aus einer höchst patriotischen Gesinnung seine Landsleute, wie sie sich in Zukunft bey dieser Seuche, welche fast alle Jahre in einem beträchtlichen Theile seines Vaterlandes herrscht, klüglich zu ihrer Erhaltung verhalten sollen, sondern bestreitet auch viele allgemeine Vorurtheile, die fast überall unter dem Volke im Schwange gehen; und

unter

unterläßt dabey nicht, die verschiedene Be=
schaffenheit dieser Krankheit mit großer Einsicht
und vieler reifen Erfarung auseinander zuse=
tzen; so daß dieses vortrefliche Buch so wohl von
dem Volk, als von dem Arzt mit dem größ=
ten Nutzen gelesen werden kan. Der Hr.
B. giebt seinen guten Räthen und Warnun=
gen überdem auch noch ein Gewicht durch die
Erfarung verschiedner verdienter Aerzte sei=
nes Vaterlandes, die sie ihm mitgetheilt
haben.

Die hier beschriebene Ruhr hat im Can=
ton Bern, in der Landgrafschaft Turgau, noch
hin und wieder in der Schweiz, und in Schwa=
ben gewütet. Sie nahm ihren Anfang im
Brachmonat, stieg im August und Herbstmo=
nat auf dem höchsten Grad, ließ am Anfang
des Weinmonats nach, und hörte um die
Mitte desselben mehrentheils auf. Die An=
zahl der Kranken und verstorbenen, die bey=
de sehr beträchtlich gewesen, ist genau ange=
geben: ingleichen ist auch bemerket worden,
daß die Ruhr sich hin und wieder in einer be= p. 4. 8
sondern Richtung gehalten.

Die Beschreibung der Krankheit, welche 10.
hierauf folgt, muß ganz gelesen werden. Ich
merke nur so viel daraus an, daß die Ruhr
mit einem Fieber begleitet gewesen; daß bis=

ßige Sachen, als Wein, im Anfang genommen, das Uebel gefährlicher gemacht; daß
das Fieber in den schlimmsten Fällen gering und
in minderheftigen oft sehr stark war; daß die
Heftigkeit des Fiebers mit der zunehmenden
Vielfaltigkeit des Abgangs gestiegen; daß die
Stühle bey vielen schon den ersten Tag blutig waren; in harten Fällen und auch bey
den kleinsten Kindern gleich Anfangs gestock-
tes Blut in Menge abgieng, worauf bald eine ganz grüne Materie erschienen, welche mit
der rothen abgewechselt; daß bey den meisten
der Abgang zugleich weiß, roth, gelb, braun,
grün, auch zuweilen schwarz, mehrentheils
von einem faulichten Geruch gewesen; daß
bey einigen, die keine Mittel genommen, der
Abgang acht Tage ganz weiß, und ohne
Schmerzen, nachher acht Tage roth, mit sehr
großen Schmerzen; hierauf verschiedene Wochen hindurch roth, weiß, und wenig schmerzhaft gewesen; daß die harten Fälle zuweilen
14 bis 16 Tage gewähret, besonders wenn in
den ersten Tagen nicht recht ausgeführet werden konnte; doch wurden die meisten Kranken,
die der Hr. B. besorget, in fünf oder sechs
Tagen gesund.   Bey einigen, die sehr hart
befallen worden, äußerte sich ein Ausschlag
an dem Mund und an der Zunge, bey andern aber über den ganzen Unterleib, bey andern über den ganzen Körper, da die Krankheit
wirklich

wirklich so viel als vorben war. Rückfälle
hat der Hr. V. nicht gesehen, ausser Zwey,
auf einen heftigen Zorn, und auf eine Ver-
kältung. Die gefährlichsten Kranken bekamen einen Friesel und Geschwüre am Leibe,
da die Krankheit auf das höchste gestiegen war,
wenn sie die abführenden Mittel nicht gehörig gebraucht hatten. Das größte Uebel
bey ganz kleinen Kindern in schweren Fällen
bestund in denen so fort mit dem ersten Anfall der Krankheit hereinbrechenden kram-
pfichten Zuckungen der Nerven, wobey die
Kinder sogleich alle Sinnlichkeit verloren. Zu
den Leibesschmerzen gesellte sich in dem Laufe
der Krankheit auch ein starker Rückenschmerz,
zuweilen ein Harnbrennen, und fast bey allen der Stuhlzwang. Bey dem schlimmern
Ausgange verminderten sich die Schmerzen
nach dem Stuhlgange nicht; sie wurden jeden
Tag heftiger, die Stuhlgänge blieben gleich
häufig, es erfolgte ein Schlucksen, zuweilen
ein Brechen, und ein Aufschwellen des Bauchs;
die Schmerzen hörten auf. In die größte
Gefahr geriethen die, welche in sehr schweren
Fällen nur am Anfange der Krankheit Arzneyen brauchten, und solche sodenn beyseite setzen. Viele, die gar keine Mittel genommen,
hatten eine kleine langwierige Ruhr, Grimmen, Stuhlzwang, auch noch Blut in dem
sonst schleimichten Abgang, große Zerschla-
genheit

genheit in den Gliedern, oft wiederkommen=
de Fröste, heftige Schweisse, Unverdaulich=
keit, Magendrücken von allen Speisen. An=
dere befiel die laufende Gicht, andere und auch
Kinder eine Wassersucht, andre eine lang=
wierige Geschwulst der Füsse; andern, denen
das Uebel von selbst nachzulassen schien, blieb
doch ein großer Schmerz in Lenden übrig, und
ein Gliederreissen. Die leichtere Anfälle der
Ruhr äusserten sich durch eine Mattigkeit in
den Gliedern, ein Frösteln, einige Neigung
zum Brechen, ein nicht sehr anhaltendes Grim=
men, nicht so häufige und weniger schmerz=
hafte Stühle. Der Abgang war mehren=
theils weiß, die Speisen giengen unverdauet
weg, erst nach etlichen Tagen zeigte sich Blut;
oder die Spuren desselben waren sehr gering.
Einige waren am Anfang oder am Ende der
Epidemie, auch insbesondere längst den Gren=
zen derselben, nur mit einem heftigen Bauch=
grimmen behaftet, welches fünf, sechs, und
vierzehn Tage anhielt, und mit keinem Durch=
lauf, sondern vielmehr mit einer Hartleibig=
keit begleitet war: man fand jedoch ihren Ab=
gang ziemlich mit Blut vermengt und weiß
wie Eyter, sobald ihnen etwas abführendes
gegeben wurde. Solche, die in diesen Um=
ständen keine Mittel nahmen, verfielen in die
heftigste Ruhr. Viele hatten einen blossen,
schmerzhaften Durchlauf, der bey den mei=

sten

sten nur wenige Tage wåhrte, und wo der
Abgang doch auch gallhaft und schaumicht
war. Einige, die die Kranken abgewartet,
oder mit denselben in einem Hauſe wohnten,
und nicht von der Ruhr befallen wurden, bekamen nach geendigter Seuche håufige große
Eyterbeulen an der Bruſt, unter den Armen,
an den Knien und an den Beinen; einige
hatten ſolche oben auf dem Kopf und
über den ganzen Leib; verſchiedene hatten
ſtatt dieſer Beulen große weiße Blaſen: doch
war keiner bettlågrig.

Nun folgt die Erklärung der Krankheit. p. 20.
Auf eine erſtaunende Menge Faulfieber erfolgte die mit einem ſolchen begleitete Ruhr; 21.
welche nun mit jenem auch eine große Aehnlichkeit in Anſehung der Zufålle, der Curart
und der Würkung hatte. Die Ruhr war an
ſich ſelbſt nicht anſteckend. Ehe der vortreffli- 30.
che B. zur Unterſuchung der ſogenannten entfernten und nåchſten Urſachen dieſer Krankheit ſchreitet, ſo bekennt er, daß er ſich zu ſolcher mit der åuſſerſten Furchtſamkeit erhebe,
und bricht in folgende Worte aus, die ich aus
vielen Betracht hierher zu ſetzen mich nicht
entbrechen kann: „Leute, ſagt er, von engen 33.
Verſtande (ich ſetze hinzu, auch von kleiner
Erkenntniß, Beleſenheit und Erfarung, ſo
wohl eigener, als fremder) werden mit die-

G 5 ſer

ser Untersuchung sehr übel zufrieden seyn, weil
sie glauben, die Gelehrtheit bestehe darinne,
daß man alles wisse (oder von allen Dingen
die Ursachen angeben könne). Ich hingegen
muß hier in vielem, so wie anderwärts in allen meine Unwissenheit gestehen, weil es klü-
ger und besser ist, die Wirkungen der Natur
auf das genaueste zu beobachten (als worinne in der That unsre wahre und ächte Gelehrsamkeit bestehet), als nach willkührlichen Sätzen ihre Ursachen zu erklären.„

    Unter die Ursachen der Ruhr zählt der
Hr. V. vorerst die großen Abwechselungen
von Hitze und Kälte viele Monate hindurch,
welche widrige Wirkungen auf die Ausdünstung gehabt. Die meisten Bauern schienen
sich die Krankheit dadurch zugezogen zu haben, daß sie kaltes Wasser bey großer Erhitzung häufig getrunken. Indessen ist doch
die Ruhr bey gleicher Witterung an gar vielen Orten nicht ausgebrochen; und davon gesteht der Hr. V. daß ihm die Ursach unbekannt sey: so wie er überhaupt sehr wohl erinnert, daß auf die gleiche Witterung doch
nicht immer die gleichen Krankheiten, und
ganz gleiche sich oft hinwiederum bey der un-
gleichsten Witterung äußern. Und er begreift
darum nicht, warum man die Art und Weise,
wie ein gewisser Zustand der Luft eine gewisse

p. 36.

Epidemie

Epidemie erzeuget habe, so zuverſichtlich er:
kläret, als wenn es unmöglich anders ſeyn
könnte.

Im Obſt konnte die Urſach dieſer Ruhr   p. 37.
nicht geſucht werden, da ſie eher ausbrach,
als ſolches reif wurde: und es iſt überhaupt
noch nie eine epidemiſche Ruhr von dem Eſſen deſſelben entſtanden.   So gar die unrei-
ſen und kältenden Früchte können keine Ruhr
machen, weil es höchſt unwahrſcheinlich iſt,
von ſauern Sachen zu erwarten, daß ſie die
Säfte zur Fäulung bringen, oder Entzündungen im Leibe verurſachen.   Nur in oder
nach der Ruhr kann das Obſt alsdann ſchädlich werden, wenn die Därme allzuſehr er-
ſchlappet ſind.

Von Inſekten, die man mit dem Kohl   40.
oder mit dem Obſt verſchlingt, kam dieſe
Ruhr auch nicht; wie denn der Hr. V. überhaupt die Ruhr davon nicht herleiten möchte,
indem zwey Dinge (Raupen und Obſt) nur
darum mit einander verknüpft ſeyn können,
weil ſie einerley Urſach haben, und nicht weil
eins die Urſache des andern iſt.   In Brugg
gab es auch im Anfang des Herbſtmonats
1765 eine ungewöhnliche und ganz erſtaunende Menge Raupen; die Ruhr war aber das
ſelbſt ganz und gar nicht epidemiſch.   Hinge-

P. 48.   — Hingegen war die Ruhr unstreitig von
einer durch äußerliche und innerliche zusammenfliessende Ursachen erregten Fäulniß der
49.   Säfte entstanden. Eine verdorbene, faule,
gällichte Materie hat man in dem Magen und
den Därmen mit Augen gesehen, die große
Schmerzen verursachte, und anfangs aufwärts, nachher niederwärts ihren Ausgang
aus dem Körper suchte.

51.   Aus dem Reiz, den diese Materie in den
Därmen erwecket, werden nunmehro die
mit der Ruhr verbundene Zufälle zu einem
52.   Theil sehr schön erklärt. Jedoch macht die
Galle den Schmerz nicht immer, weil es
Ruhren giebt, in denen gar keine Galle abgeht, und weil in den Faulfiebern von der
blossen Gegenwart dieser Materie in den
Därmen nur jenen ein Schmerz entstehet.

53.   Es besteht auch der Abgang der hier erwoge-
nen Ruhr nicht blos aus verdorbener Galle;
auch ist nicht alles Galle, was gelb oder grün
abgeht; so wenig, als alles Eyter ist, was
solchem ähnlich siehet, und hier von dem
Menschen ebenfalls abgeht.

54.   Beyläufig erinnert der Herr Verfasser,
daß es lächerlich sey, wenn man aus den
verschiedenen Farben des Abgangs verschiedene Gattungen der Ruhr macht, und dieselbe

selbe nach ganz verschiedenen Methoden behandelt.

Die Fasen und Häute die oft in der Ruhr
abgehen, auch zuweilen einen Schuh lang
hinter den Kranken herhängen, sind äusserst
selten ein Theil der Därme, sondern ein ver-
dickter Schleim.

Das abgehende Blut ist kein Beweis,
weder von einer Entzündung noch Verenterung
der Därme, sondern hat die riechende scharfe
Materie in den Därmen zum Grunde, welche die Mündung der Blutgefäße in denselben erweitert.

Das innerliche Brennen ist eben so we- p. 58.
nig ein untrügliches Merkmal einer Entzündung in den Därmen; der Hr. B. hat es
durch die Tamarinden gehoben: wobey aber
nicht geleugnet wird, daß eine gallhafte oder
mit einem Faulfieber begleitete Ruhr in eine
Entzündung der Därme und den Brand
übergehen kan.

Der Hr. B. schreitet nunmehro zu den 62.
Anzeigen zur Heilung, der Diät und den Ver-
wahrungsmitteln fort. Man muß den Feind geschwinde aus dem Leibe schaffen, und zu gleicher
Zeit der Fäulniß bestmöglichst wiederstehen;
                                        dabey

dabey aber auch alles vermieden, was Fieber und Entzündung unmittelbar erreget. Er fieng mit Brechmitteln an, wenn keine besondere Hinderniß im Wege war, und gab sie p. 64 wenn auch die Stühle sehr blutig waren; weil er sahe, daß nach dem Erbrechen weniger, Blut abgieng: er gab sie auch sehr spät, wenn noch nicht ausgeführet worden war.

65. Nach dem Brechmittel besolgte er die gleiche Anzeige durch abführende Mittel von der gelinden und sauern Art, nehmlich von abgekochten Tamarinden: und das Blut hinderte ihn auch daran nicht, weil es sich darauf nicht mehr sehen ließ. Er gab sie so lange, als ihm eine scharfe, faulichte Materie in den Därmen ohne Entzündung und ohne Vereyterung angezeiget war. Dem faulichten Gifte zu wiederstehen, und die übrigen Säfte 66. für dergleichen Verderbniß zu bewahren, gab er gleich anfangs saure Salze in sehr starken Dosen, und richtete auch die Diät darnach ein. Einschläfrender schmerzstillender Mittel bediente er sich sehr selten. Dahingegen war er sehr bedacht, durch schleimichte Getränke, als durch abgekochten Leinsaamen und vieles laues Wasser den Schmerz zu lindern. Fleischbrühen und Eyer hielt er für höchst schädlich; wie auch Kümmel, Corinthen, Fett, Butter, Milchram, Käse, Gewürze, gebackenes, alle spirituöse Sachen, Wein, Oel,

Oel, Milch, und daraus bereitete Breyer.
Hingegen rieth er allen Kranken zur Gersten-
und Reißbrühe, und vermischte mit jener das
saure Weinsteinsalz. Nach der Abführung
gab er Gerstenschleim. Die Molke gab er
auch gern. Grützen erlaubte er, nach den
schon gemeldeten Brühen, gekochtes Obst
mit Citronen und Citronensaft, leichte Speisen, aus Mandeln, Milch, dem weissen von
Ey und Zucker; andre gute Räthe zu ge-
schweigen.

Als ein sehr gutes Vorbeugungsmittel 76.
rieth er den Gesunden weniger Fleisch, hingegen Obst und Weintrauben nach Belieben
zu essen, und Wein zu trinken. Sonst sieht
er das saure Weinsteinsalz als das beste 78.
Verwahrungsmittel, auch in der nächsten Gefahr der Ansteckung, an.

Bey einem starken Bauermädgen hat er 81.
die Ruhr mit 40 Gran Ipecacuanha auf einmal gehoben. Die neue Weise, solche in
sehr kleinen Dosen zugeben, gelingt, wie er sagt
nicht allemal; ob sie gleich zuweilen so viel
würken, als große. Zur Abführung wurden
nichts als abgekochte Tamarinden, oder 83.
Sedlizersalz, oder die wäßrige Rhabarbertinktur, und diese vornehmlich zulezt, gegeben,
oder auch Rhabarberpulver mit gleichen
Theilen

Theilen gereinigten Weinsteins. · Für beständig ließ er einen Trank aus Gerste, dem gedachten Salze und Wasser laulicht nehmen. Vielen hat er mit diesen Mitteln in drey und vier Tagen geholfen.

85. 95.

Das saure Weinsteinsalz und die Tamarinden widerstunden zugleich dem Faulfieber, und waren der Rhabarber sowohl hierinne, als daß sie keine Schmerzen machten, vorzuziehen. Die Tamarinden würkten auch geschwinder und besser, als jene allein.

86.

Das Fieber verschwand und verminderte sich mit der Ruhr. Darinne gesteht der Hr. W. einen Fehler begangen zu haben, daß er sich nicht immer ganz allein der Tamarinden und der übrigen Mittel, mit Weglassung der Rhabarber, bedient. Er hat auch oft gesehen, daß die Tamarinden da halfen, wo die Rhabarber nicht helfen wollte. Jene würkten ebenfalls gut, wenn er aus dringenden Ursachen das Brechmittel gänzlich weglassen mußte.

87.

90.

92.

Ein mit einer eingewurzelten Gicht behafteter verlor nach der Ruhr die Schmerzen seiner knotigten Glieder, und konnte wieder gehen.

94.

Die

Die Tamarinden helfen auch ganz allein.
Die Säure hilft auf alle Weise.   Seine p. 96.
schmerzstillende Mittel, die er zuweilen brau=
chen mußte, waren Sydenhams Schlaftro=
pfen, Chamillenthee, Leinsaamenthee. Er 98.
hat aber angemerkt, daß sich die Ruhr bey
Sydenhams Tropfen verlängert, und solche
merklich schädlich sind, wenn nicht in der 99.
Zwischenzeit oder bald darauf Rhabarber ge=
geben wird.   Der Chamillenthee widersteht 100.
zugleich der Fäulung.   Er hat ihn noch in
Entzündung der Därme gegeben, und
sehr oft mit gutem Erfolg.   Reißbrühe, 101.
Gerstenschleim, und Clystiere von arabischen
Gummi waren auch wieder das heftige
Grimmen gar sehr dienlich; doch kamen letz=
tere oft ohne Würkung zurück, und Hr. Z.
konnte sich darum im Steigen der Krankheit
auf sie wenig verlassen.   Auch die Mandel=
milch gab er ganz warm, die Schmerzen zu
lindern.   Ueberhaupt sahe er wohl ein, daß
die Schmerzen auf keine Art aus dem Grun=
de gehoben werden konnten, wenn nicht die
faule Materie, als die eigentliche Ursach der
Krankheit, aus dem Wege geräumet war.
Auch der Stuhlzwang, der noch am Ende
der Krankheit so sehr beschwerlich war, leg=
te sich weder durch Clystiere aus Diascor=
dium, noch Theriac und Milch; denn das
Abführen mußte so lange wiederholt wer=
den, als das Zwängen anhielt.

VIII, B.   H   Bey

p. 102

Bey verschiedenen Kranken fand er am Ende der Krankheit diesen Zufall, welchen er anfänglich aus dem Mangel des natürlichen Schleims im Mastdarm erklärte. Da er aber sahe, daß schleimichte Clystiere, und Laudanum ihn nicht wegbrachten; hingegen die Rhabarbertinktur solches that: so war er überzeugt, daß dieser Zufall von einer noch in den Zellen der dicken Därme steckenden Materie herrühre.

Bey einer veralteten Ruhr, wo er spät gerufen wurde, richtete er mit der Rhabarber alles aus.

105. Bey dem außerordentlichen Hunger der Geneseten fand er nicht nöthig, stärkende Mittel nachzugeben. Doch unterließ er es nicht allemal, und brauchte dazu Rhabarbertinktur oder Hofmanns Visceralelixier.

121. Rhabarber ist kein Specificum wieder die Ruhr, und bey einem dabey seyenden Faulfieber ganz unzulänglich.

122. Das mit Wachs überzogene Vitrum Antimonii hat Hr. D. Möhrlin zu Ravensburg bey etliche 70 Kranken nützlich gebraucht, und mit zwey bis drey Dosen zu sechs bis acht Gran die schlimmsten Ruhren

ren ganz allein geheilet. Etliche Gran ge-
pulverte Altheewurzel darunter gemischt verhindern die Uebligkeiten und Ohnmachten,
und der Abgang ist geschwinder, stärker und
ohne Schmerzen. Die Aterlasse hat Hr. p. 127
M. in dieser Fiebernuhr als das beste Vorbereitungsmittel zu dieser Cur gefunden.

Nach denen von Hr. D. Keller gemach- 128.
ten Versuchen haben sich die Weintrauben
und frisches Obst auch als ein fürtrefliches
Mittel wieder die Ruhr bewiesen. Ein Kind, 129.
dem keine Arzeney beygebracht werden konnte, hat seine Gesundheit lediglich dadurch
erlangt, daß es täglich Trauben gegessen.

Hierauf nimmt der Hr. B. Gelegenheit,
die schädlichen Würkungen der zusammenziehenden, stopfenden und einschläfrenden
Mittel, wenn letztere zu frühzeitig gegeben
werden, wie auch der Gewürze, des Weins,
und des Brandteweins auf eine sehr gründ-
liche und einnehmende Weise vorzustellen.
Was die sogenannten zusammenziehende Mittel anbelangt, welche die Alten in beständigen Gebrauch gehabt, und von denen wir
doch nicht behaupten können, daß sie in der
Cur der Ruhr unglücklicher, als die neuern
bey den anspornenden ausführenden Mitteln, gewesen, indem die Ruhr bey dem

Gebrauch der leßtern eben biese Zeiten noch
hält, wie bey jenen; so deucht mir, man
würde eine beßere Meynung heutiges Tages von ihnen hegen, wenn man nur auf-
hörte, ihnen den fürwahr zu engen Schul-
begriff von einer zusammenziehenden und
daraus folgenden stopfenden Würkung beyzulegen. Bey dieser Vorstellung müssen sie
freylich höchst schädlich seyn: allein die Erfahrung von ihrem sichern Erfolg, die wir
aus den Schriften der alten Aerzte erkennen
und gelten lassen müssen, bringt solche Spe-
culationen alsobald aus dem Gemüthe.
Diese alte Erfahrungen zeigen würklich,
daß wir nicht Ursach haben, uns so sehr
dafür zu fürchten, weil sie nämlich weder
zusammen ziehen, noch stopfen, wie wir uns
vorstellen. Die Ruhr dauerte, auch bey
dem steten Gebrauch derselben, sieben, vierzehn, zwanzig Tage und drüber. Sie ist
also davon würklich nicht gestopft worden.
Und wie wäre es nun, wenn diese zusammenziehenden Arzeneyen die verdorbenen
Säfte, die die Ruhr ausmachen, veränderten und verbesserten? wie wäre es, wenn
der Succus hyppocillidis und acaciae wegen ihrer Säure eben das verrichteten, und
vielleicht noch mehr, wie der gereinigte
Weinstein? wie wäre es, wenn die sogenannten herben Mittel uns eben dem Prin-

ciplo

cipio würkten, und die faulen Säfte abän-
derten? wie wäre es, wenn einer an To-
desenden liegender Dysentrist von rohen
Mispeln, die man ihm zu essen gegeben,
glücklich und wieder alles Vermuthen genesen sey? wie wäre es, wenn selbst ein Arzt,
Brunerinus, der sich mit nichts in der Ruhr
zuhelfen gewußt, und seinem Ende daher
entgegen gesehen, endlich durch eine grosse Menge der Beere von Sorbus, die er gegessen, seine völlige Gesundheit wieder erlangt hätte? Und wie, wenn die zusammenziehenden Mittel als alterirende und aus
einer Säure würkende, auch eine Kraft hätten, dem faulen Fieber, so wie andre saure Dinge, die man nur nicht für zusammen-
ziehend hält, einen Einhalt zu thun? Jedoch, ich höre auf, ben angeblich zusammenziehenden, und vermeyntlich stopfenden
Arzneyen das Wort zu reden. Und der fürs
trefliche Hr. Leibarzt wird mir um so vielmehr diese Vertheidigung verzeihen, da er
mir selbst dazu Gelegenheit gegeben, indem
er mich auffordert, mich über die gute und
unschädliche Würkung der zusammenziehen- p. 141.
den Arzneyen, die die Alten gebraucht und
ich in einer Probschrift vertheidiget habe *),

H 3   etwas

---

*) diff. de Dyfenteriæ curationibus antiquis,
resp. Ott. Friedr. Meyer. 1767.

etwas näher zu erklären. Ich läugne nem=
lich gänzlich, als der Erfahrung zuwieder,
die schädlich zurückhaltende und den Bauch=
fluß hemmende Kraft in den sogenannten
adstringirenden Mitteln, die nichts, als der
aufgelegte Name so fürchterlich macht; und
behaupte dargegen, daß solche eine alteri=
rende und in alle Weise höchst ersprießliche
Würkung thun. Ich muß indessen offen=
herzig bekennen, daß ich zur Zeit die Drei=
stigkeit noch nicht gehabt, sie in der Ruhr
selbst zu brauchen. Dieß aber ist nicht,
wie ich wiederum aufrichtig gestehe, von ei=
nem Mistrauen gegen sie geschehen, sondern
blos das verdammte Vorurtheil, das ich
gegen sie, als gefährlich stopfende Mittel,
aus der Schule und aus Bücher in meiner
Jugend gefaßt, hat mich bisher von ihrem
Gebrauch abgehalten. Ich würde es aber
doch gewiß eben so leichte, wie viele andere,
längst abgeschüttelt haben, wenn mich nicht
noch eine politische Ursach, nach der alten
Methode die Ruhr zu heilen, abgehalten hät=
te. Es kommen mir übrigens die Beschul=
digungen wieder die adstringirenden Mittel
in der Ruhr eben so vor, wie diejenigen, die ei=
ne gewisse Secte heutiger Aerzte, (von der
ich sehr wünschte, daß sie doch selbst einmal
mit eigenen Augen zu sehen anfangen, und
ihrem Heerführer und Lehrmeister nicht alles

zu

zu Gefallen, als einem unfehlbaren, und von
allen Vorurtheilen befreyeten Manne, glauben mögte) der Chinarinde mächt, und ihr
eine Menge schlimmer Krankheiten aufbür-
det, die sie durch die Stopfung des Fiebers
erregen soll; da sie doch weder das letzte zu
thun vermögend ist, noch an dem erstern den
geringsten Antheil hat.

Aus einer Menge Beobachtungen und Erfahrungen wird die schädliche und immer
höchstgefährliche Würkung der stopfenden
Arzneyen, der Gewürze, des Weins, des
Branteweins und der Milch in dieser Ruhr
erwiesen und dargethan.

p. 142
186

Was ferner der Hr. B. von den Vorurtheilen des Pöbels, die sich den Anstalten der Landesobrigkeit, den Bemühungen
der Arzte und der lauten Stimme der Ver-
nunft in dieser Ruhr wiedersetzet; wie auch
über die Kunst diese Vorurtheile zu schwä-
chen, vorträgt; nebst den zuletzt angehängten Anmerkungen, Beobachtungen, und nähern Aufschlüssen, die Kenntniß und Heilung
der meisten Gattungen der Ruhr betreffend, ist von so vortreflichen Werthe, daß
ich mich genöthiget sehe, anstatt einen Auszug meinen Lesern darvon zu geben, sie
zu ersuchen, das Ganze zu lesen, und sie zu

187.

238.

313-
529.

H 4

verſichern, daß ſie den größten Weltweiſen,
Menſchenfreund und Arzt in einer Perſon
vereinbart allhier redend finden werden.

VI.

NICOLAI LAVRENTII BVRMANNI
Flora indica cui accedit *Series zoophyto-*
rum indicorum, nec non *Prodromus Florae ca-*
penſis. Lugduni Batauorum, apud Cornelium
Haek. Amſtelodami, apud IohannemSchreu-
derum 1768. 1 Alph. 19. Bog. in groß
4. mit 67. Kupferplatten.

Das Verzeichniß von Indianiſchen Pflanzen iſt vornehmlich aus der koſtbaren
Sammlung trockener Kräuter, welche der
Hr. Vater des Hr. V., Johann Burmann, beſitzt, und aus den von Piſo,
Hermann, Garcinus, Breyun, Olden-
land, Harthog, Kleinhov, Outgaerden,
Pryen, geſammleten Pflanzen beſtehet, er-
wachſen.   Dieſe alle trägt der Hr. V. mit
ihren Synonymen und den Anzeigen der
Abbildungen, nach dem Syſtem des Hrn. v.
Linné vor, deſſen Lehrling er geweſen, und
der ihm bey verſchiedenen Gewächſen ſeine Beobachtungen bekannt gemacht hat.   Es befinden ſich unter dieſen Pflanzen manche
neue,

neue, deren doch einige, in der linneischen
Mantissa stehen, und vorher nur unvollkom=
men beschriebene, die Hr. B., theils durch aus=
führliche Beschreibungen, theils durch Ku=
pfer, kenntlich gemacht hat. Doch bedauert
er, daß er bey manchen, die Theile der Blü=
ten nicht genau, hat unterscheiden können.
So sind 3 Arten Iusticia, eine Dianthera, ei=
nige Arten Commelina, eine Spermacoce,
Ludwigia, Oldenlandia, einige Conuoluuli,
ein Paar Ipomaeae, eine Porana, ein Sola=
num, ein paar Rhamni, eine Celosia py=
ramidalis, die auch im Göttingischen Gar=
ten ist, eine Echitis, Steris, Basella, Glau=
cena, Galena, Vsubis, Sophora, Melia,
Limonia, Dais, Chalcas, Eugenia, Rhee=
dia, Moluccella, Origanum, Gmelina ver=
schiedene Ruelliæ, Volkameaeri, Melochiae, Si=
dae Hedysara, Conyzae, Ficus, eine Polygala
Thea, die neu unter dem Namen des Thees ge=
schickt worden und andere. Schon aus dem
Namen verschiedener dieser wird man erken=
nen, daß auch einige neue Geschlechter dar=
unter sind.

Wir erblicken unter den Indianischen
manche Europäische, zum Theil gemeine
Pflanzen, als die Saluia officinalis, Valeria-
na cornucopiae, Trapa natans, Heliotropium europaeum, Solanum nigrum, Chenopodium

H 5

podium vrbicum, Pharnacium Ceruiana, Oxalis corniculata, Portulaca europaea, u. a.

Biswellen, aber sehr selten, streut er etiwas von der Anwendung der angeführten Gewächse unter. So wird von der Nyctan-

p. 4. tes vndulata erzählt, daß bey Feyerlichkeiten daraus Kronen gemacht werden und das Oehl davon auf dem Kopf eingerieben wird.

16. Die Blätter der Olax xelyanica werden zu Sallat gebraucht. Die Rinde der frischen

98. Wurzel von der Poinciana biiuga wird zur Hebung der Ueblichkeit in Wechselfiebern äusserlich auf den Unterleib gelegt. Aus

219. dem Andropogon Schoenanthus wird das durch ganz Indien, als ein magenstärkendes und gewürzhaftes Mittel bekannte Oehl, Oleum Seree destilliret.

Die Thierpflanzen Indiens hat Hr. B. nur dem Namen nach mit einigen Hauptcitaten, nach Hrn. Pallas Ordnung, angegeben. Und eben so ists mit dem Prodromus der Capischen Flora beschaffen, wobey er dem Linneischen System folget. Unter denen finden wir ebenfalls manche neue, oder noch nicht deutlich genug bestimmte, welche Hr. B. daher mit ausführlichen Beschreibungen versehen hat. Darunter stehet die seltene Aletris capensis, die wir im

voris

rigen Sommer im hiesigen Botanischen
Garten blühend zu sehen das Vergnügen
gehabt haben. Auch unter den Capischen
kommen manche einheimische vor, von deren
manchen der Hr. V. doch muthmasset, daß
sie aus Europa dahin gebracht worden sind.
                                                        M.

VII.
Akademische Schriften.

Progr. inaug. *experimentorum ad ve-*
riorem cysticae bilis indolem explorandam
captorum Sectio prima, auct. PHIL. GE.
SCHROEDER, Phil. et Med. Doct. huius-
que et Anatom. Prof. ord. Göttingae
d. 22. Dec. 1764. 46 Seit. in 4.

So sehr auch die Alten auf die Uebel, die
aus einer verdorbenen Galle entstehen,
Achtung gegeben, so wenig haben sie doch
die Natur der Galle selbst gekannt. Und
dieses gilt auch von den mehrsten der
Neuern. Boerhaave und fast alle unter
diesen schreiben ihr eine seifenartige Kraft
zu, obgleich einige ihr sowohl eine langen-
hafte als säuerliche Beschaffenheit absprе-
chen, andere aber behaupten, daß sie ein
alkalisches Salz enthalte, das mit einem
brennbaren Wesen aufs genaueste verbunden

,bunden wäre. Demnach solle sie öhligte und wässerige Theile genau vereinigen, Gummi und andere zähe Körper auflösen, die Säure der Speisen brechen, eine geronnene Milch zum Schmelzen bringen, den überflüßigen Schleim abführen, und die wurmförmige Bewegung der Gedärme befördern.

Diese Meynung von der seifartigen Natur der Galle bestreitet der Hr. W. Schon die Pringelschen Versuche zeigen, daß es mit der Verwandlung der Speisen in Milchsaft anders hergehe, als man sich gewöhnlich vorstellt, die der Ritter Pringle durch ein Gähren erklärt, welches bey Versuchen außer dem Körper offenbar durch die Zumischung der Galle zugenommen hat. Hr. Küchelbecker ziehet noch mehr gerade zu (directius) die seifartige Beschaffenheit der Galle in Zweifel, und, später, Ramsay, (denn zu der Zeit, da Hrn. S. schrieb, konnte er unmöglich von Macbride, des Verfaßers von Essay pour servir a l' histoire de la Putrefaction, des Hr. Spielmanns in der Disputation, Experim. circa natur. bilis 1767. mitgetheilten Versuchen einen Gebrauch machen.) Der Hr. W. hat sich aber noch mehr durch eigene zahlreiche Versuche, deren er für dies mahl bis 23 anführt, davon zu überzeugen Mühe gegeben. Hier=

ju

zu hat er sich mehrentheils einer Galle von
eben geschlachteten Thieren, der Ochsen und
Schweinsgalle bedient, und nur selten der
Menschengalle, als welche letztere zu solchen
Versuchen weniger schicklich ist.

Wir können, um nicht zu weitläuftig zu
seyn, nur die Folgerungen aus dem Versuchen anführen.   Die Galle hindert nicht,
daß sich nicht der Rahm von den übrigen
Bestandtheilen der Milch trennete, sondern
befördert vielmehr diese Trennung.   Eine
geronnene Milch kann nicht ganz von derselben aufgelöset werden, sogar, daß der zu
Boden gefallene Theil fester als vorher ist.
Das Oehl und fette Sachen werden nur
einem kleinen Theile nach von ihr aufgelöset: daher auch nicht die Galle im Stande seyn kann, sie mit dem Wasser mischbar
zu machen.   Und auch bey Versuchen dieser
Art, scheint vielmehr die Galle eine Kraft zu
besitzen, das Oehl aus seiner ersten Mischung
heraus zubringen.   Harze und Gummihar-
ze wurden nicht wirklich von ihr bezwungen,
obgleich dies mit ganz reine Gummiarten offenbar geschiehet.   Man siehet schon hieraus,
wie wenig Kraft der Hr. V. der Galle in
Zubereitung des Milchsafts zuschreibe.

M.

VIII.

2.

Progr. *de rei herbariae studio et usu*,
auctore D. Christ. Gottlieb Ludwig
Lips. 1768. 2 Bogen in 4.

Der Hr. V. geht zu seiner ehemaligen
Lieblingswissenschaft, wodurch er sich
zuerst um die Gelehrsamkeit verdient gemacht hat, zurück, nicht blos um sich selbst
durch dieselbe zu erholen, sondern auch seine
Zuhörer zu ihr aufzumuntern. Er erleichtert ihre Mühe in der gegenwärtigen Schrift
durch die nützlichsten Rathschläge. Da
man natürlich eine Arbeit nach den Vortheilen, die sie stiftet, zu schätzen pflegt: so
war es nöthig durch den ausgebreiteten Nuzen der Kräuterlehre in der Medicin und
der Oekonomie noch nicht genug überzeugte
Leser für dieselbe einzunehmen. Der Hr.
V. fordert auch, daß man, bey den Beschäftigungen damit, jederzeit auf diese Zwecke
Rücksicht habe.

Zur Erlernung der Botanik auf einer
Akademie verlangt er wenigstens 2 Jahre.
Man fängt zuerst mit den Kenntnissen der
einzelnen Theile der Pflanzen an; hernach
macht man sich die gemeinen Gewächse bekannt,

kannt, die man nicht allein nach der Blu=
me, sondern allen übrigen Theilen, untersuchen
muß. Auf diese Weise erlernt man leicht
die Geschlechtsnamen, so daß man dieselben
auf dem Felde oder in den Gärten ohne
Mühe anbringen kann; und unvermerkt da=
hin geleitet wird, Aehnlichkeiten zu erlernen.
Um dem Gedächtniß aber zu Hülfe zu kom=
men, sammelt man alle Pflanzen, über die
man kommen kann; oder wenigstens die vor=
nehmsten, da dann bey dem Austrocknen, und
dem Einlegen oder Anleimen, welches eine Win=
terarbeit seyn muß, ihr Bild sich desto besser
einprägt (daher auch ein selbst gesammeltes
Herbarium vor einem gekauften oder geschenk=
ten einen besondern Vorzug hat).

Den Anfang des folgenden Sommers
bestimmt man zur Wiederholung, damit
man sich eine Methode zu Nuze machen kan;
und dann geht man in den eigenen Unter=
suchungen weiter. So nützlich es aber ist,
hieben auf alle Theile der Pflanze zu se=
hen, und sich dadurch den Weg zur natür=
lichen Methode zu bahnen: so ist dies doch
einem Anfänger viel zu schwer. Er muß
daher bey den Theilen der Blüthen stehen
bleiben. Alsdann ist es erst Zeit die Benen=
nungen der Gattungen zu erlernen, worunter
der Hr. B. aber nicht die Trivialnamen, son=
dern

dern die Unterscheidungscharactere der Gattungen versteht und in der Folge auch auf
die Bildung der übrigen Pflanze (habitus ex-
ternus) aufmerksam zu seyn.

Wenigstens wird man es in diesem zwey-
jährigen Zeitraum so weit bringen, daß man
die Arzneykräuter, und ökonomischen Gewächse kennt, und sich selbst bey andern nach
der erlernten Methode zu helfen weiß. Und
so weit sollte doch ein jeder Arzt gehen. Einem andern aber, der nur zum Vergnügen
die Kräuterlehre treibt, oder eine Anwart-
schaft auf ein botanisches Lehramt hat, ist es
nöthig die Pflanzen nach den verschiedenen
bekannten Methoden zu untersuchen, wodurch er das Kunststück dieselben in Classen, Ordnungen, Geschlechter, zu theilen, erlernt; da nebst muß er im Winter die besten Kupfer und Beschreibungen zu Rathe
ziehen, damit er im Sommer darauf sich
neue Einsichten verschaffen kann. Ueberhaupt
räth der Hr. V. öftere Widerholungen an.

Der Hr. V. wendet mehrere Stunden
des Tages im Sommer auf den botanischen
Unterricht, und zweymal in der Woche schon
um sechs Uhr morgens geht er botanisiren.
Schon ein solches Beyspiel muß einen Zuhörer zur Botanik anflammen, wofern es auch
nicht

nicht die Lebhaftigkeit und Affect mit dem
der Hr. V. schreibt, und der sich nicht
leicht verstellen läßt, zu thun vermochte.

M.

〜〜〜〜〜〜〜〜

3.

De *calculis hepaticis et cyſticis*, prae-
ſide D. EBERHARDO ROSEN Prof. Med.
acad. Lond. reſp. GVSTAVO KEVENTER
Carlshamenſi 1762. 48 Seiten in 4.

Diejenigen Streitſchriften des Hrn. Prof.
Roſén, andenen er mehrern Antheil,
als den bloſſen Vorſitz bey der Vertheidigung, hat, ſind alle ſehr leſenswürdig, und
handeln mehrentheils practiſche Materien
mit einem guten Geſchmack ab. Wir wählen eine der neuern, worinn ein dem Hrn.
Präſes vorgekommener Fall zum Grunde gelegt worden. Eine 48 jährige Dame ererb-
te von ihren Eltern die Gicht, welche um
ſo viel leichter ſich bey ihr entwickeln konnte,
da ſie mit einem von Gicht und Stein ge-
plagten Manne verheyrathet war. Hyſteri-
ſche Zufälle, und öftere Wechſelfieber vereinigten ſich in mehrern Jahren mit dem
Hauptübel. Eine Zeit konnte ſie nicht

VIII. B.   J   ohne

ohne Beschwerde auf die rechte Seite liegen.
Die Anfälle der Gicht nahmen bey ihr, so wie
nicht selten bey andern ähnlichen Kranken,
mit einem Saugen im Magen ihren Anfang.
Und einmal endigte sich ein Anfall mit einem juckenden und, wie die Finnen schwä-
renden, Ausschlag der Gelenke.   Nach verschiedenen solchen vorläufigen Beschwerden
und einer sehr unangenehmen Spannung
des Unterleibes fiel sie in ein heftiges Fieber,
das mit einer starken Beängstigung, Schmerzen in den Präcordien, öftern Erbrechungen
und einer Gelbsucht, vorzüglich des rechten
Arms, begleitet war.   Welches Fieber endlich, obgleich mehrere Zufälle des Unterleibes übrig blieben, in ein Wechselfieber ausartete.   Bey einem Anfall desselben, der
sehr heftig war, brach sie verschiedene Gallensteine nebst einem gelblichten Schleim
aus.   Und durch den After gieng eben ein
solcher Schleim hernach ab, in welchem 4
bis 5 Gallensteine befindlich waren.   Nachdem sie ab und zu eine thonigte und leicht
zu zerreibende Materie (materia argillacea)
unter dem Unrath von sich gegeben, wurde
sie völlig wieder hergestellt.

In diesem Fall waren die Verbindungen
des Gallensteins und des Harnsteins, und
die Zufälle, die besonders die rechte Seite
des

des Körpers trafen, vorzüglich merkwürdig. Die thonigte Materie leitet Hr. R. auch von der Leber her. — Beyläufig führt er zum Beweiß, wie ansteckend die Gicht sey, ein Beyspiel eines Bedienten an, der von seinem Herrn nebst einem Paar Castor= strümpfen, welche dieser aus Ungedult in dem Anfall auszog, jener aber sogleich anpro= birte, mit der Gicht beschenket wurde.

M.

✠ ✠ ✠ ✠ ✠ ✠ ✠ ✠ ✠ ✠

4.

Diff. siftens *casum sphaceli cruris*
praes. D. IONA SIDRÉN Anat. et Med.
pract. Prof. resp. Io. FRIED. TOBRNBOHM
Holmiensi, 1768. Upsal. 2. Bogen
in 4to.

Der jezige Professor der Medicin Hr. Sidrén hat nach der Antretung seines neuen Amtes, schon mehrere wohl geschrie= bene practische akademische Abhandlungen ausgegeben, davon wir als eines Beyspiels der angeführten, und weil sie verdient von hieraus bekannter zu werden, erwähnen. Der Fall selbst wird ununterbrochen erzählt, und die Beurtheilung nach Art der Anmer=

J 2   kungen

kungen untergesetzt. Er betrifft einen hä-
morrhoidalischen Mann, dessen Leibesbeschaf-
fenheit durch ein vermittelst hitziger Mittel
thörigt behandeltes nachlassendes Fieber ganz
in Unordnung gerathen war. Die sonst
wirksame Chinchina hob zwar hernach das
Fieber; aber nach einem anhaltenden Kräukeln
erfolgte eine Lähmung der Zunge, ein
Schlag, der doch von kurzer Dauer war,
und darauf eine Lähmung des rechten Beins
und Fußes, welche in den Brand übergieng.
Es war wider dieses kein anderes Mittel,
als das Absetzen des Gliedes über dem Knie
übrig, das auch durch Beyhülfe der Chinchina so gut von statten gieng, daß eine gute Heilung erfolgte. Die Hämorrhoiden
machten ihm noch immer viel zu schaffen.
Endlich starb er fast ein Jahr darnach an
einem mit dem Brand des abgestumpften
Gliedes begleiteten Schlagfluß.

Die erste Streitschrift scheint diejenige de
Cholera, von 24 Febr. 1768. zu seyn, welche so wie der sel. Aurivillius mehrere
Krankheiten systematisch abgehandelt, die
Gattungen nach den verschiedenen zufälli-
gen Ursachen aus einander setzt. — Eine andere hat die Aufschrift casus haemorrhoi-
dalis. — Später hat der Hr. Prof. angefangen die Zufälle der Fieber nebst ihrer
Heil-

Hellart abzuhandeln; und hat man schon hiervon 3 Streitschriften: *Symptomatum febrilium* P. 1. *de affectibus oris et faucium*; P. 2. *de anxietate*; *et* P. 3. *de deliriis.* In der ersten kommt ihm wieder die gewöhnliche Meynung sehr unwahrscheinlich vor, daß die Schwämmchen bis in dem Magen und tiefer oder in die Lunge herunter drängen, da doch seinen Gedanken nach der Schlund die Gränze wäre; so wie dies, durch die Untersuchung eines mit dem Schwämmgen behafteten Mannes nach dem Tode, bestätigt wird. Auch hält er dafür, daß sie nur aus einer durch die Luft verdickten Feuchtigkeit, und nicht aus einer in Bläsgen erhabenen Oberhaut entstehen. M.

5.

Diss. inaug. de nonnullis ad morbillorum insitionem spectantibus, Praes. D. ANDR. EL. BÜCHNER, resp. IO. AVG. BENI. BOEHME, Iesnitza - Lusat. Hal. 1766. 3 Bogen.

Die Absicht des Hrn. B. geht nur dahin, zu zeigen, daß die Einimpfung der

der Masern moralisch erlaubt, und zugleich
sehr vortheilhaft sey, da sie vor allen ge-
fährlichen Zufällen, die sonst in den natürlichen Masern wohl erfolgen, als vor heftigen Nasenbluten, und einer Brustentzün-
dung, auch heftigen Husten den Menschen
verwahret: welches er aus der Erfahrung
des Hr. Home erweiset, als welcher zur Zeit
nur allein die Masern eingepfropfet hat.

VIII.

Kurzgefaßte Nachrichten von neuen Schriften.

I.

Verzeichniß der vornehmsten Schrif-
ten von den Kinderpocken und deren Ein-
pfropfung gesammlet von D. Johann
Georg Krüniz. Leipzig, bey Christian
Gottlob Hilschern 1768. 168.
Seiten in 8.

Auf das kürzlich vom Hrn. V. von den
Schriften über die Rindviehseuche
herausgegebene Verzeichniß folgt dieses unmittelbar, weil, wie der Hr. V. sagt, zwischen

schen beyden Uebeln eine grosse Aehnlichkeit
ist. Wir dachten sogleich, daß der Hr. V.
diejenige Verwandschaft, die in Ansehung
der Ansteckung, des Auftritts, der epidemischen Beschaffenheit, und der Maasregeln
in der Heilung und Vorbeugung nicht gar
unkenntlich ist, meynete: der Hr. V. redet
aber von der übereinstimmenden Verwü-
stung, die beyde anrichten, und den bisherigen fruchtlosen Bemühungen sie zu bezwingen. Des Hrn. K. Unternehmen ist
bey der großen Menge, zu welcher diese
Art Schriften, angewachsen, ungemein
nützlich. Er theilt diejenigen, die über die
natürlichen Pocken erschienen, in solche ein,
die überhaupt und in solche, die insbesondere von ihnen handeln. Zur letzten Art
gehören 7 Abschnitte, von den schlimmen
und bösartigen, von den von gewöhnlicher
Art abweichenden Pocken, von den besondern
Zufällen und Folgen derselben, von den wie-
derkommenden Pocken, von den Pocken er-
wachsener und alter Leute, von denjenigen
der Schwangern und der Kinder im Mutterleibe, von der Ansteckung derselben, und
zuletzt von den Pocken der Thiere, wovon
doch nur zwey Schriften angeführt sind.
Die übrigen Schriften betreffen die Einpfropfung allein, unter denen ein besonderer
Abschnitt die Bemerkungen von der ver-

J 4   meynten

meynten Rückkehr der Pocken nach der Einpfropfung enthält. Die Schriften stehen
unter jeder Rubrik nach alphabetischer Ordnung und von einigen ist der Inhalt in
einem kurzen Auszug angebracht. Es finden aber nicht allein einzeln ans Licht ge-
tretene Schriften hier einen Platz, sondern
auch Aufsätze und Beobachtungen aus
Sammlungen gelehrter Gesellschaften und
Journalen. Bey einer neuen Auflage wird
Hr. K. auch die in practischen Büchern befindlichen Abhandlungen hinzufügen, und die
Mängel, die bey ähnlichen Arbeiten fast
unvermeidlich sind, ergänzen. Da es uns
möglich ist, daß eine einzige Person, alle
diese Schriften selbst gesehen: so hat der
Hr. V. die Journale, aus denen er die
Kenntniß geborgt, angezeigt, welches selbst
für solche, die die Schriften besitzen, ein
Vortheil zum geschwinden nachschlagen ist.
Dennoch sind einige Fehler eingeschlichen,
welche auch diese Quellen hätten verhüten können. So steht des Hrn. Prof. Schulz in
Stockholm Buch von der Einpfropfung nicht
in der deutschen Ausgabe der Schwed. Abhandlungen, obgleich einzelne Beobachtungen von ihm daselbst zu finden sind. Hrn.
Prof. Murray's neuere Schrift von der
Einpfropfung in Schweden ist nicht ein
Nachdruck einer ehemals von ihm verfaße-
ten

ten Streitschrift, sondern ein ganz umgear-
beitetes, in ganz anderer Ordnung verfasse-
tes, weit vollständigers und bis auf die
neuesten Zeiten sich erstreckendes Werk. Auch
hat sich der Hr. V. verschiedentlich durch
die von den französischen Journalisten übel
angenommene Gewohnheit, die Titel auswärtiger Schriften französisch anzuzeigen,
verleiten lassen.

2.

*L'art des Accouchemens demontré par des
Principes de phisique et de mechanique; pour
seruir d'introduction et de base à des Le onç
particulieres par Mr. ANDRE LEVRET, Ac-
eoucheur de Madame la Dauphine etc. Troi-
sieme edition. a Paris chez P. Fr. Didot, le
jeune, 1766. 480* Seiten. Die gegenwärtige Ausgabe hat dem Hrn. V. Gelegenheit
gegeben, dieses auf vielfältige Erfahrung
gegründete und von allen geschätzte Werk
aufs neue durchzusehen und auszubes-
sern.

3.

Commentatio prima de Medicis eque-
stri dignitate ornatis. Praemissa dissertatio
de vera felicitate et studio et exercitio artis

J 5

medi-

medicae capienda, Philosopho aeque ac Christiano digna. Berolin. 1768. 1 Alph. 2 Bog. 4. Der Hr. D. Moehsen, welcher sich bereits durch verschiedene theils nüzliche, theils angenehme Schriften, worunter auch diese zu rechnen, rühmlichst bekannt gemacht hat, ist hiervon der Urheber. Sie hat bereits eine Stelle in dem 3ten Bande der nouor. actor. Acad. N. C. hier aber verschiedene Vermehrungen erhalten. Die Geschichte der medicorum equestrium geht er von den ältesten Zeiten, und nahmentlich von den Römern bis auf die neuesten durch; wobey zugleich erwehnt wird, was für andere wichtige und Staatsbedienungen die Aerzte zum Theil verwaltet haben.

4.

Gedanken die Heilungsart in der fallenden Seuche betreffend, von D. Leo Elias Hirschel. Berlin, bey Vögeln, 1767. 54 S. in 8. Der Hr. V. sucht die Materie zu dieser Krankheit in dem Magen und in den ersten Wegen, (in welcher Meynung, die wir jedoch für allgemein nicht annehmen können, wie wir schon ehedem in einer Recension von des Hrn. Pietsch Abhandl. von Ohnmachten und Convulsionen N. Med. Bibl. 1 B. S. 221. gezeiget haben, er schon

Vor-

Vorgänger hat) und läßt folglich vor dem
Anfall ein paarmal brechen, und stärkt hernach mit der Chinchina oder mit einem Ge-
mische von Liqu. Min. an. Hoffm. und Sal. vol.
ol. Sylu.   Die Würmer, die oft die Schuld
haben, erfordern das gleiche Mittel.   Und
in diesem Falle hat H. H. auch ganz kleine
Würmer (ascarides, die aber doch von anderer Art, als die so genannten zu seyn
scheinen, und die nach Heisters Bemerkung
sich in den Magen einfressen) wegbrechen
gesehen.   Der Salmiac wird wieder den
Bandwurm, der Mohnsaft mit nervenstil-
lenden Mitteln gegen den Schrecken, und
der Goldschwefel des Spleßglases mit Bisam gegen die zurückgetriebene Krätze gerühmt.

§. 5.

C. G. Barths M. D. Abhandlung über
die Natur, den Nutzen und Gebrauch des
Gesundbrunnens zu Lauchstädt.   Leipz. bey
Eisfeld. 1768. 4 Bog. In 4.   Dieses Wasser enthält in 8 Pf. Apothekergewicht 27 gr.
selenitische Cristalle, 11 Gr. Ocher, 18 Gr.
Glaubersalz, das gelblicht und fettigt ist, und
4 Gr. eines bittern schmierigten Wesens.

6.

Histoire de la petite Verole, auec les
moyens d'en preseruer les enfans et d'en arre-
ter la contagion en France: suiuie d'une tra-
duction

duction Françoise du Traité de la petite
Verole de Rhases, sur la derniere edition
de Londres, Arabe et Latine.   Par Mr. I.
L. Paulet, Docteur en Médécine de la
Faculté de Montpellier. à Par. T. I. 102 S.
T. II. 372 S. in 12. 1768. Der B. bringt
auf die Ausrottung der Pocken, als einer
außerordentlichen und gar nicht nothwendigen Krankheit; und mißbilligt dahero die
sie vermehrende und neu hervorbringende
Einpfropfung. Die Ueberseßung des Rhases
nach der leßten Londner Ausgabe, welche
correcter als die vorige ist, da man sie nach
einer Arabischen Handschrift aus der Leydner
Bibliothek berichtiget hat, ist außer dem Leben dieses Arabischen Arztes mit vielen Anmerkungen vom B. begleitet worden.

7.

De la conseruation des Enfans, ou les moyens de les fortifier, de les preservir et
guerir des maladies, depuis l' instant de
leur existence jusqu' à l'age de puberté.
Par Mr. RAVLIN, D. en Med. Conseiller et
Medecin ordinaire du Roi, Censeur royal,
de la Societé royale de Londres. Tom. I.
à Paris, chez Merlin 1768. 636 S. in 12.
Man findet in diesem Buche, welches noch
mit drey Bänden vermehrt werden wird,
zwar lauter gute, aber schon hinlänglich bekannte Lehren von dieser Materie; und wenn
man

man eben nichts überflüßiges kaufen will,
so kan man es wohl entbehren.

8.

Catalogu. diſſertationum, quae medicamentorum hiſtoriam, fata et vire propo-
nunt, autore L. G. Baldinger, D. Med.
Prof. Ord. in Acad. Ienens. etc. Altenbur-
gi, ex offic. Richteriana, 1768. 128. S. 4.
Di.s Verzeichniß iſt ſyſtematiſch eingerichtet,
und hat ſeinen guten Nußen.   Durch dieſe
Einrichtung aber unterſcheidet es ſich auch
von dem ebenfalls brauchbaren Heſteriſchen
Werke.   Der Hr. B. hat überall, wo es
geſchehen können, die Monatſchriften angezeiget, worinne die Diſſertationen recenſirt
worden.   Er verſpricht über andere Theile
unſerer Kunſt ein gleiches Verzeichniß zu
liefern; und wir wünſchen, daß er ſein Verſprechen erfüllen möge.

9.

Eſſai ſur le Pouls, par rapport aux Af-
fections des principaux Organes etc. Par
Mr. Fouquet, Docteur en Med. de l' Univ.
de Montpell. etc. à Montpellier, et ſo trouve à Paris, chez Didot le jeune. 1767. 8.
Hr. F. folgt den Fußſtäpfen des Hrn. Bordeus,
und ſagt uns ſehr viel von neuen Pulsſchlägen,
einem pulſu cephalico, gutturali, epigaſtrico,
vterino, hepatico, pectorali. u. ſ. f. wodurch
man alle Krankheiten in dieſen Theilen und in
noch

noch mehreren genau bemerken soll. Und was noch das schönste ist, so hat er die Bewegungen, die die Arterie in solchen Krankheiten macht, abzeichnen und in Kupfer stechen lassen. Vielleicht aber werden viele unserer Leser, wie wir, denken, daß man diese größtentheils auf Phantasie gebauete Erfindung bey den reinern und gewissern Quellen, woraus die Krankheiten beurtheilt und erkennt werden können, gar füglich entbehren kann. Es ist zugleich diesem Werke ein Auszug aus des Solano Werken, und der Abhandlung des Hr. Flemmings über die Theorie des Pulsschlages beygefüget.

10.

Aretaei Cappadocis, Medici infignis ac vetuſtiſſimi Libri feptem, a Iun. Paulo Craſſo, Patauino, accuratiſſime in latinum fermonem verſi. Argentor. apud Amand. Koenig. 1768. 8. Ohngeachtet wir schon weit beßere Ausgaben des Aretäus haben, als diese ist; so kan man doch ihren Nachdruck bey jener ihrer Seltenheit und Kostbarkeit nicht für überflüßig halten.

11.

Auis aux mere, qui veulent nourir leurs enfan, auec des obferuations fur les dangers, auxquel les meres f'expofent, ainſi que leurs enfan, en les ne nouriſſant pas. Par Madame L * * (Le Rebour) A Vtrecht;

et

et se trouve á Paris, chez Lacombe, 1767.
8. Vielleicht ist eine Dame eher im Stande, ihren Mitschwestern, die aus Bequem-
lichkeit, Wollust oder Hochmuth ihren Kindern die Brüste versagen, das Gewissen rege zu machen, als bisher die Aerzte gekonnt
haben. Wir wollen es wünschen.

12.

Nouuelle methode d' operer les Hernies, par Mr. LEBLANC, Chirurgien-litho-
tomiste de l' Hôtel-Dieu d' Orleans avec
un Essai sur les Hernies rares et peu con-
nues ; par M. Hoin, Chirurgien à Dijon.
A Paris, chez Guyllin, 1768. 8. Dies ist
eine sehr merkwürdige und nützliche Schrift, in
welcher der V. eine schon von ihm und mehrern andern Wundärzten glücklich versuchte
leichte und vortheilhafte Manier, die eingeklemmten Brüche zu operiren, bekannt macht.
Sie besteht darinne, daß der Ring oder mit
einem Wort der Theil, wodurch die Därme
oder das Netz hervorgetreten, nicht durch
einen Schnitt erweitert, sondern blos mit
einem darzwischen gebrachten Finger, oder
mit einem feinen sogenannten Speculo allmählig dilatirt werden. Ueberall findet diese leichte Manier Platz, außer nur in dem
Falle nicht, wenn der Darm mit dem Ringe verwachsen ist; und hat den großen Vortheil, daß man nachher kein Bruchband
braucht,

braucht, da der Ring sich von selbst hinlänglich wieder verengert und die äussere
Narbe der Hautwunde einem neuen Durch-
gang gut wiedersteher. Er merkt auch an,
daß die gewöhnliche platte Lage des Kran-
fen auf dem Rücken und das tief liegen des
Kopfs die Einbringung des Bruchs wegen der dadurch verursachten Spannung
des Rings nicht erleichtert, sondern schwerer
macht, und hingegen die Vorbeugung des
Körpers nach dem Becken solche beschleunis
get. Hr. Hoin handelt von der Hernia vaginali und ventriculi. Zu jener hat er ein
besonderes Pessarium ausgedacht.

13.

Explication d'une sentence de Cos, tirée
des Recherches sur le tissu muqueux ou l'
organe cellulaire et sur quelques maladies
de la poitrine; par M. THEOPH. DE BOR-
DEV etc. A Paris, chez Didot le jeune, 1767
Der 230 Artickel der Coac. praenot. Hipp.
wird hier aus der beliebten Hypothese des
Hrn. de B. erklärt; welcher aber in der
Hauptsache, worauf alles ankommt, anders lautet, als ihn Hr. de B. übersetzt
hat. Es heißt nemlich: Linguae bisulcum,
velut saliva alba obductum febri. *remissio-
nem* indicat, eo quidem quod adnatum
est crasso existente, eodem die; si vero te-
nuiu, fuerit, postridie; perendie quoque,

fi

si adhuc tenuius fuerit. Eadem etiam si-
gnificatio est, si haec circa summam linguam
contingant, minus tamen firma. Wenn
nun aber Hr. de B. remissio durch termi-
naison ausdrücket, so stellt er sich das wahre
in diesem Erfahrungssatz ganz unrichtig vor.
Indessen kann man mit seiner Erklärung,
die aber auch von andern Aerzten schon so
gegeben worden, daß nemlich dieser auf der
Zunge zusammenfliessende Schleim ein Zeichen von einer bereits angefangenen coctione
geben, gar wohl zufrieden seyn. Das hingegen, was er über den Ursprung dieses
Schleims aus dem zellichten Wesen der
Brust und des Halses gedacht hat, kan ihm
als ein erfundener Einfall, eigen bleiben.

14.

Die Natur und Würkung des mineralischen Wassers zu Lauchstädt, durch Versuche und Erfahrungen beschrieben von Dan.
Gottfr. Frenzel, Med. Lic. und bestelltem
Bademedico. Halle, in Verl. des Waysenh.
1768. 15 Bog. in 8. Diese Schrift, welche
auf Befehl Sr. Königl. Hoheit des Prinzen Xavers, der Chursachsen Administrato-
ris, vornehmlich veranlaßt worden, ist eigentlich zum Gebrauch derjenigen aufgesetzt,
welche sich dieses Bads bedienen wollen.
Der Gehalt des Wassers selbst ist nicht an-

VIII. B.   K   ders

ters, von ihm befunden, als man ihn schon
kennt.

15.

Flora Francica aucta, oder vollständiges
Kräuterlexicon, worinnen aller bekannten aus-
und inländischen Kräuter, Bäume, Stauden,
Blumen, Wurzeln u. s. w. verschiedene la-
teinisch- und deutsche Namen, Temperamente,
Kräfte, Nutzen, Wirkungen und Präparate
gründlich beschrieben werden, vormals von Hr.
Georg, Friedr. v. Frankenau latteinisch
herausgegeben, nachgehends ins deutsche übersetzet, und um die Helfte mit mehr als zehntau-
send Worten vermehrt, auch sonsten verbessert.
Sechste Auflage. Leipzig und Züllichau in den
Waysenhaus- und Frommanischen Buch-
handl. 1761. 2 Alph. 8 Bogen in 8. Dieser
uns durch seine Länge ermüdende Titel, giebt
von dem Inhalt des Buchs selbst hinlängliche
Erläuterung. Der V. gab es schon 1683 heraus,
also zu einer Zeit, da in der Botanik und der
Materia medica nicht eben der beste Geschmack
herrschte, obgleich nicht zu läugnen, daß auch
dazumals manche weit anders, als Hr. v. Fr.
gedacht und geschrieben haben. Vieles was daher in damaligen Zeiten entschuldigt werden
konnte, ist jetzt unerträglich. Das Botanische
besteht in einem alphabetischen Register der
Kräuter mit einer Menge Synonymen, öfters
ohne Bennung der Autoren, und bisweilen einer flüchtigen Beschreibung der Pflanze. Bey
der

der Heilkraft der Kräuter sind noch immer die
Temperaturen und Wirkungen wider die Zau-
berey angemerkt. Unwirksame Kräuter haben
nicht selten die Ehre in so vielen Uebeln zu gelten, daß sie als allgemeine Hülfsmittel angesehen werden könnten: und von wirklich kräftigen werden öfters Hauptwirkungen ausgelas-
sen. Schwerlich wird man für so viel Fehler-
haftes und Mangelhaftes durch die nach eben
dem Geschmack verfaßte Vermehrung schadlos gehalten: da sie nur untüchtige Begriffe
b-n unwissenden Apothekern, Wundärzten und
Kräuterliebhabern, fortzupflanzen dienen.

16.

S. A. D. Tissot, Med. D. et Prof. Lau-
sann. etc. Opuscula medica. Tomus I. Dissertatio de febribus biliosis siue historia epi-
demiae biliosae Lausannensis anni 1755. accedit Tentamen de morbis ex manustupra-
tione. Collegit et edidit Ern. Godofr.
Baldinger, Phil. et Med. D. Med. Theo-
ret. Prof. Ord. in Acad. Iehens. etc. Lipsiae et Cellis, sumtibus G. C. Gsellii. 1769.
8. 207 S. Bey der Ausgabe dieser und
noch einiger zuerwartenden kleinen Tissoti-
schen Schriften, zeiget sich der Eyfer des
Hrn. Prof. Baldingers auf einer andern
Seite, nemlich auch seinen gelehrten Mit-
bürgern sich nützlich zu machen. Wir ersehen zwar aus der Zueignungsschrift an
den Hrn. Leibmedicus Zimmermann, daß

K 2   er

.. er von den französischen Werckchen des Hrn.
Tissot keins in seine Sammlung bringen
will; wünschen aber, daß er seinen Vorsatz
ändern möge. Denn französisch versteht
doch fast ein jeder Arzt; und Hr. Tissot ist
auch, die Wahrheit zugestehen, im französischen viel angenehmer, als im lateinischen
zu lesen.

17.

Christophori Andreae Mangoldi, Phil.
et Med. D. Ordin. Medicor. et Philosoph.
nec non Acad. Elect. Mog. Scient. Vti.
Assess. Anat. Chym. et Phil. Professor.
quondam Ordinar. in Academia Erfurt.
Acad. Monspel. Socii, Opuscula Medico-
Physica. Collegit et edidit Ernest. Godofr.
Baldinger. Altenburg. ex offic. Richteriana,
1769. 392. S. gr. 8. Was für ein fürtreffli-
cher Gelehrter der sel. Mangold gewesen,
hat Hr. Prof. Baldinger bereits in einer
besondern; dessen Gedächtniß geweiheten,
Schrift gezeiget, und darinne auch schon die
Herausgabe dieser seiner academischen Schriften versprochen. Wir wollen sie dem Titel
nach anzeigen. Diss. Regulae condendi systematis perfecti, facilis et certi medicinae
practicae: de ingenti exanthematum acuto-
rum differentia quoad caussas et curationem:
de Vertigine, inprimis litteratorum:
Genera et species tunorum: de Ambustio-
nibus: Apoplexiae plures praeter sanguineam

et

et serosam dari species : de Hydrophobia
a morsu animalium rabidorum, et ab aliis
caussis : Genera et species Vlcerum: Experientiae quaedam physiologico- pathologicae,
decussationem neruorum et fluidi neruei
naturam illustrantes. Hierauf folgen die
Programmata: de generatione fossilium
figuratorum: de necessitate omnes medicinae partes in academiis practice docendi :
de Epilepsiae speciebus nonnullis: de indole puris, ejusque aliqua cum crusta
phlogistica conuenientia: de necessitate sollicite inuestigandi strata terrae ad vtilem
mineralium cognitionem. In allen diesen
herrscht viel Belesenheit und eigenes Nachdenken. Druck und Papier sind sauber: welches
wir auch von den vorhergehenden Werke
zu rühmen haben.   18.

Franc. Arandi M. D. Consiliar. Mogunt. et Prouinciae Eichsfeldianae Vrbisque
Heiligenstadii Physici Carmen de seuerioribus eruendae veritatis mediis, eorum gradibus et noxis inde resultantibus; cum
annexo lessu, quo manes Frider. Braun,
Bobenhusani, tormenta mascule perpelli,
recitantur. (Göttingæ) litter. Io. Henr.
Schulzii, 1768. 31 S. in 8. Es hat doch
noch niemand die Tortur in lateinischen Versen beschrieben; und um deßwillen ist dieses
Büchelgen merkwürdig, so wie auch der
traurige Todesfall eines Heiligenstädter In-

K 3   quisi-

quisiten, und Pferdediebes, der auf dem
Bamberger Bock durch Peitschen- und Ru-
thenschläge sein Leben (jedoch wie wir vermuthen, ganz wieder Willen des peinlichen
Richters) eingebüsset hat. Der Hr. D.
Arand hat als Physicus den Leichnam öf-
nen müssen, und den Rücken sphacelirt, wie
auch die Lunge von geronnenen Geblüt ganz
ausgestopft, und mit solchem auch das Herz
über alle Maasse häufig, nemlich zu $\frac{3}{4}$ Pfunden, angefüllet gefunden. In der Höhle
der Brust waren über 3 Pfund schwarzes
Blut ausgetreten.

19.

Examen chemicum doctrinae Meyeria-
nae de acido pingui, et Blackianae de aere
fixo, respectu calcis, autore Nic. Ioś.
Iacquin, S. C. R. et A. Majeſt. in re me-
tallica et monetaria a consiliis, Chem. et
Botan. Prof. etc. Vindobon. apud I. P.
Kraus, 1769, 8. 96 S. Der Hr. V. wie-
derlegt hierinne die Meyerschen Erklärungen von den Eigenschaften des ungelöschten
Kalchs, und findet an der Blackischen Hypothese eine größern Gefallen, da er die
Luft aus dem in einer Retorte heftig gebrannten Kalch mit einem Geräusch endlich
hat in die Vorlage dringen gesehen. Einige Versuche sind ihm auch anders, als dem
sel. M. gelungen, womit selbiger seine Theorie

rie unterſtützen wollen. Wir können indeſ
ſen nicht bergen, daß uns die Meyerſche
Erklärung weit gründlicher, als die Blacki-
ſche vorkommt, die ohnehin noch vielen Zwei
feln unterworfen zu ſeyn ſcheinet, und über
haupt bey den wenigſten Erſcheinungen, die
der gebrannte Kalch macht, zu reellen De-
monſtrationen angewendet werden kan.

20.

Flora Sibirica ſiue Hiſtoria plantarum
Sibiriae. *Tom. III.* Continet tabulas aeri
inciſas LXVII. Auctore D. IOANNE GE-
ORGIO GMELIN, editore D. SAMVEL
GOTTLIEB GMELIN. Petropoli ex typogra-
phia academiae ſcientiarum MDCCXVIII.
1 Alph. 13 Bogen in groß 4. Das Publicum findet ſich auf eine angenehme Weiſe in
der Meynung betrogen, daß die Fortſetzung
der Gmeliniſchen Flora ausbleiben würde.
Denn hiermit erhalten wir 6 neue Claſſen
ausgearbeitet, nehmlich: Incompletae,
Fructiflorae, Calyciflorae, Ringentes, Sili-
quoſae, Columniferae. Die erſten 3 hat
der ſel. Verf. ſelbſt völlig ins Reine gebracht,
wobey der jüngere Hr. Gm. die nüzliche
Mühe übernommen, die neuern Synonymen, hinzuſetzen, und nach der Kräuter-
ſammlung der Akademie das nöthige zu ver-
beſſern. Die folgenden 3 Claſſen ſind von
dem Hrn. Herausgeber ausgearbeitet, doch

R 4　　　　　　ſo

so, daß er sich die Gmelinischen Manuscrip-
te im Vergleich mit frischen und trocknen
Kräutern zu nutze gemacht. Es ist Schade, daß er des Hrn. von Haller Historia
stirpium helueticarum nicht hat abwarten
können. Die Claße der Columnifera-
rum enthält nur 8 Gerania und eine Mal-
ua. So arm ist Rußland an solchen Gewächsen. So hier, wie vorher, sind verschiedene oekonomische und medicinische An-
wendungen angegeben. Einige von dem
ältern Hrn. Gmelin im Manuscript übersehene Gattungen werden eingerückt. Auch
giebt es manche, bey denen der Hr. Herausgeber Linneische Namen nicht beysetzen kan,
die doch zum Theil in den gedruckten Schriften der Rußischen oder anderer Kräuterkenner angemerkt oder in den aufbehaltenen
Manuscripten der erstern angegeben worden
sind.

21.

Herrn Joh. Friedr. Clossens
neue Heilart der Kinderpocken, nebst
einem Versuche vermischter Beobachtungen zur Erläuterung der Arzneywissenschaft. Aus dem lateinischen übersetzt mit
einigen Anmerkungen. Ulm, bey Albr. Friedr.
Bartho omai 1759. 9 Bogen in 8. Des
Hrn. B. Heilart in den Pocken besteht in
einem zeitigen Gebrauch der Spauischflie-
genpflas

genpflaster, deren er 2 grosse, so bald
sich die Krankheit äußert, auf die Waden
legt, und welche er während des ganzen
Verlaufs im Flusse erhält. Er wählet darzu das Melilotenpflaster mit Meerzwiebeleßig
gerieben, und streut hernach das Canthari-
denpulver darauf. Sodann soll die Wirkung weit geschwinder und sicherer, als von
dem gewöhnlichen Pflaster, seyn. Alles,
was man nur irgend von einem guten Mittel in den Pocken erwarten kann, verspricht
sich der Hr. V. hiervon.

Darauf werden 22 pathologische Wahrnehmungen mitgetheilet, und wären deren
mehrere, wofern nicht der Uebersetzer für
gut befunden, 8 auszuschiessen. Ihr Werth
ist verschieden. Nur alle Woche einmal,
hatte ein sonst gesunder Studente Oefnung.
In dem Mutterkrebs ist das Wienersche
Schierlingsextrakt kräftig gewesen. Auch
Hr. Cl. hat die Rinde der weissen Weide in
dem Wechselfieber, und in einigen andern
Fällen, in denen die Chinchina kräftig ist,
wirksam befunden. In dem Keichhusten
lobt er nach eigenen Erfahrungen den Goldschwefel aus Spiesglas in solcher Dosis und
so versetzt, daß kein Brechen erfolgen
können. Der Schweiß ist aber stark darnach
ausgebrochen.

K 5   Henr.

22.

Henrici Ioannis Nepom. Cranz, S. C.
A. Majestatis Consiliarii, institutionum
med. et Mater. med. Vindob. Prof. Publ.
o. d. Acad. Imp. Nat. Curios. et Soc. botanic. Florent. Litt. Roboret. Sodalis, *de dua-
lis Draconis arboribus botanicorum,* cum
figuris aeneis partium fructificationis, duo-
rumque novorum generum constitutione.
Viennae, impensis Ioannis Pauli Kraus, Bi-
bliopolae Viennensis 1768. 4 Bogen in
Imperial 4. mit einer Kupferplatte. Es
sind mehrere Arten von Pflanzen, denen
man das Drachenblut zugeschrieben hat.
Hr. Cr. nennt deren 6. die man noch mit
einiger Gewißheit botanisch angeben kann.
Wegen derjenigen, die nach Clusius den
Namen führt, ist man bisher nicht einig
gewesen. Hr. Cr. hat das Glück gehabt
die Blüthe von dieser, aus dem Kayserlichen
Lustgarten im Jullus 1768 zu untersuchen ob
gleich andere Stämme schon vorher in des
Prinzen Eugen Garten Belvedere und in dem
Haruckerschen Garten zu Wien geblühet haben. Er findet die größte Verwandschaft
des Baums mit dem Spargelgeschlecht
(Asparagus), so wie Löfling im 4ten und
5ten Brief seiner Reisebeschreibung diese schon
geruhmet hat. Linne's ehemaliger Name ist
Asparagus Draco (sein jetziger aber in Syst.
nat.

nat. Ed. 12. *Tom.* 2. *p.* 246, Dracaena Draco.)
Hr. Er. macht doch in Ansehung einiger Verschiedenheit ein bisonderes Geschlecht daraus, das er *Störkia Draco* nennt, und durch Störkia arborescens foliis ensiformibus subcarnosis imbricatis, patenti- pendulis kurz beschrebt. Die andere hier beschrebene Pflanze nennt Hr. Er.; *Oedera dragonalis,* oder Oedera arborescens foliis ensiformibus carnosis, imbricatis, pendulis. Sie ist die Palma prunifera foliis yuccae, fructu racemoso terasiformi, osticulo duro cinereo pili magnitudine *Commel.* und nach Hr. Laugier Zeugniß, die Yucca Draconis *Linn.*

23.

D. Alexander Bernhard Kölping, Adj. der med. Facultät auf der hohen Schule zu Greifswalde und Aufsehers über den botanischen Garten daselbst, Abhandlung von dem innern Bau der weiblichen Brüste, aus neuen Versuchen und Wahrnehmungen beschrieben. Mit Kupfern erleutert. Berlin und Stralsund, bey Gottlieb August Lange 1767. 5 Bogen in 8. Dies ist eine Uebersetzung der Gradualschrift des Hrn. Adj. in der wir nichts verändert oder zugesetzt finden, als eine Note, worinn der Uebersetzer das Anschwellen der Brustwarzen wider Hr. K. Zweifel behauptet. Das

...e von den französischen Werkchen des Hrn.
Tissot keins in seine Sammlung bringen
will; wünschen aber, daß er seinen Vorsatz
ändern möge. Denn französisch versteht
doch fast ein jeder Arzt; und Hr. Tissot ist
auch, die Wahrheit zugestehen, im französischen viel angenehmer, als im lateinischen
zu lesen.

17.

Christophori Andreae Mangoldi, Phil.
et Med. D. Ordin. Medicor. et Philosoph.
nec non Acad. Elect. Mog. Scient. Util.
Assess. Anat. Chym. et Phil. Professor.
quondam Ordinar. in Academia Erfurt.
Acad. Monspel. Socii, Opuscula Medico-
Physica. Collegit et edidit Ernest. Godofr.
Baldinger. Altenburg. ex offic. Richteriana,
1769. 392. S. gr. 8. Was für ein fürtreffli-
cher Gelehrter der sel. Mangold gewesen,
hat Hr. Prof. Baldinger bereits in einer
besondern; dessen Gedächtniß geweiheten,
Schrift gezeiget, und darinne auch schon die
Herausgabe dieser seiner academischen Schriften versprochen. Wir wollen sie dem Titel
nach anzeigen. Diss. Regulae condendi systematis perfecti, facilis et certi medicinae
practicae: de ingenti exanthematum acuto-
rum differentia quoad caussas et curationem:
de Vertigine, inprimis litteratorum:
Genera et species tunorum: de Ambustio-
nibus: Apoplexiae plures præter sanguineam

et

et serosam dari species: de Hydrophobia
a morsu animalium rabidorum, et ab aliis
caussis: Genera et species Vscorum: Experientiae quædam physiologico- pathologicae,
decussationem neruorum et fluidi neruei
naturam illustrantes. Hierauf folgen die
Programmata: de generatione follium
figuratorum: de necessitate omnes medicinae partes in academiis practice docendi:
de Epilepsiae speciebus nonnullis: de indole puris, ejusque aliqua cum crusta
phlogistica conuenientia: de necessitate sollicite inuestigandi strata terrae, ad ytilem
mineralium cognitionem. In allen diesen
herrscht viel Belesenheit und eigenes Nachdenken. Druck und Papier sind sauber: welches
wir auch von den vorhergehenden Werke
zu rühmen haben.   18.

Franc. Arandi M. D. Consiliar. Mogunt. et Prouinciae Eichsfeldianae Vbisque
Heiligenstadii Physici Carmen de seuuerioni-
bus eruendae veritatis mediis, eorum gradibus et noxis inde resultantibus; cum
annexo lessu, quo manes Frider. Braun,
Bobenhusani, tormenta masculre perpessi,
recitantur. (Göttingæ) litter. Io. Henr.
Schulzii. 1768. 31 S. in 8. Es hat doch
noch niemand die Tortur in lateinischen Versen beschrieben; und um deßwillen ist dieses
Büchelgen merkwürdig, so wie auch der
traurige Todesfall eines Heiligenstädter In-

K 3   quisi-

hussiten, und Pferdediebes, der auf dem
Bamberger Bock durch Peitschen und Ru-
thenschläge sein Leben (jedoch wie wir vermuthen, ganz wieder Willen des peinlichen
Richters) eing büsset hat.   Der Hr. D.
Arand hat als Physicus ten Leichnam öf-
nen müssen, und den Rücken sphacelirt, wie
auch die Lunge von geronnenen Geblüt ganz
ausgestopft, und mit solchem auch das Herz
über alle Maasse häufig, nemlich zu ¾ Pfunden, angefüllet gefunden.   In der Höhle
der Brust waren über ⅔ Pfund schwarzes
Blut ausgetreten.

19.

Examen chemicum doctrinae Meyeria-
nae de acido pingui, et Blackianae de aere
fixo, respectu calcis, autore Nic. Ios.
Iacquin, S. C. R. et A. Majest. in re me-
tallica et monetaria a consiliis, Chem. et
Botan. Prof. etc. Vindobon. apud I. P.
Kraus, 1769, 8. 96 S.   Der Hr. V. widerlegt hierinne die Meyerschen Erklärungen von den Eigenschaften des ungelöschten
Kalchs, und findet an der Blackischen Hypothese eine größern Gefallen, da er die
Luft aus dem in einer Retorte heftig gebrannten Kalch mit einem Geräusch endlich
hat in die Vorlage dringen gesehen. Einige Versuche sind ihm auch anders, als dem
sel. M. gelungen, womit selbiger seine Theorie

rie unterstützen wollen. Wir können indessen nicht bergen, daß uns die Meyersche
Erklärung weit gründlicher, als die Blacki-
sche vorkommt, die ohnehin noch vielen Zweifeln unterworfen zu seyn scheinet, und überhaupt bey den wenigsten Erscheinungen, die
der gebrannte Kalch macht, zu reellen De-
monstrationen angewendet werden kan.

20.

Flora Sibirica siue Historia plantarum
Sibiriae. *Tom. III.* Continet tabulas aeri
incisas LXVII. Auctore D. IOANNE GE-
ORGIO GMELIN, editore D. SAMVEL
GOTTLIEB GMELIN. Petropoli ex typogra-
phia academiae scientiarum MDCCXVIII.
1 Alph. 13 Bogen in groß 4. Das Publicum findet sich auf eine angenehme Weise in
der Meynung betrogen, daß die Fortsetzung
der Gmelinischen Flora ausbleiben würde.
Denn hiermit erhalten wir 6 neue Classen
ausgearbeitet, nehmlich: Incompletae,
Fructiflorae, Calyciflorae, Ringentes, Sili-
quosae, Columniferae. Die ersten 3 hat
der sel. Verf. selbst völlig ins Reine gebracht,
wobey der jüngere Hr. Gm. die nützliche
Mühe übernommen, die neuern Synonymen, hinzusetzen, und nach der Kräuter-
sammlung der Akademie das nöthige zu verbessern. Die folgenden 3 Classen sind von
dem Hrn. Herausgeber ausgearbeitet, doch

so

so, daß er sich die Gmelinischen Manuscrip-
te im Vergleich mit frischen und trocknen
Kräutern zu nuße gemacht. Es ist Schade, daß er des Hrn. von Haller Historia
stirpium helueticarum nicht hat abwarten
können. Die Classe der Columnifera-
rum enthält nur 8 Gerania und eine Mal-
ua. So arm ist Rußland an solchen Gewächsen. So hier, wie vorher, sind verschiedene oikonomische und medicinische An-
wendungen angegeben. Einige von dem
ältern Hrn. Gmelin im Manuscript übersehene Gattungen werden eingerückt. Auch
giebt es manche, bey denen der Hr. Herausgeber linneische Namen nicht beysetzen kan,
die doch zum Theil in den gedruckten Schriften der Rußischen oder anderer Kräuterkenner angemerkt oder in den aufbehaltenen
Manuscripten der erstern angegeben worden
sind.

2.

Herrn Joh. Friedr. Clossens
neue Heilart der Kinderpocken, nebst
einem Versuche vermischter Beobachtungen zur Erläuterung der Arzneywissenschaft. Aus dem lateinischen übersetzt mit
einigen Anmerkungen. Ulm, bey Albr. Friedr.
Bartholomäi 1769. 9 Bogen in 8. Des
Hrn. V. Heilart in den Pocken besteht in
einem zeitigen Gebrauch der Spanischflie-
genpfla-

genpflaster, deren er 2 grosse, so bald
sich die Krankheit äußert, auf die Waden
legt, und welche er während des ganzen
Verlaufs im Flusse erhält. Er wählet darzu das Melilotenpflaster mit Meerzwiebeleßig
gerieben, und streut hernach das Canthari-
denpulver darauf. Sodann soll die Wirkung weit geschwinder, und sicherer, als von
dem gewöhnlichen Pflaster, seyn. Alles,
was man nur irgend von einem guten Mittel in den Pocken erwarten kann, verspricht
sich der Hr. V. hiervon.

Darauf werden 22 pathologische Wahrnehmungen mitgetheilet, und wären deren
mehrere, wofern nicht der Uebersetzer für
gut befunden, 8 auszuschliessen. Ihr Werth
ist verschieden. Nur alle Woche einmal,
hatte ein sonst gesunder Studente Oefnung.
In dem Mutterkrebs ist das Wienersche
Schierlingsextrakt kräftig gewesen. Auch
Hr. Cl. hat die Rinde der weissen Weide in
dem Wechselfieber, und in einigen andern
Fällen, in denen die Chinchina kräftig ist,
wirksam befunden. In dem Keichhusten
lobt er nach eigenen Erfahrungen den Goldschwefel aus Spiesglas in solcher Dosis und
so versetzt, daß kein Brechen erfolgen
können. Der Schweiß ist aber stark darnach
ausgebrochen.

K 5

Henr.

22.

Henrici Ioannis Nepom. Cranz, S. C.
A. Majeſtatis Conſiliarii, inſtitutionum
med. et Mater. med. Vindob. Prof. Publ.
o. d. Acad. Imp. Nat. Curioſ. et Soc. botanic. Florent. Litt. Roboret. Sodalis, *de dua-
lis Draconis arboribus botanicorum*, cum
figuris aeneis partium fructificationis, duo-
rumque novorum generum conſtitutione.
Viennae, impenſis Ioannis Pauli Kraus, Bi-
bliopolae Viennenſis 1768. 4 Bogen in
Imperial 4. mit einer Kupferplatte. Es
ſind mehrere Arten von Pflanzen, denen
man das Drachenblut zugeſchrieben hat.
Hr. Cr. nennt deren 6, die man noch mit
einiger Gewißheit botaniſch angeben kann.
Wegen derjenigen, die nach Cluſius den
Namen führet, iſt man bisher nicht einig
geweſen. Hr. Cr. hat das Glück gehabt
die Blüthe von dieſer, aus dem Kayſerlichen
Luſtgarten im Julius 1768 zu unterſuchen ob
gleich andere Stämme ſchon vorher in des
Prinzen Eugen Garten Belvedere und in dem
Haruckerſchen Garten zu Wien geblühet haben. Er findet die größte Verwandſchaft
des Baums mit dem Spargelgeſchlecht
(Aſparagus), ſo wie Löfling im 4ten und
5ten Brief ſeiner Reiſebeſchreibung dieſe ſchön
Geſchlechter maſſet. Linne's ehemaliger Name iſt
Aſparagus Draco (ſein jetziger aber im Syſt.

nat.

nat. Ed. 12. *Tom.* 2. *p.* 246, Dracaena Draco.)
Hr. Cr. macht doch in Ansehung einiger Verschiedenheit ein besonderes Geschlecht daraus,
das er *Störkia Draco* nennt, und durch Störkia-
arborescens foliis ensiformibus subcarnosis,
imbricatis, patenti- pendulis kurtz beschreibt
Die andere hier beschriebene Pflanze nennt
Hr. Cr. *Oedera dragonalis*, oder Oedera
arborescens foliis ensiformibus carnosis, imbricatis, pendulis. Sie ist die Palma prunifera foliis yuccae, fructu racemoso cera-
siformi, osticulo duro cinereo pili magnitudine *Commel.* und, nach Hr. Langiet
Zeugniß, die Yucca Draconis *Linn.*

21.

D. Alexander Bernhard Kölpine,
Adj. der med. Facultät auf der hohen Schule zu Greifswalde und Aufsehers über den
botanischen Garten daselbst, Abhandlung
von dem innern Bau der weiblichen
Brüste, aus neuen Versuchen und Wahrnehmungen beschrieben. Mit Kupfern erleutert. Berlin und Stralsund, bey Gottlieb August Lange 1767. 5 Bogen in 8.
Dies ist eine Uebersetzung der Gradualschrift
des Hrn. Adj. in der wir nichts verändert
oder zugesetzt finden, als eine Note, worinn
der Uebersetzer das Anschwellen der Brustwarzen wider Hr. K. Zweifel behauptet. Das

23.

Das bekannte Lesebuch des Hrn. Joh.
Fr. Faselius hat Hr. Christian Gottfried langen D. und Practicus zu Bu-
dißin, unter der Aufschrift gerichtliche
Arzneygelahrheit 1768. auf 11 Bogen
in 8. verdeutschet und eine und die andere Erläuterung, zumahl aus Woyts
Schatzkammer, angebracht. Wir sehen
nicht ab, warum man ein Buch von dieser
nur Gelehrten angehenden Materie ins teut-
sche übersetzet hat. Der gelehrten Welt
wurde überhaupt kein Schade erwachsen, wenn
auch die Urschrift ungedruckt geblieben
wäre. 24.

Einleitung zu der Kräuterkenntniß.
Von Georg Christian Oeder, D. der
Arzneykunst, Königl. Professor der Botanik. Kopenhagen, verlegts Franz Christian Mummens Wittwe und gedruckt bey
Nicolaus Müller Erster Theil 1764.
Zweyter Theil, mit Kupfern 1766. zusammen 1 Alph. 1 Bogen in gr. 8. In eben
dem Jahr, da die Elementa Botanicae erschienen, lieferte der Hr. Prof. diese deutsche Ausgabe derselben. Das Deutsche erstreckt sich auch auf alle Kunstwörter. Da
der Hr. V. sich nicht nach dem Klang der
lateinischen Wörter, sondern nach ihrer
wirklich in der Wissenschaft angenommenen

Be-

Bedeutung gerüstet: so kann man sich leicht
nach dessen tiefen Einsichten gedenken, wie
weit er es in diesem nützlichen Unternehmen
gebracht hat. ...
...

Medicinische Neuigkeiten.

Gotha. Der Hr. Dr. Stimm in Eisse=
nach ist von Sr. Herzoglichen Durch=
laucht zum Rath und Bru nenmedicus in
Ronneburg ernennet worden.

London. Der Hofwundarzt des Kö=
nigs, Thomas Garaker ist neulich ge=
storben, und Hr. Wilhelm Bromfield an
dessen Stelle erwählet worden.

Nürnberg und Halle. Die Käyserl.
Academie der Naturforscher hat im verfloss=
nen Monat Julius, durch das Ableben ih=
rer zwey Oberhäupter des Directors Hrn.
D. Christoph Jacob Tren, und des Prä=
sidenten Hrn. D. Andr. Elias Büchner, ei=
nen großen Verlust erlitten. Jener ist am
18 Jul. im 84 Jahre, und letzterer am
30ten im 69sten Jahre seines Alters gestor=
ben.

ben. + Wir wünschen, daß diese beyden
Stellen wieder von den würdigsten Männern
besetzt werden mögen, welche die Akademie,
in dem Ruhme, den sie nun so viele Jahre
durch ganz Europa ausgebreitet hat, emsigst
zu erhalten suchen.

Lübek. Der Hr. D. Zachar. Vogel
ist vor kurzen von zweyen Königl. Akade-
mien der Wissenschaften, der Französischen zu
Montpellier, und der Schwedischen zu Stockholm, als Mitglied aufgenommen worden.

Jena. Am 6. Decemb. ist der Senior
der medicinischen Facultät, Hr. Carl Friedrich Kaltschmid, im 63. Jahre seines Alters verstorben.

Hannover. Unter dem 12. Dec. 1769,
ist von Königl. Regierung ein Verbot des
Ailhaudischen Pulvers und dessen Gebrauchs
in hiesigen Landen ergangen.

Wittenberg. Hr. D. Ernst Plat-
ner ist zum ausserordentl. Prof. der Medicin
hieselbst ernennet worden.

D. Rudolph Augustin Vogels

Königl. Grosbrit. und Churfl. Braunschw. Lüneb. Leibmedici, der Arzneywissenschaft öffentlichen Lehrers auf der Georg Augustus Universität zu Göttingen und der Kays. Acad. der Naturf. der Königl. Göttingischen Societät der Wissensch. wie auch der Königl. Schwed. und Churf. Maynz. Acad.d.W. Mitglieds.

Neue
Medicinische
Bibliothek.

Des achten Bandes drittes Stück.

Göttingen
verlegts Abram Vandenhöks Wittwe.
1771.

Inhalt.

I.

Adverfaria medico practica Volumi-nis I. Pars I. Lipfiæ apud hæredes Weid-manni & Reich 1769. 13 Bogen in gr. 8. nebſt einem Kupfer.

Der Herr Profeſſor Ludwig erfüllet hie-mit das Verſprechen, das er ſchon vor 10 Jahren gemacht hat, ſeine Samm-lungen practiſcher Wahrnehmungen und Er-fahrungen herauszugeben. So gros gleich die Zahl der practiſchen Aerzte iſt: ſo ſind doch noch immer diejenigen Schriften, welche die Ausübung unmittelbar betreffen, unter den mediciniſchen die wenigſten. Bey einer weit ausgedehnten Praxis fehlt es gemeiniglich an Zeit, ſeine Beobachtungen niederzuſchreiben und zu ordnen; andere Aerzte ſehen dieſes für zu mühſam und zu wenig einträglich an, und die mehreſten ſind bey der Verſäumniß in der Grundlage ihrer Wiſſenſchaft, aller Bered-

famkeit und Präcifion bey dem Krankenbette
ohngeachtet, weder im Stande zu beobachten,
noch fich auszudrucken.   Solche Schriften
find daher jederzeit willkommen, welche von
Männern herrühren, die erhellet von allen nö=
thigen Einfichten, und von Vorurtheilen und
der Modedenkungsart geläutert, oft geprüfte
Beobachtungen und Erfahrungen mittheilen.
Des Hrn. Prof. L. Adverfaria gehören zu
diefer Zahl.   Alles, was in die ausübende
Arzneykunde einfchlägt, folglich auch die Chi=
rurgie und die gerichtliche Medicin wird der
Hr. Prof. in diefelbe aufnehmen; und hierin
wird er eine folche Wahl treffen, daß die zu
unfern Zeiten ftreitigen Fälle einen Vorzug
erhalten.   Er ift, wie leicht zu erachten, kein
Freund von der hitzigen Curmethode, räth
aber doch mit Grund in der Vorrede an, es
auch in der entgegengefetzten nicht zu übertrei=
ben,   indem durch die unterdrückten Bewe=
gungen der Natur der Grund zu chronifchen
Krankheiten gelegt wird. Aus dem gegenwär=
tigen Theil erfehen wir, daß der Hr. W. nach
feiner freundfchaftlichen Gefinnung auch frem=
de Beyträge einrückt: fo wie er bey der in
Leipzig herrfchenden Epidemie, die er befchreibt,
mit andern Aerzten in der Stadt Ueberlegung
gehalten hat.

p.21.   Die 1. Abhandlung betrift eine Epidemie,
die zu Ende des J. 1757. und zu Anfang des
darauf

darauf folgenden in Leipzig gewütet hat. Sie
beſtund in einem anhaltenden, fäulichten, mit
Flecken begleiteten Fieber. Bey einigen war
doch der Frieſel damit verbunden, und bey andern war es ein wahres Nervenfieber. Der
Hr. B. erzählt beydes diejenigen Krankheiten die vorangegangen und nachgefolget ſind.
Die feuchte und gelinde Witterung, und hierauf die ſtarke Einquartierung von Soldaten
nach der Schlacht bey Rosbach trugen vieles
zur Erzeugung derſelben bey. Die Krankheit
fieng ſich mehreutheils mit einer Trägheit und
groſſen Ermattung, nebſt heftigen Köpfſchmer-
zen an. Bey denjenigen, die mehr Kräfte be-
hielten, war das Fieber catarrhaliſcher Art,
und vergieng bey vielen durch einen gelinden
Schweiß, Abſonderung des Schleims aus
der Naſe, oder einen Durchfall, bald früher,
bald ſpäter. Bey den mehreſten lief es nicht
ſo leicht ab. Denn ſchon den 5ten brachen
Petechien aus, und dieſe ſtarben bey einem
ſtarken Raſen, und einer trockenen Zunge ohne Durſt, und andern ſchlimmen Zufällen, ſchon
den 9ten oder 10ten. Bey andern nahm es
eine ſchleichende Natur an Die Krankheit
wird methodiſch nach den Urſachen, den Unterſcheidungszeichen, der Vorbedeutung, ih-
rén Indicationen und der Cur abgehandelt.

Bey der Cur wird zuerſt angezeigt, wie p.46.
man dem Fieber vorbeugen könne; und hie-

bey

bey giebt der Hr. V. auf die Luft und den an=
ſteckenden Zunder Achtung.   Die Aderlaſſe
war nur ſehr ſelten dienlich, und die Verän=
derungen, die man in den Leichen bemerkte,
waren nicht ſo ſehr Folgen einer Entzündung,
als der überhand genommenen Fäulniß.
Brechmittel ſchickten ſich nur zu Anfang; ab=
führende Mittel und Clyſtire aber auch in der
Folge.   Die Verbindung der Brechwurz mit
Rhabarber ſtillete den mit der Ruhr ſehr ver=
wandten Durchfall.   Nur zu Anfang konnte
man ſich ſchweistreibende Mittel erlauben.
Auch dienten gelinde von der Art darzu, das
Zurücktreten der Petechien zu verhindern,
und dieſelben allmählig mit Vermehrung der
Kräfte zu zertheilen.   Zum Austreiben der
zurückgeſchlagenen dienten ſie aber für ſich al=
lein nicht, ſondern man mußte Spaniſche Flie=
gen zu Hülfe nehmen.   Die Senfumſchläge
auch in Verbindung des Meerrettichs waren
hierzu zu ſchwach.   Zu Anfang der Krankheit
fand man ſie ungleich nützlicher, als bey der
Zunahme derſelben.   Die erdhaften Mittel
leiſteten nichts; Campfer verſchaffte in vielen
Fällen offenbare Beſſerung, in andern aber
keine.   Die hitzigen Eſſenzen in Verbindung
mit verſüßten Säuren und häufigen Geträn=
ken waren vor Erſcheinung der Bösartigkeit
nützlich.   Ließe es ſich anfangs zum ſchnupfig=
ten Fieber an, ſo waren gelinde auflöſende
Mittel ſehr kräftig.   Der Eßig und Citron=
saft,

ſaſt, dienten mehr das Uebel zu verhüten, als
zu heben. Mineralſäuren ſind nicht gebraucht
worden. Die Fieberrinde erhielte ſich auch
hier bey ihrem Ruhm.

Die 2. Abhandlung iſt von dem Hoſpi- p. 7ε.
talmedicus Hrn. Jo. Ernſt Greding, und
handelt von den Kräften des Extracts des
Bilſenkrauts (Hyoſcyamus) in melancholi-
ſchen und epileptiſchen Krankheiten. Er liefert ſein Tagbuch über 40 Kranke von der Art.
Einige waren ſchwermüthig und dabey wahnwitzig, andere waren wahnwitzig allein, andere epileptiſch, und die vierte Claſſe machten
ſolche aus, die eine mit Epilepſie verbundene
Manie hatten. Die Wirkungen des Extracts beſtunden in einem häufigen Schweiß,
einem geruhigen und mehrentheils erquicken-
den Schlaf, einer Gelaſſenheit des Gemüths
und Leichtigkeit des Körpers. Einige ver-
ſpürten doch eine Benebelung und Schwere
des Kopfs, Kopfſchmerzen und Schwindel, eine Trägheit der Sinne. Ausſchlag mancherley Art, wie Flecken, Flechten, Bldegen, Fu-
runkeln, einen häufigen Abgang des Harns,
Durchfälle und Brechen, nur wenige eine
Verſtopfung des Leibes, Ausbruch der monatlichen Reinigung, oder merkliche Beförderung der ſchon von ſelbſt ausgebrochenen,
einen Speichelfluß, eine häufige Abſonderung
des Schleims aus der Naſe, rheumatiſche

Schmer-

Schmerzen, Huſten, der ſogar in eine Schwind:
ſucht ausartete, Schlucken, Entkräftung des
ganzen Körpers. Die Folgerung des Hrn. Gr.
iſt dieſe, daß obgleich manche gute Wirkung
dadurch erreichet worden, dieſe gegen die ſchlim:
men doch nicht in Betrachtung zu ziehen iſt,
und daß alle von Hrn. St. erweckte Hoff:
nungen ohngeachtet, niemand ohne Koſten der
Geſundheit, ja des Lebens, von der Epilepſie
oder Manie gänzlich befreyet worden iſt.

p.119.　3. Auf Befehl des Churfürſten hat die me:
diciniſche Facultät in Leipzig ihr Bedenken
über die Einpfropfung der Pocken gegeben.
Die Facultät giebt zu, daß die natürlichen
Pocken bisweilen von ſelbſt gut ablaufen. Da
ſie aber oft wider alles Vermuthen bösartig
werden: ſo enthält dadurch die Einpfro:
pfung eine Empfehlung. Nachdem die vor:
nehmſten Einwürfe dawider abgelehnt wor:
den ſind: ſo werden die vorzüglichſten
Gründe für dieſelbe in Erwägung gezogen,
nach welchen die Facultät der Inocula:
tion beytritt.

134.　4. Der ſeltene Fall von einem zerborſte:
nen Herzohr, wodurch der Tod plötzlich ent:
ſtanden, (den Hr. Mummſen in ſeiner
Streitſchrift *de corde rupto. Lipſ.* 1764. auch
beſchrieben) wird hier ferner abgehandelt und
der Schaden ſelbſt in Kupfer vorgeſtellt. Er
traf

traf einen 19jährigen Jüngling durch das
Ausſchlagen eines Pferdes an die Bruſt, wor:
nach der getroffene zwar aufſtehen können, aber
bald darauf wieder todt zur Erden gefallen iſt.
Das Bruſtbein war zerbrochen, und das Mit:
telfell war etwas mit Blut unterlaufen. Der
Herzbeutel war von Blutwaſſer und geronne:
nem Blut ſtark aufgetrieben. Ueberhaupt
fand man an dem Herzohr 3 Riſſe, davon einer
an der Membran vor dem länglich runden
Loch befindlich war. Der Hr. B. hängt ei:
nige neuere Beobachtungen von einem zerbor:
ſtenen Herzen an, worunter allerdings das
Beyſpiel des höchſtſeeligen Königs in England
Georg 2. das merkwürdigſte iſt.

5. In einem beſondern Abſchnitt unterſucht p. 145.
der Hr. B., in wie fern die Aderläſſe in dem
Blutſpeyen dienlich ſey. Er unterſcheidet die
verſchiedenen Arten deſſelben. Dasjenige
nehmlich, das von einer heftigen Bewegung
oder Erſchütterung des Körpers oder einem
heftigen Affect kömmt, erfordert allerdings die
Aderläſſe. Ein ſpaſtiſches aber verbietet es,
wofern nicht anders eine Vollblütigkeit dabey
iſt, wie nicht ſelten bey dem Keichhuſten. Ein
Blutſpeyen von ſcirrhöſen Geſchwülſten oder ei:
ner Verſchwärung der Lungen oder einer Ver:
ſtopfung der Eingeweide läßt nur eine geringe
Aderläſſe zu. Die beſondern Anzeigen, nach

L 4 denen

denen man urtheilt, werden namentlich angegeben. Ueberhaupt iſt der Hr. B. mit dem
Blutlaſſen nicht zu freygebig.

p.165.   6. Der folgende ſtehet mit dem vorigen
in Verbindung, und wird darin die Aderlaſſe
in dem Blutbrechen beſtimmt. Hier iſt dieſelbe ungleich weniger nöthig, und man hat vielmehr Urſache, auf die Hebung der Ver-
ſtopfungen, von denen das Blutbrechen eine
Folge iſt, zu ſehen. So iſt dies bey den Frauensleuten nöthig, bey denen es am öfterſten,
als eine Folge der verhaltenen Reinigung vorkömmt. Hr. L. erzählt die Geſchichte einer
dem Anſehen nach an einem Blutbrechen verſtorbenen Magd, die er doch belebt hat. Ver-
ſchiedentlich hat das ausgebrochene ein poly-
pöſes Ausſehen gehabt, welches doch an ſich
nichts fürchterliches iſt; und zeigt dies ein auch
hiervon weitläuftig auseinander geſetzter Fall.

p.178.   7. Die Fäulniß kan bisweilen den Theilen des Körpers das Anſehen einer Entzündung geben, wie dies aus den Oeffnungen der
Leichen hier beſtätigt wird. Eine wahre Entzündung kan dies doch nicht heiſſen, da das
Geblüt ſo flüßig, und der Antrieb des Herzens ſo ſchwach iſt.

p.189.   8. Im letzten Abſchnitt erhellet der Hr.
B. die Lehre von der thieriſchen Fäulniß, und
den fäulichten Krankheiten durch einige Be-
obach-

obachtungen, welche die Verschiedenheit der=
selben und Veränderungen betreffen.

m.

II.

Anzeige der hauptsächlichsten Ret=
tungsmittel derer, die auf plötzliche Un=
glücksfälle leblos geworden sind, oder in
wahrer Lebensgefahr schweben, aufgesetzt von D.
Philipp Gabriel Hensler, Königlich= Dä=
nischen Physikus zu Altona, Pinnenberg und
und Ranzau. Altona, verlegts Da=
vid Iversen 1770. 5½ Bo=
gen in 8.

Der Inhalt dieser Schrift ist sehr wichtig
und der Umfang ausgedehnter, als in
andern, welche von den Maasregeln handeln,
die man bey einem plötzlich zweydeutig gewor=
denen Leben zu nehmen hat. Ertrunkene, Er=
würgte, todtscheinende Neugebohrne, erdruck=
te Kinder, von Dünsten und Dämpfen Be=
täubte, Vergiftete, an eingeschluckten Sachen
Stickende, Erfrorne, und verschiedene andere,
als vom Blitz gerührte, von einem Fall leblo=
se, stark Blutende, im Soffe niederstürzende,
sich heftig Brechende und Purgierende, und
durch einen Affect des Lebens Beraubte, sind

£ 5   Die=

diejenigen Unglückliche, die der Hr. D. Hensler hier zu retten sucht. Er hat seine Schrift
nicht für Gelehrte bestimmt, sondern für
Wundärzte, deren Hülfe in diesen Fällen sehr
viel ausrichtet, und solche, die auch dieses
Beystandes entbehren müssen. Das Einfache in den Rathschlägen, die Faßlichkeit und
Genauigkeit in Bestimmung der Umstände
waren also vorzügliche Tugenden einer solchen
Schrift. Wie viel tiefsinnige Kenntniß setzen
diese aber nicht zum voraus; und wir halten
daher eine medicinische Schrift immer um so
viel gelehrter, je mehr sie von diesen besitzt.
Die gegenwärtige wird bey diesem Urtheil gewiß nicht zu kurz kommen.

Es ist fast unmöglich einen Auszug daraus
zu machen, da es hier nicht blos auf ein Re-
cept, sondern auf die Verbindung einer Menge von Unternehmungen ankömmt, die zum
Theil sehr mechanisch sind.

p. 8. Bey Gelegenheit der Tobacksclystire erhält man die Nachricht, daß sehr gute Instru-
mente darzu, grosse mit Blasebälgen und kleine mit Ventilen von dem Hofmechanicus Neu-
bert in Hamburg verfertiget werden.

p. 24. Für Erwürgte empfiehlt Hr. H. zwar die
Behandlung, wie beym Schlage, räth aber
doch sehr an, die Schwächlichkeit solcher
Per-

Personen zu bedenken, welche danebst erquis
ckende Mittel nothwendig macht.

Unter andern Rathschlägen für Personen, p. 35.
die durch Dämpfe und Dünste betäubt sind,
wird angerühmt den Boden des Zimmers mit
Aschlauge zu begiessen oder mit Asche zu be:
streuen. Eben so räth der Hr. V. zur eigenen
Sicherheit, wenn man nach, schwefeichter
Dünste wegen, verdächtigen Oertern sich be:
geben muß, an, eine mit einer Solution von
See: oder Küchensalz, Pottasche, oder Weins
steinsalz u. s. w. befeuchtete Binde vor den
Mund zu halten.

Durch Laugensalze oder Seife bemüht er p. 47.
sich auch die mineralischen Gifte zu entkräften.

Unter den Wirkungen der Gifte, wird
auch der gegen den Herbst nach dem Genuß
des Brodts aus neuem Getraide bisweilen
entstehenden Kriebelkrankheit gedacht. Wir
wissen, daß Hr. H. hier aus eigener Erfah:
rung schreibet. Zu Anfang leisten starke Brech:
mittel gute Dienste, worauf viel Oehl oder
Butter in warmen Getränken nachgetrunken
wird. Ferner lauhwarme Bäder des Abends,
worauf der Körper stark gerieben wird, und
der Camphereßig nebst Alandwurz und Wach:
holderbeeren in Bier abgekocht.

M.

II.

❦❦❦❦❦❦❦❦❦❦❦❦❦❦❦

III.

Nytt och nu för tiden antagit Kopp-
ympningsfätt; jämte några förfök, fom vi-
fa, at famma methode blifvit nyttiad i natur-
liga Koppor, af THOMAS DIMSDALE,
Med. Doctor. Öfverfatt på Swenfka ifrån
tredje Engelfka uplagan. Stockholm, Tryckt
hos Joh. Ge. Lange 1769. 148 Seit.
in gr. 8.

Auch deutfchen Lefern wird aus dem vorge-
fetzten Titel fchon verftändlich genug feyn,
daß dies eine Ueberfetzung des Dimsdalifchen
Werks von der neuen Art die Pocken einzu-
pfropfen fey. Der Verfaffer davon ift der
Hr. Archiater Bäck, einer der befchäftig-
ften und glücklichften Aerzte im Reiche, und
der als Präfes des Collegium medicum den
medicinifchen Einrichtungen den Ton giebt.
In fo ferne erhält durch diefes Unternehmen
die Dimsdalifche Methode eine fehr groffe
Empfehlung. Des Hrn. Arch. in Geftalt
eines Briefes an einen Provinzialarzt vor-
gedruckte Vorrede ift fehr merkwürdig. Er
unterfucht darin den Urfprung und bisherigen
Fortgang der neuen Methode, und beurtheilt
fie, widerlegt dawider aufgeworfene Einwendungen,

dungen und preiset sie seinen Landsleuten mit
patriotischem Nachdruck an.

Unter dem zweyten Jahr erlaubt Hr. B. p. 13.
nicht leicht die Einpfropfung.   Er hält es
auch zu verwegen, die Vorbereitung ganz
und gar zu versäumen, und nennt besonders
die Fälle, welche sie unumgänglich machen.
Daß er hierzu nicht blos ein gewisses Mittel
wählet, sondern nach den Umständen abwech:
selt, ist leicht zu erwarten.   Um zu zeigen, p. 22.
wie wirksam die frische Luft und kaltes Wasser
seyn, vergleicht er umständlich das Pocken:
fieber mit einem faulichten, und bleibt bey der
simplen, alles entscheidenden, Erfahrung ste:
hen.   Dies war bey den Vorurtheilen, wel:
che noch in den Provinzen Schwedens herr:
schen, um so viel nöthiger. Auch er erkennt p. 28.
den Vorzug des Dimsdalischen Stichs mit
der Lanzette, ohne Pflaster und Salben, vor
dem bisherigen Einschnitt und dem erwähn:
ten Verbande; zweifelt aber daran, daß Hr.
Chandler es getroffen, wenn er den Vorzug
in onderheit darin setzt, daß Dimsdale mit ei:
ner dünnen und wäßrigen Materie einpfro:
pfet.   In Schweden ist doch nicht nach dem p. 32.
Einschnitt so oft die Rose am Arm entstan:
den, als D. Foigny in Lothringen bemerkt
hat. Die Gelindigkeit und geringste Anzahl
der Pocken schreckt Hrn B. nicht ab; und daß
bey der Herzogin von Boufflers die natürli:
                                             chen

chen Pocken nach der Einpfropfung ausgebro=
chen, leitet er von dem vermuthlich aufgel=g en
Pflaster her. Der Hr. Arch. hoffet mit Grund,
daß in Schweden mit dem Jahr 1769 eine =er
glücklichsten Perioden für die Einpfropfung
erscheinen werde, nachdem dieselbe bey Hofe
so glücklich ausgefallen ist.

M.

IV.

Samlung von Beobachtungen
aus der Arzneygelahrheit und Naturkun=
de. Zweeter Band. Nördlingen, gedruckt und
verlegt von C. G. Beck 1770.
16 Bogen in 8.

Den ersten Band haben wir im ersten Stück
des achten Bandes unsrer Bibliothek
schon bekannt gemacht.   Herr Geiner hat
bey dem gegenwärtigen den Titel geändert.
Die hier abgehandelten Materien sind 4 an der
Zahl, und ihre Aufschriften: 1) von dem dicken Fie=
ber; 2) von der entzündlichen Bleichsucht; 3) von
der Sprachamnesie; 4) zur Geschichte d. s Blat=
ternbelzens.   Wir wiederholen unser obiges Ur=
theil mit Vergnügen. Auch hier erzählt der Hr.
B. in jedem Abschnitt zuerst seine eigenen Beob=
achtungen und erläutert diese hernach durch

eigene

eigene Urtheile und durch Vergleichung mit andern Schriftst. llern.

Das sogenannte dicke Fieber ist dem Ge- P. 2.
schlechte nach schon bekannt, Herr S. hält es
aber für eine besondere noch nicht genug bestimmte Gattung. Leute von unmäßiger Lebensart, die zähe harte und rohe Speisen,
und zu dünnes Getränke genossen und dabey
die nöthige Bewegung versäumt, sind mit diesem im Merz und April, doch nicht epidemisch,
behaftet gewesen. Es fieng sich nach verschiedenen vorläufigen Zufällen mit einem 12 bis
15 stündigen Frost an, worauf doch nur eine
mäßige Hitze ohne gar zu grosse Vermehrung,
aber beträchtliche Ungleichheit des Pulses, erfolgte. Der Harn war zu Anfang roth oder
braunroth, bald nach seinem Abgang sehr dick,
und ließ einen weisgrauen und bleyfärbigen
Satz fallen. Die Kranken husteten einen
zähen vielfärbigen Schleim aus. Einige rase-
ten, andere waren schlafsüchtig, die Ausdünstung hatte sehr zugenommen. Der Leib war
verstopft. Zeichen der Fäulniß äusserten sich
gar nicht. Der Appetit war eher zu stark als
zu schwach; auch äusserte sich keine merkliche
Abnahme der Kräfte. Einzelne Kränke waren von Erbrechen, Kopf- und Seitenschmerzen,
Ausbleiben des Pulses, Ohnmacht, Schwämmgen und dem Schlucken geplagt. Nach
20 Tagen endigte sich das Fieber nach vorher-
gegan-

gegangenen Abscessen, Durchfällen und ge=
kochtem Auswurf der Lungen. Es war tödtlich.
Zwey weitläuftig beschriebene Fälle, die aber
unglücklich abliefen, klären das Uebel auf,
und zeigen des Hrn. V. Curart. Er findet
es mit dem wahren Synochus des Galen am
meisten verwandt: doch gehet das dicke Fie=
ber, theils durch den Mangel, theils durch
Verbindung einiger Zufälle davon ab, und
läßt sich als eine besondere Gattung ansehen.

p. 86. Die entzündliche Bleichsucht machte sich
durch eine blasse Gesichtsfarbe kenntlich, bey
der ein schwaches Gelb durchspielte; ein bey
der Abnahme des übrigen Leibes aufgedunse=
nes Gesicht, ein beständiges Frösteln, eine
Entkräftung, wobey aber der Puls sehr heftig
und voll, aber weich war, das Blut eine Speck=
haut hatte, der Athem gehindert, und der Stuhl=
gang wässerig war. So verhielt es sich bey
3 Kranken, deren Geschichte hier weitläuftig
zergliedert wird, unter denen 2 Mannspersonen
waren.

p. 103. Ein 73jähriger Mann, der seinen ihm
gewöhnlichen Catarrh plötzlich vertrieben hat=
te, fiel in eine besondere Sprachvergessenheit,
die Hr. G. Sprachamnesie nennet. Zuerst be=
fiel ihm ein Krampf an dem Munde und ein
Kizeln daselbst, wie von Ameisen. Darauf
fieng

fieng er an bey einer Verwirrung des Gemüths
eine Menge ungewöhnlicher und selbst gemach-
ter Worte, aber mit bewundernswürdiger Ge-
läufigkeit, zu reden. Er verblieb in diesen
Umständen bey einer sonst nicht sehr geschwächten Gesundheit. Einige Worte waren verständlich und am rechten Ort angebracht, unter denen seine bey seinem cholerischen Temperament gebräuchlichen Lieblingsworte, öfter
wiederholt wurden. Hr. G. scheint weniger,
als wir, eine Verrückung des Verstandes dabey anzunehmen; und es streitet wohl nicht damit, daß er seine Freunde unterscheiden können,
und selbst seine Schwäche gemerkt hat: da
auch unter den Umständen gewisse aufgeklär-
tere Stunden unterlaufen, und öfters selbst
bey Verdunkelung des Verstandes einige Ordnung im Denken durchschimmert. Hrn. G.
sind viele andere besondere Gedächtnißfehler
bekannt, und er dringt selbst in das Gehirn
durch, um seine Muthmassungen von dessen
widernatürlichen Beschaffenheit bey diesem
Uebel anzugeben.

Die Jroculotion der Pocken hat sich auch p. 185.
in Schwaben beliebt gemacht. Hr. G. hat
sie in Nördlingen an zwey Knaben verrichtet,
die man vorher mit Steinmohr und Schwefel vorbereitete. Beydes Ausbruch und Fieber blieben aus. Ein mit Würmern behaftetes Mädchen war in Gefahr, kam aber her-

nach durch gut eyternde Pocken glücklich durch.
Krätzigte Personen zu inoculiren ist Hr. G.
Durch die Schwedischen Aerzte um so viel dreis
ster worden. Nach dem Beyspiel des Hrn.
v. Schulzenheim legt er 3 Pockenfaden ein.
Hrn. Mann kurze Nachricht von Einpfropfung der Kinderblattern in Ober-
schwaben wird hier eingerückt. Dem zu
Folge sind ausser armen Kindern auch gräfli-
che inoculirt worden. Der misliche Fall eines armen Kindes, das 32 Tage nach der
Inoculation starb, und bey dem durch die Zergliederung eine verdorbene Leber und Erhärtung des Herzens bemerkt worden, schreckt
Hr. G. bey so viel andern glücklichen Fällen
nicht ab.

M.

V.

Thesaurus dissertationum, program-
matum, aliorumque opusculorum selectissimo-
rum ad omnem medicinæ ambitum pertinen-
tium. Collegit, edidit & necessarios indices
adjunxit EDVARDVS SANDIFORT Medi-
cinæ Doctor Acad. Cæs. N. C. Reg. scient. Suec.
societ. Physico-med. Basil., Roterod. Vlissing.,
physico- œcon. in Lusat. super. Instit. hist.
Gott.

Gott. Sodalis, ac Soc. Lat. Jen. Membrum honor. *Volumen secundum*, cum tabulis æneis. Roterodami, apud Henr. Beman 1769. 575 Seiten in 4. mit 11 Kupfertafeln.

Dieſer Band enthält bis 24 kleine Schriften, die mit eben der Beurtheilung ausgeſucht ſind, welche wir ſchon bey dem erſten Bande gerühmet haben. Auch dies gefällt uns, daß der Hr. Doctor keinem beſondern Theil unſerer Wiſſenſchaft den Vorzug giebt. Ein jeder hat ſein Verdienſt, und in keinem wird man ohne Fähigkeit, Anſtrengung und anhaltenden Eifer Größe erlangen. Aber die Verbindung aller macht einen groſſen Arzt aus. Hr. S. hat einen ausführlichen Auszug von dem Inhalt vorangeſetzt.

Zu den Schriften, die auſſer der Akademie erſchienen, gehören

1. Tiſſot Epiſtola ad Alb. Hallerum de variolis, apoplexia, hydrope.

17. Baker libellus de catarrho & de dyſenteria Londinenſi epidemicis.

19. Cotunnii commentarius de iſchiade neruoſa.

20. Girardi de vna vrſina ejusque & aquæ calcis vi lithonteriptica nouæ animaduerſionis, experimenta, obſeruationer.

Programme und Streitschriften machen
den größten Theil aus. In Deutschland wer=
den die Schwedischen und Edinburgischen we=
gen ihrer Seltenheit besonders willkommen
seyn. Wir zeigen die Aufschriften derselben
ohne Unterscheid hier an.

2. Cuënotte Diss. sistens casum subluxatio-
nis vertebræ dorsi cum fractura complicatæ
post factam repositionem, & varia dira sym-
ptomata 12 demum septimana funestæ.

3. Weisii Diss. de partu impedito ex
membrana tendinosa os uteri internum ar-
ctante, resp. Tretzelio.

4. Wendt Diss. obseruationes de pleuriti-
de & peripneumonia.

5. Rud. Aug. Vogel Diss. de gemino colli
vulnere non lethali ; resp. Jo. Herm. Vogel.

6. Curtii Diss. de monstro humano cum
infante gemello.

7. Reichel Diss. de ossium ortu & structu-
re, resp. Knolle.

8. Ianke de foraminibus caluariæ eorumque usu, resp. Hoermanno.

9. Ianke Progr. de ratione venas corp.
hum. angustiores imprimis cutaneas ostend-
endi.

10. Huberi Progr. siftens animaduersio-
nes nonnullas anatomicas.

11. Wrisberg Progr. de respiratione prima, nervo phrenico & calore animali.

12. Bonn Diff. de continuationibus mem-
branarum.

13. Aurivillii Diff. de spiritu vini mer-
curiali, resp. Grufberg.

14. Eiusdem Diff. exhibens hydroce-
phalum internum annorum 45, resp. Ek-
mark.

15. Gaudelii Diff. de hydrocephalo.

16. Aurivillii Diff. de angina infantum in
patria (Suecia) recentioribus annis obferuata,
resp. Wilcke.

18. Klinkofch Progr. de diuisione herni-
arum nouaque herniæ ventralis specie.

21. Sigwart Diff. Cyftotomia lateralis Mo-
reauiana, noua eademque receptis longe
præftantior, quin omnino tutior, resp. Breyer.

22. But Diff. de spontanea sanguinis
separatione.

23. Young Diff. de lacte.

24. Ramfay Diff. de bile.

Die äussere Gestalt dieser Sammlung
gereicht dem Verleger und Kupferstecher zur
Ehre.

M.

M 3   VI.

VI.

Jo. Andreae Murray D.
Medicinæ & Botanices Professoris R. Acad.
scient. Suec. membri *Prodromus designationis
stirpium Gottingensium* cum figuris æneis.
Gottingæ impensis Jo. Chr. Dieterich 1770.
ohne den Titelbogen 252 Sei‑
ten in 8.

Die nächste Veranlassung zu diesem Buch
gaben dem Verf. die huldreiche Frey‑
gebigkeit, mit welcher Seine Excellenz unser
erlauchter Curator, seit dem Prof. M. die bo‑
tanische Professsion angetreten, für die Aufnahme
des Gartens gesorget, und die Nothwendigkeit
eines Verzeichnisses, aus welchem auswärti‑
ge Kräuterkenner, zu ihrem und des Gartens
Vortheil, die jetzt darin befindlichen Pflanzen
ersehen könnten. Prof. M. hat aber dennoch
auch die wilden aus dem ganzen Gebiete un‑
serer Flora angemerkt. Da man darzu auch
den Harz mit der anliegenden Gegend um
Wernigerode, die Baumannshöle, Blanken‑
burg bis auf Regenstein und Stollberg, fer‑
ner das Cellische und die Lüneburgerheide,
einen Theil des Eichsfeldischen und Sollinger‑
waldes, wie auch Münden und den Weiß‑
ner gerechnet: so ist das Verzeichniß ansehnlich.
Ehe

Ehe er es liefert, führt er die Schrift- p 3.
steller an, die sich um die Pflanzen unsers
Gartens und die wildwachsenden verdient gemacht haben. Nach dem Umfang der unter-
suchten Gewächse mußten Thalius, Royer,
Meyenberg, Rupp, Ritter, Bruckmann,
hier auch eine Stelle haben. Der Inhalt von
dieser und den andern Botanischen Schriften
wird kurz angezeigt.

In dem Abschnitt von den wilden Pflan- 15.
zen werden die vornehmsten davon erst nach
den Excursionen angegeben. Demnach ist der
Brocken nicht so pflanzenreich, wie man sich
gemeiniglich vorstellt. Der W. hat daselbst
viele sonst blaue Blüthen, so wie Hr. v. Linne' auf den Lappischen und Hr. v. Haller auf den
Schweizer-Alpen, weiß gefunden. Der Eisenhut (Napellus) wächset ohnweit dem Krokenber-
ger-Marmorbruch bey Blankenburg wild. Beydes auf dem Harz und im Cellischen und Lünebur-
gischen ließen sich noch wohl manche, übersehene
Pflanzen entdecken, woferne man nur Muße
genug hätte, seine Untersuchungen in das In-
nerste der Gegenden auszudähnen. Hr. Hof-
med. Taube's Reisegeschichte erweckt auch die
vortheilhafteste Meynung von den Pflanzen der
der Elbe näher gelegenen Gegenden dieses
Landes, deren manche man noch nicht den bisherigen Verzeichnissen einverleibet hat.

M 4   Das

Das dem Landmanne ſo ſehr verhaßte
Wucherkraut (Chryſanthemum ſegetum) iſt
zum Glücke nahe bey Göttingen ſelten. Die
Nadelgewächſe, der Tax auf der Pleſſe und
einige ſchlechte Wacholderſtauden ausgenom=
men, ſind nicht unſern Gegenden eigen. Salz=
kräuter giebt es zu Harſte. Der Sandge=
wächſe haben wir nicht viele. An blüthenloſen
Gewächſen fehlt es zwar nicht: ihre Zahl iſt
aber, in Vergleich mit den nördlichen Gegen=
den oder der Schweiz, doch immer gering.

p.39. Sodann folgen die wilden in Linnéiſcher
Ordnung, getrennt von den Gartenpflanzen.
Beyde Arten werden für diesmahl nur mit
Linnéiſchen Namen angegeben. Man findet
aber doch viele eigene Beobachtungen bey ein=
zelnen Gattungen angegeben, welche zu ih=
rer nähern Beſtimmung dienen können. Die
vom ſel. Zinn übergangenen werden mit Cita=
tionen der Kupfer hinzugefügt, und einige,
die von ihm als Gartenpflanzen argegeben,
werden für Bürger unſerer Gegend erklärt,
andere, denen er nicht Hrn. v. Linnés Namen
beyſetzen können, werden nach den neueſten
Schriften dieſes Naturforſchers kenntlicher ge=
macht. Wo dies nicht hat geſchehen können,
beruft ſich der V. auf Herrn v. Haller Hi=
ſtoria ſtirp. Helv. und andere. Die hinzu=
gelegten Gattungen unterſcheiden ſich von an=
dern durch Curſivlettern. Nachgeholt ſind:
Cal-

Callitriche autumnalis, Vtricularia vulgaris,
Alopecurus agreſtis , Auena pubeſcens,
Dipſacus piloſus, Chenopodium vrbicum, Al-
lium oleraceum, Polygonum dumetorum,
Chryſoſplenium oppoſitifolium , Sedum ſex-
angulare, Ceraſtium aquaticum, Euphorbia
Characias, Ranunculus hederaccus, Mya-
grum paniculatum, Spartium ſcoparium, Tuſ-
lilago alba, Centauræa paniculata, Viola
paluſtris und mirabilis u. a. m. Von den
Cryptogamiſten werden nur die Geſchlechter
und die mediciniſchen und ökonomiſchen Gattungen nahmhaft gemacht, diejenigen ausgenommen, welche der V. beyläufig bey den Ex-
curſionen angezeigt.

Von der Hippuris wird eine Abänderuug p. 39.
mit ſpiral laufenden Blättern beſchrieben.
Auch der V. unterſcheidet die Digitalis lutea 62.
magno flore CB. von der purpurea, nach dem
hier zwiſchen beyden angeſtellten Vergleich.
Die Abänderungen des Hieracium alpinum
möchte er, woferne anders die Geſtalt beſtän- 68.
dig iſt, als 2 verſchiedene Gattungen angeſe-
hen haben, da die eine auſſer andern Ver-
ſchiedenheiten ſchmahle ungetheilte Blätter,
die andere breite zackigte hat. Zwiſchen dem 71.
Senecio nemorenſis und ſaracenicus kan er
nicht zuverläßige Gränzen finden, da die Zahl
der Blumenſtrahlen, die Breite der Blätter,
und das Wollichte auf ihrer untern Seite ſo

verånderlich ist. Eine oben am Brocken mit einer au dem Fuß des Berges wachsenden Pflanze verglichen, war freylich verschieden, aber
an der Mitte des Weges war der Verf. oft
ungewiß, wofür er die Pflanze ansehen sollte.
p. 73. Die Viola bicolor aruensis CB. verdiente freylich von der Viola tricolor getrennt zu werden.

83. Nach der kurzen Schilderung von dem
Nutzen botanischer Gärten überhaupt, folgt
die Geschichte des unsrigen nach seinem ehemahligen und jetzigen Zustande. Dem sel.
Prof. Jo. Wilh. Albrecht wurde 1734
schon die Anlegung eines Gartens aufgetragen.
Er starb aber darüber weg, und man erwähl-
te hernach einen weit bequemern und geräu-
migern Plaß, denjenigen, den er jetzt einnimmt.
Dieser wurde unter des Hrn. von Haller Aufsicht eingerichtet, und es kam damit im J.
1739. so weit, daß er sodann die ersten Sa-
91. men aussäen konnte. Die mehresten seiner
Veranstaltungen und durch seine Vorstellun-
gen zum Besten des Gartens ausgewirkten
Vortheile erhalten sich noch, obgleich der
Garten nachher sowohl in Ansehung seiner
Vorgesetzten, als der innern Einrichtung und
der Pflanzen mancherley Veränderung erlitten
hat. Veränderungen, die für eine Zeit von
33 Jahren wirklich mannigfaltig sind. Auf-
seher des Gartens vor dem Verf. sind die
Herren v. Haller, Zinn, Vogel und Bütt-
ner

ner gewesen, von denen das Jahr, da sie
zugetreten und abgegangen sind, genannt
wird.

Die länge des Gartens beträgt 442 Fuß p. 95.
und die Breite 152. Bey dem Vortheilhaften
in der lage verschweigt der W. auch nicht
das Nachtheilige, erwähnt ferner dessen ehe-
mahlige Eintheilung in Felder und Beeter,
dessen Unterhaltungsmittel, und beschreibt
die ehemahligen Treibhäuser. An Sibirischen
und Nordamericanischen Pflanzen hat er eine
gute Menge, sonst aber ist keine Art von Gewächsen, auch nicht wilde, ausgeschlossen. Die
freye luft vertragende Bäume und Stauden
hat der W. in Verhältniß mit andern Gewächs-
sen weniger zahlreich vorgefunden, doch schließt
er den Mangel an Obstbäumen nicht in diese
Klage ein, welche, bis auf einzelne Gattungen
und hauptsächliche Abänderungen, mehr für einen Küchengarten als einen botanischen gehören.

Durch den huldreichen und freygebigen 105.
Aufwand, den die königliche Regierung, seit
dem Antritt des Werf. zur botanischen Profeßion dem Garten angedeihen lassen, hat derselbe
sich auf vielerley Weise sehr verbessert. Prof W.
rühmt dabey die gewogene Fürsprache des Hrn.
landdrost Otto v. Münchhausen, wodurch
des W. Entwürfe bey unsers gnädigen Cura-
tors

tors Excellenz so glücklichen Erfolg gehabt,
und die von dem Hrn. Landdrosten ertheilten
bewährten Rathschläge.

p.106. Die wichtigste Verbesserung ist das neue
Gewächshaus, das der Hr. Obercommissair
Müller mit bekannten Einsichten aufgefüh-
ret hat, und wobey man nebst der Hauptabsicht auf Dauer und Zierde gesehen hat. Es ist
maßiv gebauet, 64 Fuß lang und den Vorsaal
zum Einheizen mitgerechnet 30 Fuß breit.
Da man schon ein bequemes Haus für die Or-
rangerie und die gleiche Wärme erfordernde
Gewächse hat (Frigidarium): so ist das neue
nur in 2 Gemächer, für die Gewächse des
wärmsten Himmelsstriches (Caldarium) und
diejenigen des gemäßigtern (Tepidarium)
eingetheilt. Die Neigung der Fensterwand
beträgt 75 Grad, wobey der B. die Daten
von der Neigung dieser Fenster nach dem Son-
nenstand in der Wintersonnenwende angiebt.
Die Scheiben liegen ohne Queerstäbe, wie die
Dachziegel, auf einander, wodurch mehr
Licht aufgefasset, und der Regen und Wind
desto besser abgehalten wird. Die Canäle
laufen in dem wärmsten Gemach, wo ein
Lohbeet ist, erst gerade vor der Hintermau-
er hin, hernach dreymahl in Zickzak in der
Mauer selbst; in dem andern von mitlerer Wärme läuft er aber rings herum. Die Oefen
sind, um dem Rauch desto bessern Fortgang zu
geben,

geben, merklich tief gefetzt worden, um die
Hitze aber aufzuhalten, erweitern sich die Ca-
ndle wechselsweise. Anstatt der Läden hat
man vor den Fenstern wollene Decken, die
unter dem Dache ganz zurückgezogen werden
können, wodurch der Uebelstand von der sonst
entstehenden Wulst, wenn sie aufgerollet werden, verhütet wird.

Ferner sind neue Treibbeete, Blumenge- p.114.
stelle, neue Gartengeräthschaft, ein Neben-
gebäude zur Verwahrung derselben, Rinnen
zum Auffangen des Regenwassers, eichene und
bemahlte Nummerstäbe, eine neue Planke
auf der einen Seite des Gartens bewilligt,
die Gartengesetze erneuert und die Culturgel-
der in Richtigkeit gebracht worden.

Der B. hat von allen Einrichtungen so
wie von seinem Verfahren bey der Cultur den
Grund angegeben, um andern, die botanische
Gärten anlegen, eine Erleichterung zu verschaffen. Die Nutzbarkeit, die Zierde und
die Vorsicht auf die Zukunft sind die Grund-
regeln gewesen, worauf der Verf. bey seinen
eigenen Anordnungen gesehen.

Die Pflanzen hat er nach linnéischer Ordnung aufgestellt und einer jeden einen Num-
merstab beygesetzt, auf dem nach Oederscher
Art, die Dauer, der Standort (Hofpitium)
die

die Seitenzahl und die Nummer der Gattung aus von Linne's Species plantarum angezeichnet worden. Freylich kan die syſtematiſche Ordnung niemahls in vollkommener Strenge befolgt werden, doch hat ſie auch bey ihrer Unvollkommenheit den Vortheil, die Kenntniß des Syſtems und den Vergleich verwand-

p.125. ter Pflanzen zu erleichtern. Die Samen werden alle in Töpfe ausgeſäet, wodurch verhütet wird, daß der Wind nicht die Samen zerſtreuen kan, oder dieſe an dem unrechten Ort auflaufen, oder aus Unvorſichtigkeit vergehen. Diejenigen, die keinen Trieb nöthig haben, werden nur in Schutz gebracht, die andern werden in die Treibbeeter mit ihren Töpfen geſetzt. Aus dieſen werden die Keime durch das Umſtölpen des Topfes mitſamt der Erde in das Land gebracht, die neu zugekommenen perennirenden Gewächſe werden bey der Verſetzung, die alle 3 bis 4 Jahr geſchehen muß, in ihre Plätze eingerückt.

129. Die Zahl der Gewächſe hat ſeit 1769 durch die Zuneigung auswärtiger Kräuterkenner, die hier genannt werden, ſehr zugenommen, unter andern an Bäumen und Stauden, deren er eine groſſe Zahl der Gewogenheit des Hrn. Landdroſt von Münchhauſen und des Hrn. Hofrichters von Veltheim zu verdanken hat. Die neuen Gewächſe unterſcheidet der Verfaſſer durch abſtechenden Druck.

Ge-

Genauer werden die Iris fœtidiſſima, Sca-
bioſa maritima, Borago indica und africana,
Echium violaceum, Hyoſcyamus puſillus,
Lagœcia cuminoides, Rumex ſpinoſus, Chei-
ranthus littoreus, Althæa Ludwigii, Sida
rhombifolia, Goſſypium herbaceum, Aſtra-
galus Epiglottis, Trifolium glomeratum, A-
ſter mutabilis und Aſter noui Belgii u. a. m.
beſchrieben. Bey dem Cactusgeſchlecht wird
die Schwierigkeit angemerkt, welche die Un-
beſtändigkeit der Ecken des Stengels und der
Geſtalt der Gelenke und der Stachel, ſelbſt
bey einer und derſelben Pflanze in Unterſchei-
dung der Gattungen erweckt. Die gelbe Gar-
tenroſe wird auch von dem Hrn. B. von der
Eglanteria getrennt. Bey einigen andern
Gewächſen zeigt er Abweichungen von den
Beſchreibungen an.

Nach allen Theilen aber beſchreibt der B. p.191.
neun, theils neue, theils ſeltene und noch nicht genug beſtimmte Pflanzen. Dieſe ſind 1. Nitraria
Schoberi; 2. Aletris capenſis; 3. Anthericum reuolutum; 4. Heliotropium angioſper-
mum; 5. Sida anguſtifolia *Mill.*; 6. Aſtra-
galus echinatus; 7. Cotula alba; 8. Cotula
Oederi; 9. Cotula anthemoides. Die unter
N. 4. 6. 8. hat er nirgends angezeichnet gefunden, und ſind daher die Trivialnamen von
ihm.

Die

Die Nir-aria blühete hier vorigen Sommer von felbft, da doch Hr. v. Linne' fie nur dazu
durchs Begieffen mit Salzwaffer hat bringen
p. 200. fönnen. Nebft diefer befitzt der Garten einen
andern derfelben fehr ähnlichen Strauch, zu
welchem er glaubt, daß fich als ein Synonymon
Gmelin's Cafia fructu nigro beym Am-
mann, oder, wie er fie hernach nannte, Ofy-
ris foliis obtufis, vielmehr, als zur Mitraria,
paffe.

205. Die Aletris fcheint ihm zu verdienen, als
ein befonderes Gefchlecht angefehen zu werden,
da es mit keinem der bisherigen verwandten
übereinftimmt. Er vergleicht fie befonders
mit der Aloe, dem Hyacinth, den andern
Aletrisarten, der Tuberofe. Am ausführ-
lichften fand er fie in FABRIC. *Hort. Helmftad.*
p. 23, kürzer obgleich kenntlich in NIC. LAUR.
BURMANN *Flora Cap. p. 10.* angegeben

214. Bey dem Anthericum werden einige Fehler des Commelin verbeffert.

217. Das Heliotropium angiofpermum be-
zeichnet er durch Hel. foliis ouatis obtufis fpi-
cis geminis folitariisque, fructibus angio-
fpermis.

222. Den Aftragalus echinatus durch Aftr.
caulefcens procumbens leguminibus capita-
tis

tis ouatis triquetris echinatis apice ha-
mofo.

Mit der Cotula alba kommt Prof. M. p.227,
Cotula Oederi fehr überein, unterscheidet sich
aber vorzüglich durch die angedruckten Haare,
und die kaum eingesägten Blätter. Die kurze Beschreibung ist: Cotula caule ftricto ad-
preffe pilofo, foliis lanceolato-ouatis, ob-
folete ferratis, floribus pedunculatis, fubfo-
litariis, fquamis calycinis lanceolatis. Von
Hrn. Oeder, der überhaupt den Garten mit
Pflanzen fehr bereichert, hat er die Samen
erhalten.

In einem befondern Abfchnitt wird die
Befchaffenheit unferer Luft und Witterung in
Abficht auf den Wachsthum der Pflanzen unterfucht. Der ganze Unterfcheid des Baro-
meterftandes besteht hier in 1″ 91 Hundert-
theilen nach Londner Maaffe. Verfchiedent-
lich ist die Hitze fo ftark, wie unter dem Ae-
quator, und die Kälte, wie in Norden, gewe-
fen. Die äufferften Grade davon find 95½
Fahr. Gr. und 18 Gr. unter 0. Die letztere
ftarke Kälte erfuhren wir im Jenner 1768,
welche diejenige vom J. 1740. beyweitem übertraf. Der Thermometer fiel aufferhalb der
Stadt fogar bis auf 24 Gr. unter 0. Der
fel. Prof. Mayer fetzt die Hitze im Julius,
als dem heiffeften Monat, zu 70 Fahr. Gr.
und die Kälte, im Jenner zu 27 Gr. als Mit-

Die Nitraria blühte hier vorigen Som‑
mer von selbst, da doch Hr. v. Linne' sie nur dazu
durchs Begiessen mit Salzwasser hat bringen
p. 200. können.   Nebst dieser besitzt der Garten einen
andern derselben sehr ähnlichen Strauch,   zu
welchem er glaubt, daß sich als ein Synonymon
Gmelin's Casia fructu nigro beym Am‑
mann, oder, wie er sie hernach nannte, Ofy‑
ris foliis obtusis, vielmehr, als zur Mitraria,
passe.

205.   Die Aletris scheint ihm zu verdienen, als
ein besonderes Geschlecht angesehen zu werden,
da es mit keinem der bisherigen verwandten
übereinstimmt.   Er vergleicht sie besonders
mit der Aloe, dem Hyacinth, den andern
Aletrisarten, der Tuberose.   Am ausführ‑
lichsten fand er sie in FABRIC. *Hort. Helmstad.*
p. 23, kürzer obgleich kenntlich in NIC. LAUR.
BURMANN *Flora Cap. p. 10.* angegeben

214.   Bey dem Anthericum werden einige Feh‑
ler des Commelin verbessert.

217.   Das Heliotropium angiospermum be‑
zeichnet er durch Hel. foliis ouatis obtusis spi‑
cis geminis solitariisque, fructibus angio‑
spermis.

222.   Den Astragalus echinatus durch Astr.
caulescens procumbens leguminibus capita‑
tis

tis ouatis triquetris echinatis apice ha-
mofo.

Mit der Cotula alba kommt Prof. M. p.227.
Cotula Oederi fehr überein, unterfcheidet fich
aber vorzüglich durch die angedruckten Haare,
und die kaum eingefägten Blätter. Die kurze Befchreibung ift: Cotula caule ftricto ad-
preffe pilofo, foliis lanceolato-ouatis, ob-
folete ferratis, floribus pedunculatis, fubfo-
litariis, fquamis calycinis lanceolatis. Von
Hrn. Oeder, der überhaupt den Garten mit
Pflanzen fehr bereichert, hat er die Samen
erhalten.

In einem befondern Abfchnitt wird die
Befchaffenheit unferer Luft und Witterung in
Abficht auf den Wachsthum der Pflanzen unterfucht. Der ganze Unterfcheid des Baro-
meterftandes befteht hier in 1″ 91 Hundert-
theilen nach Londner Maaffe. Verfchiedent-
lich ift die Hitze fo ftark, wie unter dem Ae-
quator, und die Kälte, wie in Norden, gewe-
fen. Die äufferften Grade davon find 95½
Fahr. Gr. und 18 Gr. unter o. Die letztere
ftarke Kälte erfuhren wir im Jenner 1768,
welche diejenige vom J. 1740. beyweitem übertraf. Der Thermometer fiel aufferhalb der
Stadt fogar bis auf 24 Gr. unter o. Der
fel. Prof. Mayer fetzt die Hitze im Julius,
als dem heiffeften Monat, zu 70 Fahr. Gr.
und die Kälte, im Jenner zu 27 Gr. als Mit-

VIII. B. 3 St.   N   telzahlen

telzahlen an. Unsere Witterung ist sehr ver-
änderlich, und besonders wegen des nicht selte-
nen Nachwinters beschwerlich, wie derjenige
vom Merz des Jahrs 1770 besonders merkwürdig war. Der Schnee ist nicht anhaltend. Als ein Beyspiel eines heftigen Hagels wird derjenige angegeben, durch den 3
aufeinander liegende Treibbeetfenster zerschmet-
tert wurden. Der Winter hat viele trübe
Tage. Der Nordwind hat wohl die Oberhand, ob er gleich bald östlich bald westlich
bläset. Im Frühling herrscht der Ostwind.
Die Gewitter scheinen vornehmlich einen Zug
nach der nördlichen Seite der Stadt, an welchem der bot. Garten liegt, zu haben, wovon
das verschiedene Einschlagen in den Jacobs-
thurm, und in den kürzlich abgebrochenen De-
linquententhurm, wie auch das an dem ersten
bemerkte Leuchten, Beweiß abgeben.

Hieraus werden Folgerungen auf den
Wachsthum und das Gedeihen der Pflanzen
gezogen. Als nachtheilig für diese hat man
die plötzliche Abwechselung von Wärme und
Kälte, die trockne Luft, besonders in den Win-
termonaten, den bey Mangel an Regen anhaltenden Ostwind im Frühling, den kurz dau-
renden Schnee, der oft erst nach starkem Frost
fällt, wodurch die Alpenpflanzen Schaden leiden, anzusehen. Ersprieslich aber besonders
die Luftelectricität in der Gegend des bot. Gar-

tens / wodurch, wie Versuche an der Electri=
sirmaschine lehren, der Wachsthum der Pflan=
zen so sehr befördert wird.

Die Munchhausia speciosa und Nitraria
Schoberi sind auf den angehängten Kupfern
abgebildet. Erstere Pflanze hat der Herr von
Linne' im vorigen Jahr zur Bezeugung sei=
ner Ehrerbietung gegen des Herrn Premier=
ministers Excellenz und den verehrungswürdi=
gen Verfasser des Hausvaters so genennet. Sie
ist ein in Japan und China befindliches Stau=
dengewächs, und schickt sich wegen ihrer Schön=
heit auf den Ratten, den sie führt, vortreff=
lich. Gehört zu den linneischen Icosandri=
sten, hat einen gereifelten Kelch, 6 Blumen=
blätter, einen über der Blumenkrone befestigten
Fruchtknoten, einen sehr langen Staubweg
und eine eyförmige zugespitzte Capsel. Die
Blätter befinden sich an wechselweise sich aus=
streckenden Aesten, sind länglich, eyförmig,
abwechselnd an der Befestigung, ohne Stiel.
Die Blüthen sitzen nach Art der
Trauben.

M.

VII.

Verſuch, kranke Perſonen durch
erleuchtende Beyſpiele vom Abwege auf
den rechten Weg zur Geſundheit zu führen, nebſt Betrachtungen über das Alter, von
Doctor Johann Noreen. Hamburg,
198 Seiten in 8.

Herr N., den man hier als einen geſchickten
Anatomiſten gekannt hat, iſt ehedem
Landphyſikus in Hameln geweſen, practiſirt
aber jetzt mit Erfolg in Hamburg. Er hat
durch gegenwärtige Schrift gegen die Afterärzte warnen, und unmediciniſchen Leſern einige Anleitung geben wollen, wie ſie ſich in
bösartigen Wechſelfiebern und dem Schnupfen zu verhalten haben. Sein Buch beſteht
aus 4 Abſchnitten.

P. 21.   Der erſte betrift die bösartigen Wechſel-
fieber, und unter dieſen beſonders die Schlaf-
fieber und Ohnmachtsfieber. Hr. N. charac-
teriſirt ſie zuvörderſt kurz, und führt darauf
einige ihm davon vorgekommene Fälle an.
Hier erwähnt er einer Patientin, die bey einem ſolchen Fieber in Ohnmacht gefallen war,
welche man mit einem wahren Todt verwech-
ſelte. Zu allem Glück kam der Hr. B.
                                            Dar-

darzu, und belebte sie wieder. Er klagt darüber, daß in den Französischen Hospitälern
zu Hameln die Soldaten oft nur halb todt weg-
getragen worden. In Hameln hat das bösartige Wechselfieber sich oft unter der Larve
hitziger Krankheiten versteckt. Im Kriege
ist die Ruhr damit begleitet gewesen. Die
Fieberrinde ist auch des Herrn B. vornehmstes
Mittel, das er überall auf dem Lande vorräthig haben will.

In dem zweyten Abschnitt wird von dem
Schnupfen besonders gehandelt, als einem aus
verhinderter Ausdünstung erfolgendem Uebel.
Hr.M. hat bey Leuten, die durch die Kälte plötzlich gestorben, so viel Blut in der Lunge gefunden, daß sie im Wasser zu Boden gesunken. Er versüßt im Schnupfen das scharfe
Geblüt, befördert die Ausdünstung, und führt
die Schärfe da ab, wo die Natur hinleitet.
Er warnet aber wider die Aderlasse, kühlende
Mittel und Fußbäder: doch ist er nicht von
erhitzenden Mitteln ein Freund. Vorzüglich
empfiehlt er das Citronpulver. p. 44

Von der Schädlichkeit der Brechmittel
und Abführungen zur Unzeit gebraucht, liest
man einige Beyspiele im dritten Abschnitt. 86.

Eine Betrachtung über das Alter macht
einen Anhang aus. Zuvörderst beschreibt er die 97.
Haupt-

N 3

Hauptveränderungen, welchen der menschliche
Körper von der Geburt an bis ins Alter unterworfen ist, worauf er das diätetische Verhalten, wodurch am sichersten das Leben verlängert wird, bestimmt. Von dem Genuß der
Muscheln hat der Hr. V. so gar eine Epilepsie
entstehen gesehen. Als einen besondern Vortheil der eisernen Töpfe für die Gesundheit,
sieht er die Auflösung des Eisens bey der Zubereitung der Speisen an. Zwey Mägde sind
von dem Kochen des Caffees in einem kupfernen Geschirr krank worden, wovon die eine
gestorben. Von dem Branntwein hat er eine starke Verengerung des Magens wahrgenommen.

M.

VIII.

Observationum medicarum Fascicul.
II. auctore LEBR. FRIDER. BENIAM. LEN-
TIN M. D. & in comitatu Dannebergens.
Physico. Celtis Luneburgicis. 1770. apud Ge-
orgium Conradum Gsellium. 80. Seiten
in 8.

Auch dieses neue Heft verspricht eine gefäl-
lige Aufnahme, da es verschiedene aus-
erlesene

erlesene Fälle enthält, überall aber Aufmerksamkeit und Fleiß verräth. Wir ziehen von
den 24 hier angeführten Wahrnehmungen
diejenigen aus, die uns am merkwürdigsten
scheinen.

Die Senegawurzel hat er verschiedentlich p.12.
mit Nutzen in der Entzündung des Brustfells
und der Lungen gebraucht. Er hat sie theils
mit Zucker, theils mit Salpeter, Campher,
Kermes minerale, versetzt, von 8 zu 15 Gr. gegeben. Empfindlichen Personen will er aber
wegen des brennenden Geschmacks nur 12
Gran gereicht haben.

Durch die Sublimatsolution hat er ein 16.
eingewurzeltes Venusübel und den Beinfraß
geheilet.

Eben so wirksam war die Fieberrinde im 18.
kalten Brand des Fusses, womit es bey einem Bauer sehr weit gekommen war.

Die Inoculation der Pocken ist noch sel- 23.
tener unter Hrn. L. Händen gut gerathen, wovon er hier seine neuesten Versuche erzählet.
Auch er hat bey einem Kinde ein Pockenfieber
ohne Ausschlag nach der Einpfropfung wahrgenommen. Bey einem andern fehlte zu einer
Zeit die Disposition, die doch, zu einer andern,
nach wiederholter Einpfropfung sich verrieth.

Ein zu den Flechten geneigter Mann zog 27
sich durch eine Reise zur Winterzeit eine Geschwulst an der einen Hand und dem Arm zu,

die infließende Wasserblasen ausartete. Harn-
treibende Mittel, und darauf trocknende äusserlich aufgelegt, überwanden das Uebel.

p. 28. Das Pulver des Wegsenfs (Erysimum,)
hat ihm in schleimichten Uebeln vortreffliche Dienste geleistet. Innerhalb 3 Tagen
haben die Kranken ½ Quentgen genommen,
und den vierten abgeführt.

31. Mit dem Schierling hat er einen Krebs der
Mutter geheilet. Dies war auch das Haupt-
mittel bey einer scirrhösen Leber.

34. Ein anhaltendes Nasenbluten bey einem
scorbutischen alten Mann stillete er, nach andern
vergeblichen Versuchen, endlich durch Hauß-
blase mit Wasser und Brandwein gekocht, das
er ein prützete.

44. Herr L setzt noch einige Gedanken zu der
im ersten H-ste von dem Mädgen, aus deren
Geschwür am Unterleibe, Knochen, Zähne, Haare u. s. w. hervorkommen, erzählten Geschichte, hinzu. Bey einer heftigen verliebten Vorstellung (libido) glaubt er , daß die Frucht
aus dem Eyerstock ohne Zuthun des Mannes
sich trennen könnte.

54. Durch das Räuchern mit Terebenthin, durch
Violwurzel zu Pillen gemacht, hat er den Durchfall gehoben.

56. Die Ohrenschmerzen hat er durch frisch
ausgepreßten Rautensaft, den er mit Baum-
wolle ins Ohr gebracht, gestillt.

In

In Verſtopfung des Leibes ſind die Däm- p. 57.
pfe von dem Krauskohl dienlich geweſen.

Ein Podagriſte hinderte den Ausbruch der 58.
Gicht dadurch, daß er zu Anfang des Uebels
ſeine Strümpfe mit Campher rieb und Campher einſchüttete, wie auch einige Gran ver-
ſchluckte. Ein anderer ſetzte ſogleich Blutigel an.

Im Quartanfieber und Hemitritäus ver- 63.
bindet Hr. L. die Fieberrinde mit dem Queckſilber, mit gutem Vortheil.

Der Alaun ſtillete den Abgang des Bluts 68.
durch den After, der eine Folge eines zu ſchweren Gewichts war, das der Kranke getragen.

Ein Mädgen brachte einen Bruch der 71.
Hirnhäute (Hernia meningum) auf die Welt,
zur Gröſſe eines Hühnereyes, worin doch
kein Gehirn war. Die Geſchwulſt ließ ſich
allmählig zertheilen.

M.

IX.

D. Jo. Georg Models, Rußiſch-
Kayſ. Hofr. Mitglied der Kayſ. Ac. d. W. ꝛc.
Fortſetzung ſeiner chymiſchen Nebenſtunden.
St. Petersb. gedr. bey der K. Ac. der W.
1768. 96 S. in 8.

Dieſe gemeinnützige Schrift haben wir mit
deſto gröſſerer Begierde geleſen, da wir

ſie

ste zu einer Zeit erhielten, wo man wegen des
häufig unter dem Rocken gewachsenen Mutterkorns die unter dem Volk so wohl, als unter den Aerzten fast durchgängig herrschende
Furcht, als wenn das Mutterkorn die Ursach von der sogenannten Kriebelkrankheit sey,
die auch wirklich an einigen Orten ausgebrochen, solches nicht nur mit völliger Gewisheit
für wahr hielte, sondern auch Landesobrigkei-
ten zeitige Befehle und Warnungen an die
Unterthanen ausstellten, das Korn von diesem
Auswachs (Secale cornicùlatum, clavus se-
calinus) sorgfältig zu reinigen, um vor der er-
bärmlichen Kriebelkrankheit, als einer angeblichen Würkung davon, sich zu verwahren.
Dies ist aber nun der Hauptgegenstand dieser
vortreflichen Schrifft, in welcher mit vielen
Gründen dargethan wird, daß das Mutterkorn an dieser landverderblichen Krankheit keine Schuld habe. Die chymische Untersuchung, die der Hr. V. zugleich damit vorgenommen, ist die erste richtige, die wir davon
haben, und so lehrreich, daß man die gelehrten Träume, die die Aerzte von seiner Beschaffenheit in ihren Schriften hin und wieder geäussert haben, in ihrer wahren Gestalt daraus erkennen kan. Diese dem Mutterkorn
bisher angedichtete giftige Beschaffenheit hat
an der vorgefaßten Meynung von seiner Schädlichkeit immer einen grossen Antheil gehabt;
und wenn nun das Gegentheil davon wahr
ist,

ist, wie sehr muß man sich in Zukunft enthalten, das Mutterkorn für einen giftigen Körper auszuschreyen!

Der Herr W. merkt wider die angedichtete p. 12. Schädlichkeit des Mutterkorns mit Recht an, daß man keine zuverläßige Beyspiele habe, daß jemand von dem Genuß des Mutterkorns selbst solche tragische Zufälle, wie oben erwähnt worden, bekommen habe, sondern vielmehr im Gegentheil viele Beweise vorhanden seyn, daß man dasselbe ganz roh und frisch, ohne einige üble Folgen, ja noch aus Uebermuth genossen habe, und daß Glieder der oeconomischen Gesellschaft in Petersburg, sowohl als aufmerksame Landmänner, aus eignen Versuchen solches bezeuget haben.

Er zeigt andey, daß weder Honig-Mehl- **14** noch gemeiner Thau, noch arsenicalische Ausdünstungen, noch giftige Injecten, noch ein Nitrum aeris volatile, und eine Humiditas salsa an der angesonnenen Schädlichkeit des Mutterkorns schuld seyen.

Das Mutterkorn färbet das darauf stehen- **44.** de Wasser röthlich; ist viel leichter, als gutes Korn; und wird durch das Einweichen nicht weicher wie gutes Korn, sondern nur brocklicher. Es geräth allmählig unterm Waß- **46.** ser in eine Gährung, die mit einem säuerlichen Geruch verbunden ist; und man kan also keine völlige Zerstörung des Kornwesens darinne

aus

p. 49. annehmen. Es enthält weder etwas arseni-
calisches, noch salpetrichtes: es entzündet sich
am Lichte viel leichter, als gutes Korn: un-

48. ter Wasser in Gährung gesetzt, färbt es hin-
eingelegtes Silber zwar stärker, als reines

50. Korn, aber nicht schwarz. Mit Salpeter
verpufft es sich, wie gutes Korn, so etwas

51. geröstet worden. In der Destillation giebt es

52. einen ungleich schärfern und sauren Spiritus,
als das reine Korn; wie auch ein zäheres und
mehreres Oel; es hinterläßt auch etwas mehr

53. erdichte Theile. Die aus der Asche des Mutterkorns gemachte Lauge, ist seifenartig, und
braußt mit Säuren so stark nicht, als die Lauge vom reinen Korn.

Obgleich der Herr B. aus diesem Versuch weder für, noch wieder die Schädlichkeit
des Mutterkorns ausführliche Folgerungen für
unchymische Leser zu ziehen beliebet hat; so hält
er sie durch andere die Unschädlichkeit des Mutterkorns handgreiflich erweisende Versuche nun
um desto mehr schadlos, da er versichert,
erstlich, er habe das Mutterkorn unter

54. Korn und Weitzen gemischt, von den Tauben,
denen er es vorgelegt, ohne Schaden fressen
gesehen, so wie auch de la Hire den gleichen
Versuch ehedem an den Hühnern gemacht hat;

55. und zweytens, daß das aus einem Theil ge-
stoßenen Mutterkorn, und drey Theilen
Roggenmehl gebackene Brodt ebenfalls ohne
dem

dem geringsten Erfolg einiger übeln Empfindungen gegessen worden sey.

Nach dem chymischen Verhältniß ist zwischen dem guten und Mutterkorn folgender Unterschied: das in jenem enthaltene schleimigte Wesen, wodurch die ölichten Theile auflöslich werden, ist in diesem zerstört, entweder, daß es nicht gehörig zur Zeitigung gekommen, oder von der Sonnenhitze verbrannt worden ist. p. 56.

Von einem alcalisch volatilischen Wesen ist weder durch die Einweichung, noch trockene Destillation etwas in dem Mutterkorn zu finden *): welches dem Herrn W. um so viel merkwürdiger vorgekommen, da nach denen von ihm wiederholten Beccarischen Versuchen (Commentar. Bonon. T. II. P. I. p. 122.) aus dem Weizenmehl, oder eigentlich zu reden, dessen kleichtem Theil ein urinöser Spiritus zulezt bey dem stärksten Feuer hervor kommt. 61.

Gelegentlich merkt der Hr. W. an, daß er aus dem bekannten Schierling ein sal ammoniacale durch die trockne Destillation erhalten habe; und daß das Arabische Gummi einen urinösen Spiritus liefere: zum Beweis, daß 67.

*) Schmieder will hingegen einen sehr scharfen, flüchtigen, beißenden Harngeist, wie auch ein flüchtiges in dem Mutterkorn durch die Destillation gefunden haben. Miscell. Lips. T. V. p. 148.

daß die von vielen für allgemein angenommene Regel, daß nur das thierische Reich ein sal urinosum, und das vegetabilische einen sauerlichten Spiritus, das mineralische aber eine reine Säure liefere, sehr viele Ausnahmen leide, und fast für keine Regel mehr angesehen werden dürfe.

p. 69.
72. Diese Betrachtung hat den Hrn. W. auf wiederholte Versuche mit dem Holländischen Torf gebracht, aus welchem er jezt einen Harngeist erhalten, der ihm sonst, und auch wieder bey diesem neuen Versuch etlichemahl entwischt ist; welches daher kommt, wenn die Vorlagen nicht ofte genug verändert, und auf das Uebergehende nicht fleißig genug Acht gegeben wird. Dieser Harngeist geht bey dem lezten und stärksten Feuersgrad über.

73. Er hat übrigens auch zwey Arten von Steinkohlen, die neuentdeckten Nowgorodischen, und die Englischen untersucht. Sie geben beyde einen Harngeist, und jene enthalten auch Alaun und einen Selenit, diese aber etwas Kochsalz. Jene haben mehr Phlegma und mehr dünneres Oel.

75.
79. Am meisten hat sich der Hr. W. bey diesen Versuchen über den starken Biebergeilsgeruch verwundert, den das ölichte Phlegma von beyderley Steinkohlen bey der Rectification angenommen, und den auch andere eben so, wie er, empfunden haben. Da nun einige
dem

dem Biebergeil ein erdpechigtes Wesen zuschreiben, so hat der Herr B. alsobald Versuche mit diesem thierischen Körper angestellt,
und an dessen übergegangenem Oel auch würklich einen pechartigen Geruch wahrgenommen.
Auser diesem merkt er noch als etwas besonders an, daß der Biebergeil in der Destillation
schmelzt, nachdem sein Phlegma und sein dünnes Oel bereits übergegangen: und daß sich
bey noch gelindem Feuer ein Harnsalz subli-
mirt; welches er daher für ein eductum wohl
ansehen mögte. Man muß dem Herrn M.
auch für diese Analysis des Biebergeils, da
es die erste ist, gar sehr verbunden seyn.

X.

Academische Schriften.

I.

Diss. inaug. *irritabilitatem vegetabi-
lium* in singulis plantarum partibus explora-
tam vlterioribusque experimentis confirma-
tam sistens Praes. FERDIN. CHRISTOPH.
OETINGER *resp.* auct. IOA. FRID.
GMELIN Tubingensi. Tubingæ 1768.
30 Seiten, in 4.

Verschiedene Naturforscher haben bey den
Gewächsen Erscheinungen wahrgenommen,

men, die mit der Reizbarkeit der Thiere Aehnlichkeit haben.　Um sich selbst davon zu ver-
sichern, hat Hr. G. bey einer Menge Pflanzen
und einzelnen Theilen derselben Versuche mit
der Spitze des Messers angestellt. Diese theilt
er in der Ordnung der Theile, die er gereizet,
mit, und nennt die Pflanzen selbst.　Wir erwähnen nur diejenigen, bey denen der Versuch gelungen.

Die Reizbarkeit äusserte sich besonders bey
den Staubbeuteln vieler Arten des Stendelge-
schlechts, die Orchis militaris und vstulata
nahmentlich ausgenommen, bey der männlichen Scheide an vielen zusammengesetzten Blüthen, und zwar durch eine bald mehr bald
weniger deutliche Bewegung.　Bey verschiedenen Arten Chenopodium, mit Ausnahme
des guten Heinrichs und der Botrys, verschiedenen Nesselarten, dem Spinat, Hopfen,
ein Paar Arten Mauerkraut (Parietaria) der
Atriplex patula, nicht aber der Gartenmelte,
platze der Staub gewaltsam bey einem wiederholten Zusammenziehen des Beutels heraus.
Bey vielen andern Gewächsen bewegten sich
die Fäden der männlichen Zeugungstheile merklich.　Je trockner und wärmer die Luft gewesen, desto stärker hat der Reiz gewirkt, doch ist
es nicht darauf angekommen, ob sich die Pflanzen noch in der Erde befunden, oder abgeschnitten gewesen. Aus den Versuchen folgert
Hr. G. daß die Reizbarkeit bey den Pflanzen
bey

bey weitem nicht so stark, als bey den Thie:
ren, auch nicht bey jenen über so viele Theile
ausgedehnt sey. Denn wenn einige Mimo-
sae, die Oxalis sensitiua, und Onoclea sen-
sibilis ausgenommen werden, so scheint sie
nur den männlichen Zeugungstheilen eigen
zu seyn.

M.

2.

Diss. inaug. *de partu serotino*, praes.
JONA SIDRE'N, Anat. et Med. pract.
Prof. R. O. resp. HENRICO GAHN,
Fahlunensi, Nosoc. insit. variol. Stockh.
Med. sec. m. Octobri a. 1770. Vpsaliæ
pgg. 39. 4.

Herr G. dem wir die schäzbare Streitschrift, *Fundamenta Agrostographiae* (M.
med. Bibl. B. 7. S. 349.) zuzuschreiben
haben, zeigt sich hier in einem andern Felde
mit eben der Geschicklichkeit. Die gegenwärtige Schrift macht sich theils durch die Gründlichkeit und Ordnung in der Abhandlung,
theils durch verschiedene Beobachtungen, die

VIII. B. 3. St.   O   ihm

ihm der auch in der Hebammenkunde so er=
fahrne Herr Professor von Schulzenheim
eröfnet, oder der Hr. V. unter dessen Augen
angestellt hat, lesenswürdig.

Schon gleich zu Anfang erklärt Hr. G.
seine Meinung in dieser streitigen Sache, da
er nach den genauen Wahrnehmungen des
Herrn v. Sch. die Zeit der Schwangerschaft
auf 39 Wochen oder 273 Tage ansezt, wenn
man nehmlich annimt, daß die Empfängniß
bald nach der monatlichen Reinigung gesche=
hen sey. Fängt man, wie die Frauensleu=
te zu thun pflegen, von der vorhergehenden
Entledigung die Rechnung an: so treffen die
Wehen genau um die Zeit der zehnten Rei=
nigung ein. Von welchem Zeitraum man
wegen dieses Abganges eine Woche abziehen
muß. Er hält die Befruchtung eben so ge=
wiß, kurz vor der Reinigung, als nach der=
selben.

Der Herr Prof. v. Sch. hat neugebohr=
ne Kinder gemeiniglich 10 Pfund schwer und
18 Zoll lang, niemahls aber schwerer, als
11½, und nur ein einzigesmahl leichter als
6½ Pf. gefunden. Das Kind, wobey diese
Ausnahme galt, wog nur 5 Pfund und 2
Unzen, und war von alten Eltern erzeugt.
Daß die Rödererschen Beobachtungen hiervon
abzuweichen scheinen, kommt von der Ver=
schiedenheit der Gewichte her. Denn das
Schwedi=

Schwedische ist leichter, so wie die Elle länger. Herr G. will doch nichts, blos aus dem Gewicht und der länge des Kindes, auf die Dauer der Schwangerschaft gefolgert wissen.

Er hat mit großem Fleiß so wohl alte als neue Schriftsteller verzeichnet, welche die Schwangerschaft über die bestimmte Zeit ausdehnen, und unter diesen auch solche, welche todtgebohrne und auf verschiedene Weise durch die länge der Zeit veränderte Geburten angemerkt haben. Aus allen zieht er die Geschichte in die Kürze, zum Beweiß, daß Hr. G. alle Stellen selbst nachgeschlagen hat, und er ordnet sie nach den Jahren. Hr. v. Sch. hat dem Herrn B. von einem Kinde erzählet, das, wenn man, nebst andern Zeichen, die Rechnung von dem unterbliebenen Monatsflusse anfängt, in der 43. Woche zur Welt gekommen. Das Kind war ungewöhnlich gros, und die Mutter alt, auch hatte die um den Hals geschlungene Nabelschnur die Geburt schwer gemacht. In Schweden hat eine Frau die Geburt 9 Jahre lang bey sich behalten, die hernach stückweise abgegangen ist.

Die Erzählungen von späten Geburten gründen sich, auch nach Hrn G. Gedanken, entweder auf einen Betrug, oder auf Unwissenheit, da man nehmlich die Zeit der Empfängniß verrechnet, oder die mit der Schwangerschaft

D 2   gerschaft

gerschaft verbundenen Zufälle verwechselt hat,
welches ben ihrer Unbeständigkeit um so viel
leichter geschehen kan.   Der Hr. V. erläutert dieses besonders durch die spastischen Bewegungen und fortgetriebenen Blähungen,
die bisweilen den Bewegungen der Geburt
ähnlich sind, wovon 3 Beyspiele angeführt
werden.   Nur solche Geburten kan man als
wirklich verspätet ansehen, bey welchen
zu rechter Zeit Wehen entstanden, und die
Wasser gesprungen sind, die aber wegen einiger Hinderniß hernach zurückgetrieben sind.
Warum aber die Geburt eben zu der bestimmten Zeit geschiehet, wagt er nicht zu erklären,
beurtheilet aber doch die Erklärungen anderer hiervon.

Die bis auf die Geburt ganz gebliebene
Blase erleichtert die Geburt nicht sehr; denn
Herr G. hat jene schon 22 Tage vorher ohne Schaden plazen bemerkt, und nach anderer Beobachtungen ist dies noch früher geschehen.   Die Ursache der Geburt, die Hr.
Louis glaubt zuerst erfunden zu haben, und
die er in dem allmähligen Verschwinden der
angeblichen Papillen (Mamelons) der Gebährmutter sezt, ist weder neu, noch der
Wahrheit gemäß.   Seine ganze Theorie
fällt sogleich, da die Zergliederung die Gegenwart solcher ründlichen Hervorragungen
in der Gebährmutter und dem Mutterkuchen nicht erweiset.   Gesezt aber, daß diese
auch

auch da wären: so läßt sich doch gar
nicht der Grund von der Zeit der Entbindung
dadurch angeben; und scheint dem Herrn B.
die vermeynte Erklärung des Hrn. L. von eben
dem Gewicht zu seyn, als diejenige des Bac-
calaureus beym Moliere, welcher im Examen antwortete, Opium verursache deswegen einen Schlaf, weil es eine schlafmachende Kraft besäße. Herr G. beruft sich auf
ein schwäbisches Wochenblatt worin Herr von
Schulzenheim mit vielen Gründen die
louissche Meynung entkräftet.

Wider den sel. Röderer wird erinnert,
daß bey den wahren und erschütternden Wehen nicht allein der Boden und das obere
Segment der Gebährmutter, sondern zugleich ihr ganzer Sack sich zusammenziehe,
Anfänglich wird der Muttermund geschlossen, und die Frucht gegen den Boden hinge-
trieben. Durch die Mitwirkung des Zwerg-
felles und der Bauchmuskeln wird aber hernach der Widerstand gehoben. Hr. v. Sch.
hat dem Hrn. B. ein merkwürdiges Beyspiel
einer Geburt nach dem Tode der Mutter erzählt. Eine Frau nehmlich, die, wie sie
berichtet hatte, in der Mitte der Schwangerschaft war, starb an dem Miserere; wie
man aber 3 Tage hernach ihr die Tottenklei-
der anlegen wollte, fand man ihr Kind
innerhalb seinen Häuten vor ihr liegen.
Auch lieset man eine Geschichte einer vorge-

D 3   fallenen

fallenen Gebährmutter, die doch die Frucht
zur Welt gebracht.

Hr. G. vergleicht aus den vornehmsten
Schriftstellern die Gründe sowohl für als
wider die späten Geburten; und fällt zulezt
seine Meynung mit Bescheidenheit über bey=
de. Wahr ist es, gesteht er, daß bisweilen
Abweichungen von den Gesezen der Natur
geschehen: in Ansehung der Geburtszeit ist
sie aber sehr beständig. Noch einige Wahr=
scheinlichkeit findet statt, wenn der Unter=
schied nur einen Monat beträgt, da die Frau
kurz vor der Reinigung mag beschwängert
worden seyn, und die Frauen darnach ihre
Schwangerschaft bestimmen. Längere Zeit
aber, als diese, wie 12 oder mehr Monate,
nimmt der W. nicht an, da bey der verzöger=
ten Geburt das Kind so sehr anwachsen wür=
de, daß es nicht zur Welt kommen könnte.
Denn ein sonst gesundes Kind ist 3 Monate
nach der Geburt bis 7 Pfund schwerer.

Zur gewissern Entscheidung in dieser Sa=
che, empfiehlt der Hr. W. besonders sich nach
denjenigen Umständen zu erkundigen, in de=
nen sich die Frau bald nach der Empfängniß
und in den ersten Monaten der Schwanger=
schaft befunden hat. Diese sind, nebst eini=
gen spätern, ob die Frau in den ersten Mo=
naten nach dem Tode, oder der Entweichung
ihres Mannes, die Schwangerschaft geläug=
net; ob die Reinigung ein oder mehrere Mahl
nachher

nachher eingetroffen, welches Hr. G. als sehr selten ansieht; ob die Frau anfänglich ihre gesunde Farbe, den Appetit u. s. w. behalten,
oder der Verlust hiervon erst in den 3 ersten
Monaten unter den 9 letzten verspüret worden; ob sie erst 4 oder 5 Monate vor der Geburt die Bewegung des Kindes bemerkt; ob
die Anschwellung der Gebährmutter erst in
dem 6ten Monate vor der Geburt sich geäussert; ob sie im 9ten Monate nach der Trennung ihres Mannes keine wahren Wehen
empfunden; ob sie bey der Schwangerschaft
keinen auszehrenden Gram oder keine schlei-
chende Krankheit erlitten; ob die Geburt
leicht, und das Kind gesund und frisch, bey
dem gewöhnlichen Gewicht und der gewöhnlichen Länge, zur Welt gekommen. Treffen
alle diese Umstände ein, und ist die Frau ausserdem zu Ausschweifungen geneigt gewesen:
so macht sich der Herr B. kein Gewissen
daraus, die Geburt für unwiderrechtlich zu
erklären.

M.

3.

Diff. inaug. *de situ foetus* in utero
materno praes. CAR. FRID. REHFELD
Prof. med. Gryph. auct. CAR. FRID.
D 4   SCHULZ,

So H U L z Med. atque Chirurg. reg. ad trcem Carlstenienſem. Gryphiswaldiae
1770. 4.

Herr Sch. beſtreitet hier die ſowohl von
ältern als ſehr vielen neuern Aerzten angenommene Meynung, daß die Frucht in
den erſten Monaten der Schwangerſchaft, eine ſizende Stellung mit vorwärts gekehret
Geſicht hätte, hernach aber bey zunehmendem Gewichte des Kopfs einen Umſturz machte. Er ſammlet ihre Gründe, und beantwortet ſie in eben der Ordnung. Daß man
den Kopf vor dem ſechſten oder ſiebenten
Monat nicht fühlen kan, ſchreibt er dem häufigen Fließwaſſer, womit das Kind umgeben
iſt, dem ſchwachen Druck nach unten hin,
und der Länge des Mutterhalſes, zu. Die
widernatürliche Lage des Kindes und verſchiedenen Knoten der Nabelſchnur, können ohnehin bey der freyen Bewegung des Kindes
wohl ſtatt finden. Daß das Kind das Ge
ſicht dem Heiligbein zukehrt, darzu wird kein
Umſturz erfordert, woſern man annimmt,
daß dieſe Lage ſchon zu Anfang der Schwangerſchaft erfolget; und dieſes geſchiehet auch
vermittelſt der überwiegenden Schwere desjenigen Theils des Körpers, der über der Nabelſchnur iſt. Auch ſind die Höhlen des Kopfs
und der Bruſt ſchon anfangs ſo angefüllt,
daß dadurch das Niederſinken des Kopfs
nicht

nicht aufgehalten werden kan. Noch mehr
bestätigen dieses die Beobachtung von Em-
bryonen, die ohne Verlezung der Häute zur
Welt gekommen, wovon Herr S. selbst zwey
gesehen, und die Eröfnungen in der Schwangerschaft verstorbener Personen, deren er,
unter den Herren Professoren Martin, und
v. Schulzenbeim, verschiedenen beygewohnt
hat. Er beruft sich überdem auf fremde in
den Schriften der Aerzte verzeichnete Beobachtungen. Nur wenige Ausnahmen, daß
die Füsse zuerst vorgetreten sind, läßt er gelten; und an diesen glaubt er, daß das Werfen des Kindes, so, wie nahmentlich an
der unzeitigen Geburt, schuld gewesen sey.
Wir übergehen der Kürze wegen die ferne-
re Beschreibung der Lage des Kindes im
Mutterleibe, ob sie gleich mit der Genäuig-
keit verfasset ist, wie man von einem letzt-
ling des Hrn. Professors v. Schulzenbeim erwarten kan.

M.

4.

Diss. inaug. Historia *gemellorum*
coalitorum monstrosa pulcritudine spectabi-
lium praes. patre GEORGIO FRIDERICO
SIGWART P. P. O. resp. AVG. JOH. DAV.
SIEGWART, Prosectore. Tubingae 1769.
4. pgg. 28. cum ic.

Diese zusammengewachsene Zwillingsge-
burt brachte eine 32jährige Frau, die
schon 5 gesunde Kinder erzeugt hatte, zur
Welt.   Die Wehen erfolgten zur rechten
Zeit, und bey diesen verspürte die Frau und
die Hebamme noch Zeichen von dem Leben
der Geburt.   Nach 8 Stunden wurde sie,
obgleich mit genauer Noth, von ihrer Bürde
befreyt. Die Nachgeburt hat Herr S. selbst
nicht gesehen, es soll aber nur ein Mutterkuchen da gewesen seyn. Das eine von den Kindern hatte einen Haasenscharten.   Sie waren von der Brust bis auf den Nabel zusam-
mengewachsen.   Die Nabelschnur war einfach, in der Mitte des gemeinschaftlichen
Unterleibes befestigt, und bestund aus einer
mehr als gewöhnlich weiten Blutader, und
4 sehr engen Pulsadern.   Jedes Kind hatte
seine besondern Eingeweide, und waren also
in der Bauchhöle alle doppelt oder vierfach,
nur die Leber war einfach, woran doch 2
Gallblasen befindlich waren.   Die Nabel-
blutader, trat wider Vermuthen ungetheilet in
die Pfortader ein, aus dem Stamm der
Pfortader aber giengen 2 blutadrichte Röh-
ren (Canales venosi), jede nach ihrer Hol-
ader ab.   Das Zwergfell war gemeinschaftlich, der Herzbeutel einzeln, aber 2 Herzen.
Das übrige war, wie natürlich.   Nach der
Beschreibung wird von der Erzeugung der
Misgeburten überhaupt kurz gehandelt.

M.

5.

5.

Progr. inaug. Hiftoria literario - chirurgica *Lithotomiae mulierum* propofita ab
ERNESTOPLATNERO, Prof. Med. E. Lipf.
1770. 3 Bogen. 4.

Der Hr. W. hat seine den 28 Merz ge-
haltene Antrittsrede, *Medicos de ani-
mi cum corpore confenfu audiendos effe ad in-
fringenda commenta materialiftarum,* hiemit angekündigt. Daß auch bey Frauensleuten grosse Steine sich erzeugen können, erweiset er durch ausgesuchte Beyspiele, nach
denen sie sogar 14 ja 33 Unzen schwer gewesen sind. Den Schnitt unternimmt man
doch nicht leicht bey ihnen, da ihre Harnröhre einer beträchtlichen Ausdehnung fähig
ist, die theils die Natur, theils chirurgische
Handgriffe bewürken. So ist unter andern
der von Morand erzählte Fall eines Steins,
von dem eine unverheyrathete Frauensperson
von 18 Jahren nach Erweiterung der Harnröhre durch Hülfe des Hustens befreyt wurde, merkwürdig. Bey der Ausdehnung der
Harnröhre ist doch viele Vorsichtigkeit nöthig, damit diese, wofern der Stein sehr
groß ist, nicht verlezt und die Kranke nicht
entkräftet werde. Der Hr. Prof. gedenkt
der Werkzeuge, die man in der Absicht erfunden hat. Dahin gehört die von den E-
gyptern

gyptern aufgebrachte hölzerne Röhre, durch
welche Luft eingeblasen wurde; des Douglas
Wicke aus dem Enzian und präparirter
Spongia; die Celsische Zange und verschiedene von neuern Wundärzten erfundene
Werkzeuge, als des Hildan, Jonnot,
Nuck, welche andere theils angenommen,
theils in einigen Stücken verändert haben.
Weil diese aber die Ungelegenheit mit sich
führen, daß sie die Harnröhre nur an zweyen
Seiten erweitern: so hat Mazotti ein neues
Werkzeug erfunden, welches nach allen Seiten
wirket. Am besten gefällt doch dem Hrn. B.
des Le Dran Erfindung, da er über eine
Frauenzimmersonde, ein Gorgeret, und über
dieses nach ausgenommener Sonde eine Zange einführt.

Es kommen doch Fälle vor, welche den
Schnitt nöthig machen, obgleich einige berühmte Männer dawider sind. In Ansehung des Orts aber ist man nicht einig. Hr.
P. handelt von allen bisher gebrauchten Methoden, nehmlich der Celsischen, dem Schnitt
über den Schamknochen, der grossen Zurü-
stung, dem Schnitt durch die Scheide, dem
Seitenschnitt, und beschreibt sie genau. Bey
dem Seitenschnitt hält sich der Herr B. am
längsten auf. Die Ehre der Erfindung schreibt
er nicht dem Bruder Jaques, sondern dem
Franco zu, und führt an, was diese unter
den Händen des Jaques, Rau-Ledran, Le
Cat-

Cat, Louis, Le Blanc und Bruder
Come für Veränderungen erlitten. Auch
beschreibt er des Lionner Wundarztes Flurant
Werkzeug, das ihm doch wegen der zu be=
fürchtenden Verlezung des Blasenhalses nicht
gefällt.

M.

6.

Diss. inaug. *de caussis subitae mortis fulmine tactorum* resp. Jo. GOTTLIEB
BIDERMANNO Numburgensi. Lipsiae, 1768
pgg. 28. 4.

Die Alten beruhigten sich fast ganz damit
das Erschlagen vom Bliz, als ein Werk
der Götter anzusehen, oder halfen sich mit
unwahrscheinlichen Erdichtungen fort. Und
wegen der Aehnlichkeit dieser Todesart mit
andern plözlichen oder auch mit verschiedenen
Krankheiten, haben sie sich der Wörter side-
ratio, ἀσροβολιχ, ἀσροβολησια, ἀσροβολυσμος
bedient, wie z. E. bey dem Schlag, und der
Lähmung. Bey der grossen Sorgfalt aber,
welche die neuern, auf Untersuchung der Ur=
sachen verwandt haben, fanden sie leicht, wie
sehr dieselben von einander abgiengen. Und
in Ansehung des Erschlagens vom Bliz,
ist ein ganz neues Licht aufgegangen, nach=
dem man die Aehnlichkeit desselben mit dem
electri=

electrischen Feuer kennen gelernt hat. Doch
ist noch immer darüber gestritten worden,
ob bey den Erschlagenen der Stoß, ein Verbrennen, eine Erstickung, eine Apoplexie,
oder ein plötzlich gehemmter Gebrauch der
Nerven an dem Tode eigentlich Schuld sey.
Den Donnerkeil der Alten hat man schon längs-
stens bey Seite geleget, so wie auch Cicero
und andere unter ihnen sich über ihn aufgehalten haben.

Die Beyspiele des Verbrennens vom Bliz
sind sehr selten, und wofern es geschehen: so
ist es nur erst nach dem Tode erfolget. Einige Fälle, die man zum Beweiß jener Meynung sonst angeführt, werden hier in Zweifel gezogen. Andern Schriftstellern ist wahrscheinlich, daß die Entzündung feuerfas-
sender Dünste durch die in der Luft erweckte
Veränderung eine Erstickung zuwege gebracht
hätte. Diese haben die Luft bald als zu heftig bewegt, bald als zu sehr zusammen ge-
drückt, bald als zu sehr verdünnet u. s. w.
betrachtet. Hiemit streitet aber die bekannte
Erfahrung, daß unter mehrern Personen,
die dicht an einander sich befunden, nur eine
oder die andere getroffen worden. Und wenn
einige die Erstickung als eine Folge des Schre-
kens auslegen: so antwortet der Hr. V., daß
das Schrecken eher einen Schlag als eine
Erstickung bewirkt, daß die Wirkungen vom
Schrecken in vielen Stücken verschieden wären,

ren, und daß der Tod vom Bliz zu schnell
erfolgte.

Von dem Celsus an haben einige die Ursache in einer Apoplexie gesezt, obgleich die
Erklärung von der Entstehungsart der Apoplexie selbst sehr mannigfaltig ist. Herr B.
läugnet diese aber entweder ganz, oder sieht
sie nur als symptomatisch an. Von denjenigen, welche behaupten, daß die Nerven besonders gelitten; stellen sich einige die Sache
so vor, als wenn das Feuer in den Körper
durchgedrungen, andere, als wenn die Nerven zu sehr erschüttert worden. Auch ist von
einigen Naturkündigern ein Zusammenfluß
mehrerer dieser Ursachen angenommen worden.

Herr B. erzählt die vornehmsten Veränderungen, die man an den Körpern der
vom Bliz erschlagenen Menschen findet, die
ihm doch nicht die Ursache des Todes erweiß-
lich machen. Demnach bleibt er dabey stehen, daß die electrische Materie der Luft durch
ihre heftige Bewegung die Verrichtungen der
Nerven plözlich hemme. Beydes das electrische Feuer und der Bliz wirken sehr schnell
und heftig auf die Nerven des Körpers; beydes bringt auch bey keiner in die Augen fallenden Verlezung den Tod zu wege.

Wegen der Aehnlichkeit dieser Todesart
mit den Streifschüssen untersucht er die an
den Gliedern bemerkten Zufälle. Er leitet dieselben

selben insgesamt, wie viele neuere, zumahl wider Herrn Le Cachher (*Memoires de l'Acad. de Chir.* 1768. S. 22.), von der zusammengedruckten und sich plözlich ausdehnenden Luft her.

M.

XI.
Kurzgefaßte Nachrichten

1.
Die um Danzig wildwachsenden
Pflanzen nach ihren Geschlechtstheilen geordnet und beschrieben von Gottfried Reyger. Danzig, bey Daniel Lud. Wedel 1768. 1 Alph. 5 Bogen in 8.

In dieser deutschen Flora hat Hr. R. nur solche Pflanzen angemerkt, die er selbst um Danzig gefunden, da vorher (m. f. Bibl. Band 6. S. 330. auch Kräuter von seinen Vorgängern in die Rechnung kamen. Die Beschreibungen der Gattungen sind auch hier weitläuftiger, und haben keine Synonymen in Begleitung, so wie er anstatt der Standörter nur den Boden, worin die Pflanzen wachsen, angezeigt. Da diese Ausgabe mehr Liebhabern der Kräuterkunde, als wahren Forschern bestimmt war: so hat er die
Erklä-

Erklärungen der Kunstwörter erweitert, und
aus Haſſelquiſts Gradualſchriſt von den
Kräften der Pflanzen einen Auszug angehängt. Zu Ende findet ſich auch ein Pflan-
zenkalender von 1767, und ein Verzeichniß
der Danziger Pflanzen nach den natürlichen
Ordnungen aus Linne's Philoſophia botani-
ca.

2.

Des Herrn D. David von Schulz Pro-
feſſors der Entbindungskunſt zu Stockholm,
Aſſeſſors des dortigen Collegii der Aerzte und
Mitglieds der Kön. Schwed. Akademie der
Wiſſenſchaften, Unterricht von der Ein-
pfropfung der Pocken, von D. Joh.
Andr. Murray, Prof. der Botanik und
Medicin zu Göttingen, und Mitglied der Kön.
Schwediſchen Akademie d. Wiſſ. Aus dem
Schwediſchen. Göttingen und Gotha, bey
Johann Chriſtian Dieterich 1769. 11½ Bo-
gen in 8. Dies iſt die zweyte Ausgabe der
ſo ſehr beliebten Schulziſchen Schrift, die
als ein wahres practiſches Handbuch von
der Einpfropfung der Pocken anzuſehen iſt.
Die erſte deutſche hat Prof. M. ſchon vor 8
Jahren beſorgt. Die gegenwärtige iſt aber
nicht ein bloſſer Nachdruck, ſondern enthält
mancherley Verbeſſerungen zum Vortheil des
Ausdrucks, und der Deutlichkeit. Das Ori-
ginal kam ſchon 1756 heraus, nach welcher
Zeit doch, wie Pr. M. erinnert, ſich in der

VIII. B. 3. St. P. Haupt-

Hauptsache nichts geändert hat; so wie auch
Herr von S. noch kürzlich bey Hofe in seinem angegebenen Verfahren gleich glücklich
gewesen, und daher, ausser andern beträchtlichen Vortheilen, geadelt worden ist. Bey
der Ausübung der Suttonischen Methode
wünscht Pr. M. weniger Leichtsinn und Ver-
wegenheit, die bey der sonst gefälligen Kürze des Handgriffs für die Inoculation überhaupt nachtheilig ausfallen möchte. In der
Zuschrift an ein Frauenzimmer erhebt er die
gewiß sehr beträchtlichen Verdienste des Frau-
ensgeschlechts um die Inoculation, durch
einige beygebrachte Hauptzüge.

3.

Anndus Carl Lorry D. A. G. Doctor
zu Paris, von der Melancholie und den me-
lancholischen Krankheiten, aus dem lateinischen übersetzt von M. C. A. W. mit Fleiß
übersehen und mit einer Vorrede begleitet
von D. C. Chr. Crausen. Frankf. in der An-
dräischen Buchhandlung 1770. 2 Alph. 4
Bogen in 8. Wir werden von diesem Werk
eine umständlichere Anzeige annoch thun,
und kündigen also diese Uebersezung nur als
etwas neues hier an. Lateinische Bücher
halten wir indes für schicklicher nachgedruckt,
als übersezt zu werden, als wodurch die Bar-
barey in unserer Litteratur leyder nur immer
mehr und mehr zunimmt und vergrössert wird.

Na-

4.

NATALIS JOSEPHI DE NECKAR *Deliciae Gallo-belgicae* filueftres, feu Tractatus generalis plantarum gallo-belgicarum ad genera relatarum cum differentiis fpecificis, nominibus trivialibus, pharmaceuticis, locis natalibus proprietatibus virtualibus ex obferuatione, chemiae legibus, auctoribus praeclaris cum animaduerfionibus fecundum principia Linnæana *Tom. I. II.* Argentorati, apud Jac. Francifc. Leroux 1768. 1 Alph. 16 Bogen, nebft einem Kupferftich und 2 Holzschnitten 8. In der Vorrede giebt der Herr B. eine Einleitung in die Linneifche Methode. Das Pflanzenverzeichniß felbft ift ziemlich gros. Die Geschlechtscharactere werden jedem Geschlecht vorangefezt, die Gattungen aber nach dem Herrn v. Linne', dem Herrn v. Haller, und Tournefort beftimmt. Er hängt aber viele eigene ausführliche Beschreibungen an, und durchgängig bey den Moofen. Bey allen und jeden merkt er die fo genannten Fulcra an. Einige von diefen, nehmlich die Hülfen an den Blumenschirmen, die Blättgen an den Blattftielen, und an den Blumen u. f. w. nennt er primaria, die Guettardfchen Drüfen aber fecundaria. Die Roßcaftanie bringt er zu den Polygamiften hin. Wegen der Krone an den Blumenblättern, trennt er das officinelle Seifenkraut von andern

P 2 Gat-

Gattungen, und nennt es Bootia. Die von dem Herrn v. Linne' für weibliche Blüthen bey einigen Moosen angesehene Rosen sieht er nur für Keime und Blätter an, und hält diese Gewächse für vegetabilia viuipara, (welches er in dem 2. Th. der *Commenc. Acad. Sc. Palat. Vol.* 2. noch mehr bestätigt).

Den medicinischen und ökonomischen Nuzen hat er mehrentheils aus andern Schriften entlehnt. Wir merken nur an, daß er den verdickten Saft der Zaunwinde (conuoluulus sepium) dem Scammonium gleich schäzt, und das gelbe Thalictrum in 3 bis 4 facher Dosis, von gleicher Wirkung, als den Rhabarber hält. Gelegentlich wird von den Blättern der Ananas gerühmt, daß sie ein nüzliches Gewebe geben.

§.

Berlinische Sammlungen zur Beförderung der Arzneywissenschaft, der Naturgeschichte, der Haushaltungskunst, Cameralwissenschaft, und der dahin einschlagenden Litteratur. Berlin bey Joachim Pauli 1768 bis 1770. 1. und 2. Band, jeder aus 6 Stücken, in 8. mit Kupfern. Die Einrichtung ist so, wie in dem Berlinischen Magazin, doch mit Ausschliessung der anmuthigen Wissenschaften; (m. s. N. med. Bibl.

Bibl. B. 6. S. 393.) und die bisherige
Wahl abwechselnd und nüzlich. Die Medicin und Naturgeschichte nimmt den größten
Theil davon ein. Der Fall eines gefingerten
Polypen im Mastdarm, der eine hartnäckige
Verstopfung erwecket hat, ist merkwürdig. Aus
den Casselschen Anzeigen werden Hrn.
Schlegers Versuche mit der Quassia in
mancherley Uebeln, doch mehrentheils nur
nach einzelnen Fällen, als in Blutflüssen,
im Quartanfieber, in Durchfällen und hizi-
gen Gallenfiebern, in scorbutischen und vene-
rischen Zufällen, u. s. w. angeführt.

6.

Index regni vegetabilis, qui continet
plantas omnes, quae habentur in Linnaeani
systematis editione nouissima duodecima.
Viennae Austriae apud Joannem Paulum
Rinuls 1770. 16 Bogen in 4. Der Herausgeber hat hier die Linnéischen Geschlechts- und Trivialnamen nach alphabetischer Ordnung aufgestellt, und jeder eine Zahl vorgesezt, um dadurch den Botanisten die Correspondenz bey
Vertauschung der Samen und trocknen Kräuter, und den Lehrlingen die Kenntniß der Gewächse im Botanischen Garten in Wien zu
erleichtern. Denn daselbst wird man zu-
künftig bey jeder Pflanze die hier hingeschrie-
benen Nummern annehmen. Natürlicher
scheint es uns doch zu seyn, statt der al-

P 3 phabe-

phabetischen Ordnung, nach der systemati-
schen die Nummern fortlaufen zu lassen. Die
Verwandschaften würden dann weniger ge-
stört, auf die man gleichwohl bey der Anordnung in einem botanischen Garten zu sehen
hat, und neue künftig zu entdeckende Species
könnten sodann nur unter einer andern zu
Hülfe genommenen Rubrike an Ort und
Stelle eingeschaltet werden, die der W. aber
jezt ohne Veränderung der Zahlen zu Ende
nachtragen wird.

7.

Von Erhaltung der Kinder von dem
ersten Augenblick ihres Entstehens an, bis
zu ihrer Mannbarkeit. Aus dem Französischen des Hrn. D. Raulin. Erster Band.
Leipzig, bey Siegfr. Leb. Crusius 1769. 1
Alph. 3 Bogen in gr. 8. Von diesem Werke haben wir über 6 Bände zu erwarten.
Was zu dessen Gegenstande gehört, wird
nach 4 Epochen vorgetragen werden; nehmlich von der Empfängniß bis auf die Geburt,
von da bis auf die Entwöhnung, von da bis
anfs 7te Jahr, und von diesem Alter bis auf
das mannbare. In dem gegenwärtigen Band
ist nur der erste Zeitraum abgehandelt worden, doch ohne Practische davon, welches hinkünftig folgen wird.

8.

Differtatio epiftolaris, ſiſtens *operationes
aliquot quibus cataractam extraxit*, ad ill.
D.

D. Georgivm Gottlob Richter, Confil. aul. Arch. et Prof. med. prim. auctore D. Avgusto Gottlob Richter Med. Prof. Gottingae 1768. 18 Seiten in 4. Es ist genug, daß wir diese kleine Schrift, der Aufschrift nach, anzeigen, da der Herr W. die beyden Beyspiele eines glücklich operirten Staars, wie auch die allgemeinen Bemerkungen über das Staarstechen in dem ersten Heft seiner *Obseruationum chirurgicarum* wieder aufgenommen und weiter ausgeführt hat, von welchem lettern wir ein anderes mahl reden werden.

9.

Christian Rickmann, D. der Arzneyw. öffentlicher Lehrer derf. bey der Akademie zu Jena, Mitgl. der Römischkayf. Akad. der Naturforscher, von der Unwahrheit des Versehens und der Hervorbringung der Muttermahle durch die Einbildungskraft. Jena, verlegts Christ. Fr. Gollner 1770. 152 Seiten in 8. Die Zuschrift an das schöne Geschlecht, zeigt, daß Hr. R. dieses besonders hat unterrichten wollen. Seine Gründe wider die Wirkung der Einbildungskraft sind auch nach ihren Einsichten gewählt; und da er dabey die Gabe hat, sich verständlich und angenehm auszudrücken: so ist es nicht zu zweifeln, daß er manche Frauenspersonen von einer Furcht befreyen wird, welche, als ein heftiger Affect betrachtet, doch immer auf

P 4 Die

die Gesundheit der Mutter und des Kindes
schädlichen Einfluß hat, und bedauernswür-
dig noch heut zu Tage von einigen Aerzten
unterhalten wird.

10.

Kort Begrep af *Grunderne til Pharma-
cien* at nyttja vid enskylte Föreläsningar, ut-
gifvit af ANDERS JAHAN RETZIUS, Ph.
Mag. Chemiae och Hist. Natur. Doc. vid
Lunds. Academie. Stockholm, tryckt, hos
Direct. Lars Salvius 1769. 48 Seit. in gr.
8. Es enthalten diese Bögen die ersten Zü-
ge zu einer gründlichen und mit Ordnung
vorgetragenen Pharmacie, die bey ihrer Kürze doch keinen Hauptumstand auslassen. Wir
wünschten dieselben etwas weitläuftiger von
dem Herrn B. oder einem andern Gelehrten
ausgeführt, damit man sie noch bequemer zu den
Vorlesungen gebrauchen könnte. Denn
daß die Pharmacie nicht blos den Apothekern, sondern auch den Aerzten unumgänglich nöthig sey, und daß es uns bisher an
einem tüchtigen Handbuch in diesem Fache
fehle, brauchen wir kaum zu erweisen. In
dem ersten Abschnitt handelt Herr R. von
der Pharmacie überhaupt, den Werkzeugen,
den Characteren, den Gewichten und Maa-
sen; in dem zweyten von den pharmaceuti-
schen Operationen; in dem dritten von
den Präparaten, woselbst auch das Ein-
sammlen, Trocknen, Verwahren u. s. w.

der

der einfachen Mittel abgehandelt, und
von jeder Art der zubereiteten Mittel Bey=
spiele angegeben werden.

II.

HENRICI JOA. NEPOM. CRANTZ,
S. C. A. Maieſtatis Conſiliarii, inſtitutionum med. et Mat. med. Vindobonenſis P.
P. O. etc. *ſtirpium auſtriaçarum. Pars I. II.*
continentes Faſciculos VI. impenſis Jo.
Pauli Kraus 1769. 2 Alph. 20 Bogen in
4. Die erſtern 3 Hefte dieſes Werks ſind als
eine neue Ausgabe anzuſehen, die übrigen 3
erſcheinen hier zum erſten mahl. Sie ent=
halten eben ſo viele natürliche Pflanzenclaſ=
ſen; nehmlich Anti-ſcorbuticae; Multi-ſta-
mina; Vmbelliferae; Ringentes; Papilio-
naceae; Orchides. Ueberhaupt haben ſie
viel eigenes. Denn nach den Theilen, die
Hr. Cr. zum Grunde der Aehnlichkeiten ge=
legt hat, werden manche ſonſt vereinigte Gat=
tungen getrennt, und in andere Geſchlechter
gebracht, wodurch, wie es ſich von ſelbſt ver=
ſteht, auch die Namen beträchtlich geändert
worden ſind. Jeder Claſſe wird eine
Einleitung in dieſelbe, und jedem Ge=
ſchlecht der Character deſſelben vorgeſezt.
Neue, oder einer genauern Kenntniß bedürfti=
ge Pflanzen, werden ausführlicher beſchrie=
ben, oder durch kürzere Anmerkungen er=
läutert.

läutert. Seine Unzufriedenheit mit dem
Herrn v. Linne' bezeugt er mit einer gar zu leb=
haften Heftigkeit, und zu wünschen wäre es
gewesen, daß er unter den zahlreichen Cita=
ten, die Schriften des Ritters noch öfter
angeführt hätte. Die Classe der Multi-Sta-
minum hält sehr viele verschiedene Pflanzen
in sich, nehmlich die Linne'ischen Icosandri=
sten, Polyandristen, und die Malvenarten,
(Columniferae.)

XII.

Medicinische Neuigkeiten.

Stockholm. Der Fortgang der Inocu=
lation der Pocken hat durch den glück=
lichen Erfolg, den sie bey Hofe an dem
Kronprinzen und der Kronprinzeßin, den
beyden Erbprinzen und der Erbprinzeßin,
im Frühling 1769 gehabt, die glücklichsten
Aussichten erhalten. Eine Unpäßlichkeit nö=
thigte dieselbe etwas später an dem Prinzen
Carl, als an den andern hohen Personen zu
verrichten; sie ist aber bey Ihm eben so glück=
lich ausgefallen. Die Aerzte, welche diesel=
be unternommen, sind der Hr. Ritter von
Rosenstein, der Hr. Arch. Petersen, der
Herr

Herr Prof. Schulz, und der Leibmedicus des Kronpinzen, Hr. Dahlberg. Sie sind insgesamt dafür beträchtlich beschenket, die Herren Petersen und Schulz aber ausser dem geadelt worden, so daß ersterer sich hinkünftig Petersen von Heidenstam, lezterer von Schulzenheim nennen wird. Besondere bey dieser Distinction vorfallende Umstände erheben dieselbe um so viel mehr.

London. Der berühmte Electricitätsforscher, Hr. Benjamin Franklin, ist in seiner Abwesenheit zum Präses der Philippschen Societät in Pensylvanien ernannt worden.

Halle. Die durch Herrn Büchners Tod erledigte Stelle in der Physik, ist dem Hrn. Prof. Joh. Peter Eberhard, übertragen worden. Ingleichen ist der Herr Prof. Niezky zum Ordinario, und der Hr. D. Goldhagen zum extraord. Prof. ernennt worden.

Strasburg. Die hiesige Universität und Stadt trauret über ihren berühmten Geburtshelfer, Herrn Jo. Jacob Fried, der zu Anfang des Septembers 1769 im 80sten Jahr verschied. Seine Stelle ist dem bisherigen zweyten Arzt der Entbindungskunde hieselbst, Hrn D. Weigen zu Theil worden, und diejenige des leztern, dem Sohn des sel. Fried, Hrn. Georg Albrecht Fried.

Nürn-

Nürnberg. Ueber die Kayserliche Akademie der Naturforscher ist Hr. Fridr. Jakob Bayer, Decanus des Nürnberger Collegii medici, und erster Physicus, zum Präses, Hr. Christ. Andr. Cothenius, Preußischer Geheimerrath und Leibmedicus aber, zum Director, ernannt worden.

Copenhagen. Die botanische Profeßion, und der dazu gehörige Garten, wozu die Cammer bisher die Kosten gegeben, sind auf hohe Veranstaltung eingegangen. Der dem Hafen nahe liegende Platz, ist zu einem andern Gebrauch eingeräumet worden, das Lehramt selbst aber wird hinkünftig mit der Universität in Verbindung stehen. Der Herr Prof. Oeder, der dasselbe bisher mit allgemeinem Ruhm bekleidet, welches Zeugniß ihm auch in den vortheilhaftesten Ausdrücken eine königliche Resolution bey dessen Abschiede ertheilet, ist nachher mit Erhöhung seines Gehalts Finanzrath geworden, und wird dabey die angefangene Dänische Flora fortsezen. Gegenwärtig dirigirt er auch als Königl. Commissarius die Inoculation der Rindviehseuche. Die Versuche hiemit werden im Grossen angestellt. Er hat mit 48 Stück den Anfang gemacht, und von 4 zu 4 Wochen erhält er, so lange Zeit und Witterung es erlauben, eine neue Lieferung von 40 Stück. Die Versuche geschehen

hen auf einer kleinen Insel, Namens Annoe 10 bis 11 Meilen von Copenhagen.

Stockholm. Die Akademie der Wissenschaften hatte einen Preis auf die Frage, wie sich der Friesel, so wohl bey Kindbetterinnen als andern, am besten verhüten und heilen lasse, ausgesezt. Hierauf sind 5 Antworten eingelaufen, unter denen derjenigen von dem Hrn. Prof. von Schulzenheim der Vorzug zuerkannt worden. Der Herr V. hatte in dem beygelegten versiegelten Zettel, worin seine Devise gestanden, seinen Namen mit Fleiß verschwiegen, weil er, als Mitglied der Akademie, sich nicht um den Preis bewerben konnte. Seine Abhandlung ist nachher gedruckt worden, wovon wir den Inhalt nächstens mittheilen wollen.

Ebendaselbst. Den 4. April 1770. gieng der Kön. Archiater und Stadtphysicus in Stockholm, Hr. D. Jonas Böckmann, der ehedem Prof. med. in Greifswald gewesen, im 55. Jahr seines Alters mit Tode ab.

Leipzig. Hieselbst, und nicht zu Wittenberg, wie S. 156. unrecht angezeigt worden, ist Hr. Ernst Platner, ausserordentlicher Professor der Medicin geworden.

Berlin.

Berlin. Von dem hiesigen Collegio medico-chirurgico hat Herr Joach. Fridr. Henkel die ordentliche Profeßion in der Chirurgie zu Ende des vorigen Jahrs erhalten.

Den 24. Julii dieses Jahrs, starb aber der erste Professor der Chirurgie hieselbst, Herr Simon Pallas, im 76sten Jahr seines Alters.

Erlangen. Herr J. Christ. Dan. Schreber ist zum ord. Prof. in der Medicin, Oekonomie und den Cameralwissenschaften mit beygefügtem Character eines Hofraths, und Herr Phil. Ludw. Müller zum ord. Professor in der Naturgeschichte ernannt worden.

Leipzig. Den 18 May starb der Professor der Physik, Hr. Joh. Heinrich Winkler.

D. Rudolph Augustin Vogels

Königl. Großbrit. und Churf. Braunschw. Lüneb. Leibme-
dici, der Arzneywissenschaft öffentlichen Lehrers auf der
Georg Augustus Universität zu Göttingen und der Kays.
Acad. der Naturf. der Königl. Göttingischen Societät der
Wissensch. wie auch der Königl. Schweb. und
Churf. Maynz. Acad. d. Wiss. Mitglieds.

Neue

Medicinische

Bibliothek.

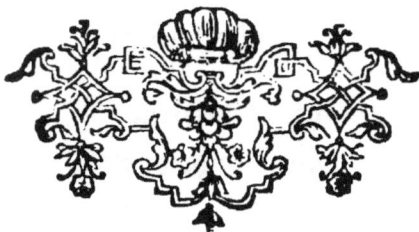

Des achten Bandes viertes Stück.

Göttingen
verlegts Abram Vandenhöks Wittwe.
1771.

Inhalt.

I.

Kongl. Vetenskaps Academiens Handlingar, *Stockholm, tryckte hos Directeuren* Lars Salvius, pa des egen koftnad. Ar 1767. Vol. XXVIII. 1 Alphabet gr. 8.

In mehrern Theilen der Abhandlungen der Schwed. Akademie der Wiſſ. finden ſich genaue Bemerkungen von der phyſikaliſchen und ökonomiſchen Beſchaffenheit einzelner Provinzen und landſtriche; die überhaupt zur nähern Kenntniß eines landes und zur Vergleichung mit andern äuſſerſt wichtig ſind. Die Akademie hat gleich pag. 1. zu Anfang dieſes Theils einen Auszug aus den von verſchiedenen Männern über Jämtland eingeſchickten Nachrichten abdrucken laſſen. Das land hat eine Polhöhe von 62½ bis 64 Gr. und iſt alſo eines der nördlichſten. Das Eiß zerſchmilzt in der dortigen

VIII.B. 4. St.   Q   gen

gen großen See einen ganzen Monat später als im Mäler bey Stockholm. Die Mittelzeit zur Aussaat des Frühlingsgetraides ist der 10. May, sogleich nachdem der Schnee geschmolzen ist. Die Erndte fällt aber den 25. August ein. Es hat also 15 Wochen zum Reifwerden nöthig gehabt. Ein zeitigers Reifwerden ist weniger vortheilhaft. Das Land hält über 20,600 Einwohner. Der Miswachs ereignet sich weniger oft, als man von einem so kalten Lande vermuthen sollte. Denn unter 24 sind nur 4 schlechte Jahre gewesen.

p. 20. Hr. Hermelin theilt Beobachtungen und Versuche über Skaraborgs Mineralgeschichte mit.

34. Die Grubbia rosmarini folia, die auch hier abgezeichnet steht, ist eine Capische Staude, die Hr. Prof. Bergius dem Director der Ostindischen Compagnie, Hrn. Grubb (*) zu Ehren so genannt hat. Die Blüthen haben 8 Staubfäden und 1 Staubweg, sind wollicht, und sitzen deren mehrentheils 3 innerhalb einem gemeinschaftlichen zweyblättrichten Blumenkelch. Herrmann hat sie doch schon unter dem Namen Chamælæa africana, rorismarini foliis rarioribus,

(*) Man sehe Neue med. Biblioth. B. 7. S. 254.

rioribus, floribus ex foliorum alis erum-
pentibus, angemerkt.

Hr. Kalm hat sich vorgesetzt, die Eigenschaften und den Nutzen der Nordamerikani-
schen Bäume, die ihm vorgekommen, ausführlich zu beschreiben; woben er doch den botanischen Character nicht weiter als nach dem
Hrn. v. Linné nebst einigen Synonymen,
angeben will. Er macht mit dem schwarzen Wallnußbaum (Iuglans nigra) den Anfang. Der Name bezieht sich auf die dunkle oder braune Farbe des Holzes. Er hat
die Unart andere nebenstehende Bäume und
Gewächse auszurotten; welches theils von
dessen Ausdünstungen, theils von den sich
weit ausbreitenden Wurzeln, die andern
Pflanzen die Nahrung entziehen, herzukommen scheint. Der Thau oder Regen, der
von diesem Baume auf Leinwand niederfällt,
verursacht an dieser Flecken. Er wächset
sehr geschwind, und macht dicke Saftringe.
In den Adern des Holzes entdeckt man bisweilen feine Sandkörner. Das Holz wird
wegen der Maserfarbe zur Tischlerarbeit
sehr geschätzt. Die Nüsse sind wohlschmek-
kend. Noch heut zu Tage machen sich die
Indianer eine Milch davon. Auch wird
ein Oehl daraus gepreßt. Die Rinde des
Baums, besonders aber die äussere schwarze
und weiche Schale der Nüsse giebt eine brau-

p. 51.

Q 2   ne

ne Farbe. Der Baum hält den Finnischen
Winter gut aus.

p. 64. Hr. Schröder von Verbesserung der
Stubenöfen zur Ersparung des Holzes.

67. Wie viel Silber das Salabergwerk von
dem J. 1400 an bis 1764. jährlich abge-
worfen, verzeichnet Hr. Hülphers. Es ist
ehedem eine Schatzkammer von Schweden
gewesen, giebt aber doch noch jährlich einige 1000 Tonnen Erz, welche ausser einer
Menge Bley einige 100 löthige Mark Silber enthalten. In 216 Jahren hat man
1, 131, 006 Mark gewonnen; vom J. 1751
bis 1764 besonders 1139 Mark.

73. Hr. Bergmann giebt Vorschläge zur
Verbesserung der Alaunläuterung. Es
kömmt darauf an, daß man der Lauge ein
Mittel zumischt, welches das fettige Wesen
in sich zieht, die überflüßige Säure bricht,
und den Eisenvitriol trennet (*). Dies alles erreicht er durch den Zusatz von reiner
Thonerde, wozu er sich im Kleinen der Cöll-
nischen bedient hat.

80. In einer Anmerkung darzu billigt Hr.
Faggot den Vorschlag, besorgt aber, daß
sich

(*) Man sehe Neue med. Biblioth. B. 7. S.
498.

sich dieses nicht durch Schwedische Thonerden bewirken lasse, welche nicht alkalisch sind, sondern beydes Säure und Eisen enthalten. Auch Hr. v. Swab giebt Hr. W. Beyfall, und bringt danebst einige Nachrichten von dem Schwedischen Alaun bey. Dieser, nur derjenige zu Garphytta ausgenommen, führt viel Eisenvitriol bey sich.

Mehrere Abhandlungen betreffen den so p. 89 genannten Sonnenrauch, der vermuthlich mit dem Brouillard sec des dü Hamel einerley ist. Des H. Ritter Wargentin seine ist die erste. Diese Art Nebel, die aber keinen Geruch hat, hat im J. 1766. einen Theil des Sommers sich über ganz Schweden, über Norwegen, die Ostsee bis an die Pommersche und Preußische Küste, erstreckt; und ist so weit man zurückdenken kan, niemals so allgemein, langwierig und dick gewesen. Man erfuhr zwar nachgehends, daß große Wälder in Finnland und Ostbothnien in Brand gerathen: doch scheint es noch, als hienge er von andern noch unbekannten Ursachen ab. Hr. Gadolin schreibt diesen Nebel ohne Einschränkung dem Brande zu, Hr. Gißler läßt aber auch andere Ursachen gelten.

Der Norwegische Bischof Gunnerus 114 beschreibt einige in Norwegen gefundene Meer-

Q 3

Meerwürmer, die Holuthuria frondosa, tremula und die Actinia senilis.

p. 134. Der Raphanus sativus gongylodes ist eine von den neuen Kräuterkennern nicht angezeichnete Abart des Rettichs, die sich dadurch kenntlich macht, daß die Wurzel sich über der Erde, so wie die Kohlrabi, ausdehnt. Der Hr. Bancocommiss. Bergius erhielt den Samen davon unter dem öhltragenden Rettich aus China. Theophrast hat ihn schon unter dem Namen des corinthischen Rettichs gekannt. Was Plinius von ihm meldet, scheint er ersterem abgeschrieben zu haben.

134. Hr. Gadd handelt von den zur gelben Farbe dienlichen Stoffen. Er beurtheilet nach eigenen Versuchen die bisher bekannten und schlägt einige neue vor. Besonders empfiehlt er die Canadische Solidago, die er der Wau gleich schätzt.

145. Dem Hrn Odhelius ist wieder ein Fall eines Augensterns vorgekommen, der sich bey dem Verlust des rechten allmählich erzeugt hat. Ein Bauer zog sich durch eine übelgeheilte Augenentzündung einen Flecken an beyden Augen zu, wodurch er das Gesicht ganz und gar verlor. Nachher entstund an dem obern Segment der Iris eine unförmliche Oeffnung, wodurch die Lichtstrahlen

len einfallen konnten.   Hr. O. hoft hieraus, daß sich wohl mit Nutzen verschiedentlich bey einer Blindheit vermittelst der
Staarnadel eine neue Oeffnung durch die
Iris machen ließe.   In Anmerkungen dar-   p. 147.
über besorgt nur Hr. Acrel, daß eine solche Oeffnung sich leicht schließen möchte, und
bestimmt die Umstände, unter denen ein
widernatürlicher Augenstern entstehen kann.

Die ökonomische Beschreibung über ein   148.
Paar Kirchspiele im Calmarischen Gebiete,   180.
Halltorp und Voxtorp, von Hrn Modeer,   260.
übergehen wir, weil sie zu speciell ist, obgleich manches sich nicht von dem Plan unserer Bibliothek entfernet.

In dem Leichnam eines 60 jährigen Man-   163.
nes von Stande fand der Hr. Prof. Martin die Oeffnung von der linken Herzkam-
mer bis zur großen Pulsader rings herum
knorplicht, die Klappen derselben aber knö-
chern und unförmig.   Der Todte hatte über
Schmerzen und Beklemmung in der Brust
geklagt.

Der Medicinä Studiosus Hr. Martin   165.
theilt seine an sich selbst nach einer Aderlasse gemachte thermometrische Beobachtungen
mit, woraus erhellet, daß die Wärme abgenommen hat.

Q 4   Hr.

p. 209 Hr. Runeberg handelt von der politi-
schen Vertheilung der Menschen, oder ihrem Unterschied nach den verschiedenen
Ständen; welches eine Fortsetzung seiner
Anmerkungen über die Volknummer und natürliche Stärke des Schwed. Reichs ist.

245.   Die Beschreibung und Abbildung des Fi-
sches Gadus pollachius ist von Hrn Osbeck.

149.   Die Fruchtbarkeit der Menschen bestimmt
der Ritter Wargentin nach den Monaten.
Er legt dabey 13 jährige in Schweden gemachte Beobachtungen zum Grunde. Hieraus ersieht man, daß der September am
reichsten, der Junius aber am ärmsten an
Geburten ist, so gar daß der Unterschied sich
auf den vierten Theil beläuft. Die Ordnung der Monate nach der Fruchtbarkeit ist
folgende: Der September, Merz, Februarius,
und Januarius haben die meisten Kinder;
der December, October, April und November eine mäßige Zahl; der August,
Merz, Junius und Julius aber die geringste gegeben. Um den Grund davon einzusehen, muß man 9 Monate zurückgehen.
Sodann erhellet, daß der alles belebende
Frühling und der Anfang des Sommers,
auch auf den Zeugungstrieb der Menschen
Einfluß habe. Der December ist doch an
Empfängnissen reich, welches aus mehrern
zusam-

zufammenfliessende Urfachen herzuleiten ist.
Im April ereignen sich die mehresten Todes- p. 255
fälle, die wenigsten aber im November,
September und October. In Stockholm
sind diese Berechnungen etwas verschieden.
Hr. W. verzeichnet auch die Monate worin die meisten Heyrathen vollzogen werden.

Hr. Prof. v. Schulzenheim stattet von 257.
einer Frau, die 9 Jahre lang ihre Frucht
bey sich getragen, Bericht ab. Sie hatte
schon vorher 10 Kinder gebohren. Die
Wehen kamen zur rechten Zeit, aber es
giengen ihr damahls nichts als mit Blut
vermischte Feuchtigkeiten ab. Endlich er-
öfnete sich, nach dem bestimmten Zeitraum,
der Muttermund durch Hülfe öhlichter Ein-
sprüzungen, da man denn die Frucht mit
Werkzeugen stückweis heraus zog. Der H.
W. bringt einige andere Beyspiele verspäte-
ter Geburten von der Art bey.

Die herausgenommenen Knochen be- 265.
schreibt der Hr. Prof. Martin und bildet
sie ab, obgleich deren viele von Fäulniß angegriffen waren.

Hr. Arch. Schüzer gedenkt zweyer 302.
Frauenspersonen, bey denen der Muttermund verwachsen gewesen. Es gelung ihm
aber die Eröfnung vermittelst des Schnittes.

Q 5   Be-

P. 315.   Beobachtungen von dem Verhalten des Magneten in Bergwerken von Hrn. Baron Hermelin nebſt Anmerkungen darzu von Hrn. Wilke.

320.   Zu Malmö herrſchete ein dem Wechſel-fieber nicht unähnliches Fleckfieber, welches der Adjunct der Medicin Hr. Acrel beſchrieben. Die China und Aberlaſſe ſchickten ſich nicht und Zugpflaſter und Senfteige waren unwirkſam.   Durch die verſüßten Mineraliſchen Säuren aber, und vorzüglich durch den Vitriolgeiſt und herzſtärkende Mittel, erreichte man die Abſicht.

326.   Gleich darauf ſchildert Hr. Prof. Bergius dasjenige Fleckfieber, das 1766 im Winter in Stockholm ſich einfand. Das Fieber war würklich anſteckend, ſo gar daß ein Frauenzimmer, das nach Upſal reiſete, ihren dortigen Arzt anſteckte, der auch daran ſtarb.   Bey einigen waren die Flecken gröſſer, und bey dieſen legte ſich auch allmählich das Fieber und die Zufälle, ſo wie die Flecken verſchwanden, und die Haut ſchuppete ſich ab. Bey andern waren die Flecken ſo klein, daß nur die Haut wie unrein ausſahe, und bey dieſen ſchuppete ſich dieſelbe auch nicht ab.   Mit dem Ausbruch vermehrten ſich alle Zufälle.   Die Cur beſtund vorzüglich in fleißiger Abführung und durch dieſe verhütete man auch das Fieber im Anfang.

fang. Man erſieht ſchon aus den Vorhergehenden, daß Hr. B. die Petechien nicht
für critiſch hält. Nebſt den Abführungen
bediente er ſich des Vitriolgeiſtes, ſäuerlicher
Getränke, und bey eingetretenem Jameln
und geſunkenem Puls, der ſpaniſchen Fliegen.

Von Hrn. Ekeberg erhält man von der p. 233
Preſſe womit die Chineſer ihr Oehl aus dem
Oehlſamen preſſen, Nachricht.

* * *

Ar 1768. Vol. XXIX.

Wir nehmen, um auf die neueſten Theile
deſto eher zu kommen, das Jahr 1768 ſogleich mit.

Hr. Wilke ſetzt ſeine im J. 1766. ange-   3.
fangene Geſchichte des Tourmalins, nebſt   98.
eigenen Verſuchen hiervon, in 2 Abſä-
zen fort.

Die Braſilianiſche Maus, Aguti, wird   16.
von dem Ritter v. Linné beſchrieben.

Hr. Tiburtius findet groſſe Unbequem-   30.
lichkeit die Fiſche durch ihren Laich in fremde Waſſer zu verpflanzen. Er hat daher
die Fiſche im Winter, als zu welcher Zeit
ihr Leben am zäheſten iſt, in Waſſerkübert
nach dem beſtimmten Waſſer gebracht. Da
ſie

sie zu der Zeit schon den Laich für den künftigen Frühling enthalten, so kann man auf diese Weise eine geschwinde Vermehrung hoffen.

p. 55. Hr. Quist, macht seine chemischen und hydraulischen Versuche mit kieselartigen Steinen, besonders den härtern so genannten Edelsteinen, bekannt.

76. In Lulea Lappland und zwar dem Kirchspiel Quickjock und Jockmock, davon ersteres 67 Gr. 20 Min. zur Polhöhe hat, geschieht nach der Mittelzahl den 23 May die Aussaat des Getraides, und den 24 August die Erndte, also nach drey Monaten. Selbst an dem Fuß der Alpen, kömmt das Getraide so ziemlich zur Reife. Auch ist das daselbst eingeerndtete Getraide zur Aussaat dienlich, und hält besser die Witterung aus, als dasjenige, das man aus südlichern Provinzen geholt hat. Das Eis in den Seen wird bisweilen 4 Fuß tief, sonst nur 2. Kleine Seen frieren schon um Michael zu. Durch Stöcke, die man daselbst unter blossem Himmel anzündet, wird nahe bey dem Feuer ein Regen, weiter weg aber ein wahrer Schnee erweckt. Im December ist nur eine einzige Stunde des Tages so helle, daß man ein Buch lesen kan. Diese Nachrichten sind von einem Geistlichen Hr. Hollsten.

Hr. Adolph Murray hat einige Ver- p. 85.
ſchiedenheiten, in der Theilung der groſſen
Pulsaderſtämme nahe an dem Herzen, entdeckt. Um die Abweichung deſto beſſer einzuſehen, war es nöthig die gewöhnliche Theilung
zuvörderſt zu wiederholen. Aus dem Bogen
der Aorta entſprang zuerſt die rechte Carotis
und hernach die linke Carotis und linke Subclavia. Nach dem die Aorta ſich ſchon unterwärts begeben, (Aorta deſcendens) entſtund
erſt die rechte Subclavia an dem 4ten Rücken-
wirbel, und nur ein Zoll davon befand ſich unter dem Schlüſſelbein ehe ſie den Muſculus
Scalenus durchbohrete, da ſie doch ſonſt zu 4
Zoll bloß liegt. Sie warf nur zwey inter-
coſtales inferiores, zur linken Seite, eine
ceruicalis, die ſich in 2 Aeſte zertheilte, die
intercoſtalis ſuperior, und die thyroides in-
ferior von ſich. Die axillaris gab, nachdem ſie 8 linien durchgekommen, die mam-
maria interna von ſich. Die vertebralis,
entſtund an der hintern Seite der Carotis,
und trat erſt durch den vierten Halswirbel
ein; Hr. M. zieht hieraus einige Schlüſſe,
und vergleicht damit andere Beobachtungen
der Schriftſteller von ähnlichen Abweichungen. An dem Körper war auch wirklich
der rechte Arm kleiner und mit zärtern Mu-
ſkeln verſehen. Auf dem Stockholmiſchen
anatomiſchen Theater, dem Hr. Martin
vorſteht, iſt noch eine andere der vorigen
nicht

nicht gar unähnliche Abweichung bemerkt
worden, die hier nur kurz erwähnt wird.

P. 93.   Ein Geiſtlicher Hr. Hiortberg hat der
Akademie der Wiſſ. ſein Tagbuch über den
Erfolg ſeiner electriſchen Verſuche in verſchiedenen Krankheiten eingeſchickt, wovon
hier ein Auszug geliefert wird. Die Krankheiten waren das Kopfwehe des halben Kopfs,
Schmerzen im Zapfen, Zahnſchmerzen,
Stiche in der Bruſt, rheumatiſche Zufälle
periodiſche Schmerzen der Beine, wovon der
Hr. B. ſelbſt geplagt geweſen, hartnäckige
Schmerzen der Knochen, Hemiplegie und
Taubheit. Ehe man electriſirt hat, iſt der
kranke Theil durch eine Sprütze in der Entfernung von 10 bis 12 Ellen mit dem kalte-
ſten Waſſer beſprützet worden, oder es ſind
vorher in kaltes Waſſer getunkte Servietten
umgeſchlagen worden.

125.   In Smaland iſt eine Thonart, die Hr.
Gadd nach vielen unternommenen Verſuchen zur Läuterung des Schwediſchen Alauns
empfiehlet. Sie iſt unter den Schwediſchen
Thonarten am meiſten von Eiſen, Salzen
und andern Zumiſchungen rein. Giebt mit
Vitriolgeiſt Alaun und ſchlägt die Eiſenerde
aus dem Alaun zu Boden. Er beſchreibt ſie
durch Argilla lactea leptuminoſa farinacea
ſiticuloſa, tenera, maculans.

                                            Von

Von Hrn. Prof. Martin lieſet man Be. p. 134.
werkungen an einer im 5ten Monat ihrer
Schwangerſchaft verſtorbenen Frauensper.
ſon. Hr. Ad. Murray hatte den Körper
zu angiologiſchen Unterſuchungen eingeſprützt.
Wider Vermuthen war das Wachs bis zur
Gebährmutter hingedrungen. Als der Hr.
Prof. dieſe hinten durchſchnitt, fand er die
Pulsaderäſte ganz bis auf den Mutterkuchen
mit Wachs angefüllt. Er folgert daraus
auf einen unmittelbaren Umlauf zwiſchen der
Frucht und der Gebährmutter. Der Kopf
des Kindes war unterwärts gekehrt, wel.
ches ein neuer Beweis wider den faſt durch.
gängig angenommen Umſturz des Kindes iſt.
Hr. M. beſchreibt noch ferner die übrige La.
ge deſſelben genau.

Von dem Südamerikaniſchen Thier, Vi-   140.
verra Narica giebt Hr v. Linné eine aus.
führliche Beſchreibung.

Kürzer beſchreibt er die Simia Oedipus, die   156.
nicht gröſſer als eine Raze iſt.

Der in Indien ſo ſchädliche Gordius me-   147.
dinenſis iſt zu Gothenburg lebendig gefun.
den. Er iſt in dem Cabinet des Königs,
und beträgt eine halbe Elle. Auch vom
Hrn. v. L.

Hr.

Hr. de Geer hat an einem Staphylin wie auch einer Leptura eine Menge Milben entdeckt, die vermittelst kleiner an dem hintersten Theil austretender Fäden, theils mit jenen Insecten, theils unter sich, wie eine Kette, verbunden waren. Sie konnten sich doch allmählig davon los machen.

p. 184. Durch Hülfe des Thermometers beweiset Hr. Rolandson Martin, daß der Schlaf den Körper abkühle. Er hat das Wärmemaas an mehrere Theile angesetzt. Alle diese zusammen genommen hatten bey einem 28 jährigen Mann, wie er aufwachte, einen Verlust von 5 Graden Wärme erlitten. Diese Abnahme der Wärme gilt doch nur von den äussern Theilen. Ein unruhiger Schlaf vermehrt aber die Wärme.

188. Die Chineser brüten die Enteneyer in einer Art Ofen aus, deren Einrichtung Hr. Ekeberg beschreibt.

193. Ueber die Neigung der Magnetnadel in verschiedenen Ländern hat Hr. Wilke eine Charte verfertigt.

229. An einer Zwergin, an der das Beken zu eng war, verrichtete Hr. Schützer den Kayserschnitt. Der Blutfluß war nicht stärker als bey einer natürlichen glücklichen Ent-

Entbindung. Zwischen ben 3ten und 4ten Tage fand sich das Eyterungsfieber ein, die Milch schoß an, und alles schien gut abzulaufen. Durch eine Erkältung und den Misbrauch des zur Stärkung erlaubten Weins, zog sich aber die Kindbetterin einen heftigen Durchfall zu, und sie starb den Morgen darauf. Bey der Eröfnung fand man nicht einmal einen Tropfen Blut in der Bauchhöle. Die Gebährmutter hatte sich, bis zu einer kleinen Faust zusammengezogen, und die Wunde war fast zugeheilet; nur der Rand sahe etwas schwärzlich aus, welches doch bey allen Wunden, über die man wegstirbt, statt findet. Sonst war kein Fehler merklich, dem man den Todesfall zuschreiben konnte. Dieser Erzählung hängt der Hr. B. noch Nachrichten von dem Ursprung des Kayserschnitts, und den glücklichen Erfolg, den er an mehrern Orten gehabt hat, an.

Unter dem Namen Bidens acmelloides p. 245. beschreibt Hr. Prof. Bergius diejenige Pflanze, die Hr. v. L. Spilanthus oleracea nennt. Nach Hr. B. Bemerkung hat die Blumenstütze (Receptaculum) Schuppen, und der Samen Grannen, aus welchen Gründen er eine Bidens daraus macht. Sie ist auch abgebildet.

p.250.   Hr Knutberg bemerkt, daß die Herbſt-ſaat größtentheils verbirbt, wenn eine Menge Schnee fällt, ehe der Acker gefroren, und giebt Mittel an, dieſes Unheil abzuwenden.

265.   Das Sandrohr (Arundo arenaria) und den Sandhaber (Elymus arenarius) hält Hr. Montin zur Bezwingung des Flugſandes weder hinlänglich, noch zur Fütterung des Viehes nützlich genug. Um alſo beſſere Gewächſe zum Anbau vorzuſchlagen, verzeichnet er nach ſeinen eigenen Beobachtungen und nach Linneiſchen alle diejenigen, die in einem ſandigten Erdreich wachſen. Die Natur befeſtigt dieſen Sand erſt durch niedrige Gewächſe, hernach durch Stauden, und zuletzt durch Bäume. Dieſer Ordnung ráth er der Kunſt an zu folgen, und hoft dadurch die öden Plätze mit der Zeit in ergiebige Waldungen zu verwandeln. Selbſt die Eller kömmt daſelbſt gut fort. Des Hrn V. Beobachtungen gehen beſonders auf Halland.

273.   Dem Hrn. Haartman hat der in Brandwein aufgelößte Sublimat in der Liebesſeuche nur bey ſolchen ſich wirkſam erwieſen, welche dieſelbe im geringen Grad gehabt haben. Denn bey andern iſt das

Uebel

Uebel einige Zeit nachher wieder ausgebro⸗
chen, und noch andere haben ſich die Milz⸗
ſucht und andere Krankheiten dadurch zugezo⸗
gen; daher Hr. H. durch die Schmiercur, aber
ohne Speichelfluß, zu Hülfe kommen müſ⸗
ſen. Aber ſelbſt dieſe iſt bisweilen nicht
kräftig genug geweſen, wenn nemlich ein
trockener Ausſchlag oder Erhärtungen in
entfernten Gegenden ſich eingeſtellet hatten.
In den Fällen hat er Pillen, die den Edin⸗
burgiſchen Aethioppillen am nächſten kom⸗
men, beſonders dienlich gefunden.

Zur Geſchichte des Bibers liefert Hr. p. 281.
Hollſten einige Beyträge.

Anmerkungen über die Schichten, wor⸗ 324.
aus die Berge in Weſtgothland beſtehen,
von Hrn. Bergmann.

Bey der Plantago uniflora hat Hr. Pro⸗ 337.
feſſor Bergius die Bemerkung des Hrn.
Bernhard de Juſſieu (*Memoires de
l'Academ. de Sc. de Paris* 1742. S. 131.)
bewährt gefunden, daß dieſe Pflanze
theils männliche theils weibliche Blüthen be⸗
ſitzt, deren jene an ihren Stielen, dieſe in
den Winkeln der Blätter befindlich ſind;
worauf andere Botaniſten doch nicht geach⸗
tet haben. Dieſer Unterſcheid veranlaßt
aber Hrn. B. das Gewächs zu den Mono⸗

R 2 ciſten

cisten mit 4 Staubfäden zu versetzen, und es Littorella iuncea zu nennen. Die Beschreibung darüber erstreckt sich auf alle Theile.

p. 344 Hr. Herrenquist hat aus Lion, woselbst er sich wegen der Vieharzneykunst aufgehalten, von einer Pferdekrankheit, Farcin, berichtet. Es ist dies ein chronisches Uebel, das sich durch große harte Knoten an dem Körper unter der Haut nahe an den Adern zu erkennen giebt. Diese Knoten kommen spät zur Eyterung, und der Eyter ist sehr fressend, wodurch feuchte und stinkende dem Krebs nicht unähnliche Geschwüre entstehen. Allmählich erfolgt darauf eine Auszehrung und zuletzt der Tod. Der Hr. W. hat einen davon angegriffenen Maulesel durch Abführungen mit der Spiesglasleber und durch den Steinmohr innerlich gebraucht, und durch eine Salbe von Terebinthin, dem Gelben von Ey und Ruß äuserlich aufgestrichen, geheilet.

350. Eines Geistlichen Hrn Hiortberg Beschreibung einer Guaperva oder Lophius Histrio, L. folgt darauf nebst der Abbildung.

353. Hr. Gißler erzählt die guten Wirkungen, die das Calomel in Fistelschäden, in Zuckungen und der fliegenden Gicht, in fliessen-

fliessenden und angefressenen Augen mit
Verdunkelung der Hornhaut, zu Anfang
des grauen Staars, in alten Ohrenflüssen,
und Schwerhörigkeit, in Erhärtungen und
Schwärungen der Mandeln, bey Geschwüren des Halses, in der Englischen Krankheit, bey den Kröpfen und Geschwüren aller Art und in Schmerzen der Glieder, geleistet hat.

Die Ameiseneyer können nach Hr. Ger- p. 373.
des Bemerkung zum Zeichen des bevorste-
henden Regens dienen. Denn diese Eyer
verlieren sich gegen die Zeit und werden jederzeit von den Ameisen nach derjenigen
Seite des Hauses in Schutz gebracht, die
von dem Winde abgekehrt ist. Die Ameisen schwärmen auch nicht, sondern vermehren sich jährlich in dem einmahl in Besitz
genommenen Haufen.

M.

II.

*Observations on the prevailing Di-
seases in Great Britain:* together with a
Review of the History of those of former
Periods, and in other countries. By *John
Millar* M. D. London printed for *T.* Ca-

R 3   . dell

dell, and T. Noteman, in the Strand.
1770. 385 Seiten in 4.

Es thut uns wirklich um den Ruhm, den
Hr. M. sich durch sein Buch von der
Engbrüstigkeit und dem Keichhusten (*) er-
worben, leid, daß er zur Ausgabe dieses
Werks geschritten, dessen Aufschrift uns so
reizend war. Ausser einer kurzen Schilderung der Luft und der Lage des Landes, und
deren Einfluß auf die Gesundheit, finden
wir nichts, was von Britannien besonders
gölte. Die Beschreibungen der Krankheiten sind zu unvollständig für Leute, die
nicht Aerzte sind, und zu wortreich für den
Kenner. Manche ausgelassene Krankheiten würden auch mit eben dem Recht unter
der gewählten Aufschrift stehen, als die ein-
gerückten. Für Unkundige hätten die Arzeneyen zum Theil besser gewählt und genauer
bestimmt werden müssen, denn aus den ins
Englische übersetzten Recepten und der Erklärung der bekanntesten medicinischen
Kunstwörter schliessen wir, daß er jene besonders unterrichten wollen. Oder sollen
diese Anhänge, so wie die langen wörtli-
chen Excerpte aus den Schriftstellern nur
darzu dienen, den Band stärker zu machen?
Letztere

(*) Man sehe Neue med. Biblioth. 8. Band
2. St. S. 79.

letztere finden sich theils an verschiedenen
Oertern des Buchs theils sind deren noch
eine Anzahl ohne Ordnung der Materien
hinten angehängt, welches fast das Ansehen
hat, als wäre anfangs ein Theil der Pa-
piere durch einen Zufall verlegt worden.
Van Helmonts Künste den Archäus zu besänftigen, hätten am allerwenigsten wiederholt zu werden verdient.

Das Werk hat indessen ein gewisses prak-
tisches Gepräge. Es verräth eine Abnei-
gung gegen Hypothesen und subtile Einthei-
lungen der Krankheiten, deren künstliche
Benennungen in der Ausübung nur von
wenigem Nutzen sind, eine Simplicität in
den Vorschriften, und eine Aufmerksamkeit auf sonst geringscheinende Umstände.
Wir zeichnen verschiedene Bemerkungen
aus.

Die Witterung in England ist zwar sehr p. 7.
unbeständig, so daß bisweilen ein einziger
Tag Proben von der Veränderlichkeit im
ganzen Jahr ablegt: gleichwohl schadet sie
ungleich weniger als anderswo, da beydes
die Sommerwärme und Winterkälte mäßig
ist. Was von dem Erfrieren der Glieder
und dem Sonnenstich erzählt wird, stützet
sich blos auf fremde Erzählungen. Die
Fläche des Landes ist abwechselnd und be-

steht

steht aus Hügeln, Thälern, Seen, Morästen, trocknem und feuchtem Boden. Es bringt alle Nothwendigkeit und vieles, was zum Ueberfluß gehöret, hervor. Das Temperament, die Neigungen und Sitten der Einwohner sind nicht in allen Theilen dieser Insel gleich; überhaupt aber herrscht ein gesetztes Wesen, Mäßigkeit und Fleiß. Freylich ist auch hier hin und wieder Verschwendung und Unmäßigkeit besonders in Fleischspeisen und starken Korngetränken eingerissen, so wie an andern Orten der Mangel drückt, welches nothwendig auf die körperliche Beschaffenheit Einfluß haben muß. Sonst aber ist der Britte groß von Statur, stark von Kräften und Gliedern und gesund. Die Unbeständigkeit des Wetters hat keine andre Wirkung auf ihm, als daß er nicht immer gleich aufgeräumt ist, und vielleicht mehr den Nervenzufällen unterworfen ist. Seine Unternehmungen zur Aufrechthaltung der Freyheit zeugen genugsam von Muth und Beharrlichkeit.

Das Werk selbst ist in 3 Theile eingetheilt. In dem ersten sind die Entzündungskrankheiten, nehmlich der Seitenstich und die Lungenentzündung, die Entzündung der Leber und der Gedärme enthalten;

ten; in dem zweyten die fäulichten Fieber,
nebst der Ruhr, in dem dritten, Uebel, die
beydes fäulichter und entzündlicher Natur
sind. Jede Krankheit wird im Ganzen
nebst der Cur beschrieben, und viele derselben werden durch ausführliche Krankengeschichten beleuchtet.

Hr. M. läugnet, daß die Entzündungs- p. 13.
fieber so oft vorkommen, und versichert so
gar, daß es wenige Fieber in England gä-
be, bey welchen die antiphlogistische Curmethode mit Sicherheit gebraucht werden
könnte. Von dem verschiedenen Sitz, den 15.
man der Pleuresie zugeschrieben, urtheilt
der Hr. B., daß er sich nicht durch zuverläßige Kennzeichen bestimmen lasse, noch
daß die Kenntniß davon in der Ausübung
erheblich sey. Er warnet wider die Ver- 18.
wechselung dieses Uebels mit dem Schmerz
von Blähungen im Unterleibe, bey denen
er doch nicht anhaltend ist, und demjenigen,
welchem Hypochondristen unterworfen sind,
und der sich unterwärts ziehet. Das auf
die schmerzhafte Stelle gelegte Zugpflaster
räth er an, 2 Tage lang liegen zu lassen.
Bey dem Ausbleiben des Auswurfs nebst
starker Beklemmung und andern Zufällen
derselben hat er den Antimonialwein sehr
kräftig befunden, zu einem Theelöffel alle

R 5   2 Stun-

2 Stunden. Die erften Dofen haben einen ftarken Schweiß bewirket, die übrigen aber Erbrechen und heftige Abführungen.

38. Ein Geſchwür an der hohlen Fläche der Leber gab feinen Enter nahe beym Rückgrab von fich. Hr. M. konnte bey dem Einftecken des Fingers die Subftanz der Leber deutlich fühlen.

39. Nachdem er kurz von der Entzündung der Gebärme überhaupt gehandelt, ſo eilt er ſo gleich nach dem Jleus hin. Das bittere cathartiſche Salz hat er, ſo wie Sir **Pringle**, zum Purgiren am beſten gefunden. Bley zu verſchlucken ſcheint ihm und zwar mit Recht zu verwegen, aber eben ſo urtheilt er vom Queckſilber.

57. Die fäulichten Fieber, die er ſchlechtweg nachlaſſende nennt, nehmen den größten Theil des Buchs ein. Er geſteht, daß er ſie anfangs unrecht als Entzündungsfieber behandelt. Hingegen fand er ſeine Rechnung bey dem Vitriolgeiſt, der doch bisweilen der Chinarinde weichen mußte.

76. Dieſe giebt er in großen Doſen zu 2 Quentgen,alle 4 Stunden. Eine große Doſis iſt ſo wenig ſchädlich, daß er ein Beyſpiel weiß, daß jemand eine Unze auf einmal ohne Schaden genommen. Nur muß man nicht die Zeit

84. durch

durch allerley Vorbereitungsmittel verschwenden. In hartnäckigen Fällen versetzt er die Chinarinde mit der virginischen
Schlangenwurz und Salmiack, oder auch
danebst mit Chamillenblüthen und Wer-
muthsalz. Die Abführungen haben bis- p. 121.
weilen Rückfälle verursacht. Bey einem 123.
symptomatischen Seitenstich kann man ge-
trost mit der Rinde fortfahren.

Zu einer Zeit, da fäulichte Fieber 257.
herrschen, findet sich auch oft die Ruhr ein,
und beyde Krankheiten sind oft mit einander verbunden. Es scheint daher, als hätten sie eine gemeinschaftliche Ursache, und
sie erfordern eine ähnliche Cur.j

Als Krankheiten, die beydes fäulichter 313.
und entzündlicher Natur sind, stellt Hr. M.
den Rheumatismus und das Fieber der
Kindbetterinnen (puerperal fever), vor.

Diese wählt er als Beyspiele, um zu
zeigen, wie man sich überhaupt bey der
Verbindung zu verhalten; und doch sagt
er, wäre die Verwickelung bey ihnen am
geringsten. Schwangere Personen ziehen
sich während ihrer Schwangerschaft eine
Neigung zur Fäulniß zu, da in dem Kind-
bette hingegen Entzündungszufälle eintreten.

M.

III.

III.

*A Description of East - Florida with
a Journal*, kept by JOHN BARTRAM
of Philadelphia, Botanist to His Majesty
for the Floridas; upon a Journey from St.
Augustine up the River St. John's as far as
the Lakes with explanating botanical No-
tes — The *third Edition*, much enlarged
and improved. London sold by W. Ni-
coll and T. Jefferies 1769. 12 Bogen
in 4. nebst Charten.

Hr. D. Stork, der V. der Description, redet von der Fruchtbarkeit des
Landes nach seiner eigenen Untersuchung an
Ort und Stelle. Es dehnt sich von 25sten
bis 30sten Grad aus, ist 350 Meilen lang,
und wo es am breitesten ist, 240 Meilen
breit. In den nördlichen Theilen der Provinz leiden wohl bisweilen die Zuckerpflan-
zungen durch die Kälte. Von Schnee
aber weiß man nichts. Die Luft ist rein;
doch regnet es häufig zur Zeit des Aequi-
noxium besonders im Winter, wodurch die
Luft abgekühlet wird. Viele Leute reisen
nach Ostflorida der Wiederherstellung ihrer
Gesundheit wegen. Der sandichte Boden
hat die Oberhand, besonders nach der See
hin,

hin, tiefer hinein wird das Land erhaben und zum Theil felsicht. Das Gehölze ist daselbst bey weitem nicht so dicht, als sonst in Amerika, und das ganze Jahr durch ist der Boden grün. Es giebt Gegenden, welche vom süssen Wasser überschwemmt aber nicht tiefer sind, als daß man durchreiten kann. An diesen gedeihen die Bäume, die Fichten ausgenommen, am besten. Hr. St. kennt kein Englisches Gebiete, woselbst die Pflanzen aller Art so mannigfaltig wären. Ausser einer Menge Fichten und anderm Nadelholz, giebt es hier Mahagony, Maulbeerbäume, Sassafras, Tolubäume und viele andere nußbare wilde Bäume; und die Citronen und Pommeranzen kommen sehr gut fort. Florida hat manche Gewächse mit Japan gemein, wie man dies aus den nach dem Brittischen Cabinet aus Florida geschickten trockenen Kräutern, die mit den Kämpferschen dort aufbewahrten verglichen worden sind, erkennen kan. Darunter ist besonders der Sternanis merkwürdig. Von den Thieren nennt er nur die nußbaren. Den Bär rechnet man nicht zu den reissenden hin; er lebt von Früchten und Kräutern. Giftige Thiere (Hr. St. nennt sie Insects und redet doch unter andern von Schlangen und Eydexen) finden sich daselbst nicht, weil die Creekindianer

dianer das Gras anzünden. Das Land
wird zum Anbau des Reißes, der Baum-
wolle, der Seide, des Zuckers, des Indi-
gos, Mays (Indian corn) des Hampfs
und des Weins sehr bequem gehalten.

Von Hrn Ellis rückt der W. ein Verzeichniß der Gewächse ein, die mit Vortheil in Ostflorida eingeführt werden könnten. Diese Liste ist mit verschiedenen Anmerkungen, welche den Nutzen und die Cultur betreffen, begleitet. Der Campher von
Sumatra wird dem Japanischen vorgezo-
gen, so gar daß es noch ungewiß ist, ob
beyderley Art von einem und demselben
Baum sey. Es wird in Vorschlag gebracht, aus der Amyris balsamifera, die in
Jamaica wächst, den Balsam zu sammlen,
da er vermuthlich dem Meccabalsam nicht
viel nachgeben wird. Den Theesamen räth
Hr. E. an, in geschmolzenen Wachs, eben
da es erkalten will, aber noch weich ist, zu
legen, und auf diese Weise zu verführen;
billigt doch dabey die von dem Schwedischen Schiffscapitain Eckeberg gebrauchte,
die Samen bey der Abreise in Erde zu legen. Den grünen Thee und den Theebohe
hält er für einerley Gattung, wovon ihn
ein Engländer, der lange in China gewesen, versichert hat. Er giebt die Hyme-
nea

nea Courbaril für diejenige Pflanze an, von der man das Copal bekömmt, und meynt, daß nur der Boden und die Hitze einen Unterscheid zwischen ihm und dem Animegummi macht. Von der Insel Tabago hat man wirklich ächte mit Maris bedeckte Muscatennüsse gebracht.

Hr. Bartram, nach welchem auch eine Pflanze den Namen führet, macht die ihm bey seiner Reise vorgekommenen Gewächse nahmhaft. Der Storarbaum hatte fast eine Höhe von 100 Fuß. Der Chamärops und die Palma altissima fructu pruniformi &c. SLOANE Hist. of Jam. Vol. 2. p. 115. 116.) waren hier wild wachsende Palmbäume. Den 3. Januarii fror es in der Nacht bey 26. Gr. des Fahr. Therm. einen Zoll dick Eis, wodurch die Orangenbäume und viele andere zarten Gewächse verfroren. Hieselbst ist es sehr gemein, daß die Gewächse zu gleicher Zeit Blüthen und reife Früchte tragen.

M.

❌❌❌❌❌❌❌❌❌⊗❌❌❌❌❌❌❌❌❌

IV.

Memoires de l'Academie de Dijon
Tome premier. A Dijon chez Cause Imprimeur

primeur - Libraire du Parlement & de
l'Academie 1769. 2 Alphabet
8 Bogen in gr. 8.

Schon im Jahr 1693. vereinigte sich zu
Dijon eine Gesellschaft gelehrter
Männer, die aber mit dem Tode ihres
Stifters, des Parlementsraths Lantin 2
Jahre hernach auseinander gieng. Einige
Jahre darauf traten auf den Betrieb des
Präsidenten Boubier wieder einige Gelehr-
te zusammen, von denen er 1738 Abschied
nahm. Die Ehre, eine förmliche, und mit
Ansehen verbundene Gesellschaft zu stiften,
war aber dem Dechant des Parlements Hrn
Pouffier aufbehalten, welcher in seinem
Testament eine große Geldsumme dazu aus-
setzte. Er starb 1736. Im J. 1740. wur-
de sie erst mit ihrem Stiftungsbriefe verse-
hen. Die Akademie hat nunmehr ihren
Canzler, Vicecanzler und beständigen Se-
kretär, der jetzt der Arzt Hr. Maret ist.
Der Protector derselben ist der Prinz von
Conde. Die Akademie hat ihr Natura-
liencabinet, eine Münzsammlung, einen
Buchervorrath, eine Sternwarte, eine
Galerie von Büsten vom Prinzen von
Conde an bis auf den Hrn v. Voltaire,
und theilt Preise aus. Ueber das J. 1761.
wird die Sammlung der Aufsätze nicht zurückgehen, vor welcher Zeit nur wenige
Mitglie-

Mitglieder ihre Vorlesungen abgeliefert
haben. Man wird aber in jedem Bande
die alten mit den neuern verbinden. Nach
dem Plan der Pariserakademie wird man in
jedem erst, unter der Aufschrift der Histoire,
die Vorfälle bey den Zusammenkünften er-
zählen, und einen Auszug aus denjenigen
Abhandlungen, die von einzelnen Mitgliedern sonst wo herausgekommen, oder weniger
wichtig sind, liefern, ferner auch Gedächt-
nißreden über verstorbene Mitglieder anhän-
gen. Hierauf werden die Memoires oder
im Ganzen abgedruckte Abhandlungen folgen. Die Naturgeschichte, die Physik, die
Medicin, wie auch die schönen Wissenschaften und Künste sind der Gegenstand der
Akademie. Ein Verzeichniß der Mitglieder endigt die Geschichte derselben in diesem Band.

Von den unter diesem Namen begriffenen *Hist.*
Aufsätzen zeichnen wir einige aus. Hr. p. 87.
Maret widersetzt sich dem zu Dijon herrschenden Vorurtheil von der Gelindigkeit
der natürlichen Pocken, und der Gefahr der
eingepfropften, indem er erweißt, daß unter
875 bis dahin (1756) zu Dijon Inocu-
lirten nur einer, an den natürlichen Blattern aber jeder zehnte Mensch, gestorben. —
Eben dieser Arzt bestätigt den Nutzen der 93.

VIII. B. 4. St.   S   Spani-

Spanischen Fliegen, wenn sie auf den
schmerzhaften Ort gelegt werden. — Hr.
p. 104 Hoin beschreibt den strahlichten Staar.
Es war damit eine 60jährige Frauensperson befallen, wobey sie doch die großen Ge-
genstände und lebhafte Farben unterscheiden
konnte. Nach dem Tode fand er in der
Crystallinse, die viel von ihrer Durchschein-
lichkeit und Weichheit verlohren, einen
weißlichen Kern, aus dem eine Menge
p. 110. Strahlen ausliefen. — Hr. Maret, der
Wundarzt, gedenkt einer verheyratheten
Frauensperson, die in eine Wasserscheu
durch die Gefahr genothzüchtigt zu werden,
fiel. Sie hatte eben dazumahls ihre Rechnung, die aber durch den Schrecken sogleich
gehemmt wurde, fiel darauf in ein Fieber
mit heftigem Rasen. Der Abscheu vor
dem Getränke zeigte sich so gar bey dem
Anblick desselben, und eben so wenig konnte sie feste Speisen herunterbringen. Nur
kurz vor dem Ende verschluckte sie einige
Löffel flüßiges, und am dritten Tage erfolgte der Tod.

Mem.   Unter den Memoires ist dasjenige vom
p. 1. Hrn. Barberet von der Natur und Entstehung des Hagels das erste.

65.   Hr. Trullard handelt von der Art künstliche Magnete, die stark ziehen, durch
die

die Lage und das Schlagen zuwege zu
bringen.

Das Ausziehen des Blasensteins räth p.95.
der Wundarzt Maret an, einige Zeit nach
dem Schnitt aufzuschieben (taille en deux
temps). Albucases und Cyprian, und
nach diesen Franco waren schon der Meynung; neuere scheinen dieselbe aber aus
der acht gelassen zu haben. Nach der Lecat-
schen Methode, der sich Hr. M. bedient,
ist dieser Aufschub weniger nöthig. Doch
hält er die Theilung des Handgriffs überhaupt für sicherer. In der Zwischenzeit
vermindern sich die Schmerzen und der
Hang der Blase zur Entzündung, es erzeugt sich ein weisser Eyter, die Wunde erweitert sich, und man kan hernach die Werkzeuge um so viel leichter einführen, und die
Blase verliert die Eigenschaft, sich um den
Stein zusammenziehen. Ausserdem erfordern einige ausserordentliche Fälle, als die
Erhärtung der Prostaten, erhärtete Narben,
alte Fisteln, eingeschlossene Steine, eine
widernatürliche Beschaffenheit der Blase,
eine zu beträchtliche Grösse des Steins oder
die Vielheit derselben, heftige Blutflüsse,
starke Schmerzen, einen Aufschub. Hr. M.
beweißt dies alles theils durch Gründe theils
durch kurz angeführte Erfahrungen.

S 2   Der

p. 125. Der Arzt Maret rückt eine mit Sorgfalt verfaßte Geschichte eines bösartigen Fleckfiebers ein, das 1761 und 62 zu Dijon gewütet. Es fieng im October des erstern Jahres an. Der Sommer vorher war sehr heiß und trocken, der Herbst aber sehr feucht, und der Winter gelinde, und so verhielt es sich in dem folgenden Jahre. Dabey war eine große Windstille. Das Ungeziefer und die Raupen nahmen hiedurch sehr überhand. Mit der Fäulniß der Säfte war eine Entzündung verbunden. Bey einigen lies das Fieber sich aber als ein Nervenfieber an. Ausser den Petechien brachen bey vielen der weisse und rothe Friesel aus. Die Haut war bey einigen sehr empfindlich. Fast alle die gesund wurden, sind vorher taub gewesen, welches einige eine Zeit nachher auch behalten. Die Krankheit war ansteckend, aber weniger tödlich als man aus den Zufällen vermuthen sollen. Die Petechien sind niemahls critisch, und die Gefahr nach Verhältniß der Grösse, der Zahl und der blauen Farbe derselben, grösser gewesen. In der Cur ist der W. den Vorschriften des Hoffmanns, der Breslauischen Aerzte und besonders des Huxhams, gefolget, nach den Umständen auch von ihnen abgewichen. Die Aderlasse erforderte viele Beurtheilung. Näherte es
sich

ſich dem Nervenfieber ſo waren Brechmittel dienlich, war es aber von entzündlicher
Art, ſo ſchickten ſich Purgiermittel beſſer.
Der Wein war unſchädlich. Der V. rühmt
den Campher in Verbindung mit der Chinchina. Der Brand im Schlunde war ein
beſchwerlicher Zufall.

Wie die Harnröhre nebſt dem Blaſen-p. 193.
hals bey Frauensperſonen in dem Stein zu
erweitern, oder nebſt der Erweiterung
durchzuſchneiden, lehrt Hr. Hoin. Zu letzterer Abſicht hat er ein Werkzeug erfunden,
das er Dilatatoire - lithotome nennt.
Es beſteht aus zweyen vermittelſt eines
Zapfens verbundenen Aeſten, in deren untern eine gebogene Schneide eingeſchoben
wird, die nur vorne ſcharf iſt. Indem
hinten die Griffe des Werkzeugs zuſam-
mengebracht werden, ziehet es ſich vorne
aus einander, und erweitert und ſchneidet
durch zu gleicher Zeit. Er bedient ſich dieſes Werkzeugs auch bey Mannsperſonen,
nachdem er vorher äuſſerlich über eine durch
die Harnröhre eingeſteckte Sonde mit Hrn.
le Cat Urethrotome einige Linien über dem
After eine Oeffnung gemacht hat, wodurch
er das Werkzeug einbringt. Der Hr. V.
erläutert dies durch ſeine ausführlich auseinander geſetzten Erfahrungen.

S 3   Eben

p. 295. Eben dieser Hr. Hoin knüpfte einen krebs=
sichten Geschwulst am Halse von großem
Gewichte einer Frau glücklich ab.

303. Von der Zunahme des Gewichts durch
die Calcination ist die Aufschrift eines Auf=
satzes des Hrn Chardenon. Er läugnet,
daß diese von fixirten Feuertheilen oder ei=
ner Zumischung von Körpern, die in der
Atmosphäre befindlich sind, herkommen,
sondern schreibt die Verschiedenheit des Ge=
wichts der Abwesenheit oder Gegenwart
des Phlogistons zu.

335. Von der Kunst unächtes Porcellain zu
verfertigen handelt Hr. Bosc d'Antic.

367. Hr. Gelot zeigt den Anbau der Ascle=
pias siriaca (la Soyeuse) an, und empfiehlt
dieselbe zum Gespinste. Er nimmt es
schon als bekannt an, daß an den Samen
eine Seide befindlich, woraus sich mit Zu=
mischung eines andern Stoffes ein Gewebe
machen läßt: er aber hat die Stengel selbst
dazu mit Nutzen angewandt, nachdem er
sie wie Hampf zubereiten lassen. Beydes
der holzigte Theil und die Rinde schickten
sich darzu.

375. Hr. Guenaud erzählt den guten Erfolg
der Einpfropfung der Pocken, die er selbst
an

an seinem Sohn unternommen, und führt die verschiedenen Gründe an, die ihn darzu veranlasset, wobey er ins Allgemeine geräth, welches zu wiederholen in der dortigen Gegend nicht überflüßig seyn möchte.

Die Beyträge zur Naturgeschichte der Formica-leo von Hrn. Boullemier und Hrn. Morveau Abhandlung über die Beschaffenheit der Luft bey dem Verbrennen der Körper sind die letzten Stücke, die wir nach unserm Plan anzeigen können.

M.

V.

Svar på Kongl. Vetensk. Acade-miens Fråga, huru all slags Frisel kan förekommas och botas, så hos Barnsängs-Hustrur som andra? Hvilken Fråga varit framstäld at besvaras År 1769. Stockholm, tryckt hos Direct. Lars Salvius 1770. 39 Seiten in gr. 8.

Die Königl. Akademie der Wissenschaften hatte die Frage aufgeworfen, wie man die verschiedenen Arten Friesel, so

S 4 wohl

wohl bey Wöcherinnen als andern verhüten
und heben könnte.   Diese beantwortet der
Hr. Professor von Schulzenheim in ge-
genwärtiger Schrift, der er seinen Namen nicht beygesetzt hat, ob sie gleich desselben sehr würdig ist.   Er hat besonders auf
den weisen Friesel sein Absehen gerichtet.
Durchgängig bemüht er sich zu erweisen,
daß er nicht so sehr eine selbstständige Krankheit, als vielmehr ein Zufall und übelgear-
tete Crisis sey.

.p 2.   Er hält ihn nicht für ansteckend; doch
können allerdings mehrere, die an einem
Ort beysammen sind, und zu einerley
Jahrzeit, damit behaftet werden; auch ist er
nicht endemisch, nur da, wo ein unverstän-
diges Heilungsverfahren ihn darzu gemacht
hat.   Es sind kaum 30 Jahre, daß man
ihn in Schweden recht gekannt hat: ob
gleich die Sage will, daß er schon zu Anfang dieses Jahrhunderts mit den Sächsi-
schen Gefangenen nach Schweden gekommen
sey.   Gegen Ende des Sommers ist er öfter daselbst als im Sommer erschienen.
Doch ist er auch nicht ganz im Winter aus-
geblieben, vornehmlich wenn man durch un-
mäßiges Einheizen und eingeschlossene Luft
sich versehen hat.

Viele

Viele Schuld wirft er auf die Aerzte, p. 4.
welche die Fieber oft, und so gar bey ihrer
Verschlimmerung mit heftigen Brech- und
Purgiermitteln angreifen, oder durch verschiedene alterirende Mittel ihren Lauf stöh-
ren, welche die Natur bey ihren Entledi-
gungen übereilen, schweistreibende und
hitzige Mittel misbrauchen, die Aberlasse
versäumen, für die Reinigung und Abküh-
lung der Luft nicht gehörige Sorge tragen
u. s. w.

Der Hr. Prof. bestimmt die Fieber ge-   6.
nauer, denen sich der Frieselausschlag zuge-
sellet, und giebt die Zeichen an, aus denen
der bevorstehende erkannt wird. Auch warnet er wider den Anschein einer durch den
Friesel bewirkten Linderung.

Der Friesel wird durch eben die Mittel   8.
verhütet, wodurch dem Fieber, das er begleitet, begegnet wird. Vieles richten
zeitige Aberlasse, Clystire, Mittel aus
Rhabarber, Brechmittel, und die antiphlogistische Cur, nebst einer guten Diät
aus.

Am weitläuftigsten ist der Hr. W. bey   10.
bem Friesel der Kindbetterinnen, sie mögen
zur rechten Zeit oder zur Unzeit niederge-

kom-

kommen seyn. Er rühmt dabey viele Fehler der Hebammen, der Aerzte und der
Kindbetterinnen, daß sie die Geburt zu
sehr beschleunigen wollen, mit der Lösung
der Nachgeburt eilen, Opiate, hitzige und
schweistreibende Mittel, verschreiben, den
Leib nach der Geburt zu stark zusammenziehen, daß die Mutter das Stillen unterläßt,
und andere Fehler von gleicher Erheblichkeit.

p. 25. In der Cur erklärt er sich für das kalte
Verhalten beydes in der Diät und bey den
Arzeneyen, dessen Wirkung er durch eini-
ge umständliche Krankengeschichte erläutert.
Von der Aderlasse hofft er mehr, vor dem
Ausbruch, als wenn er schon erfolgt ist.
Von der Fieberrinde hat er mehr, Schaden
als Nutzen verspürt, besonders bey der Zu-
nahme, und der Höhe des Fiebers. Die
Spanischen Fliegen hält er auch nicht
rathsam.

36. Von dem Friesel trennt der H. v. S.
den kleinen Ausschlag (Sudamina), woburch
die Haut uneben wird, und bey dem geringsten Berühren zerplazt. Des chronischen oder so genannten scorbutischen Frie-
sels erwähnt er kurz zuletzt nach dessen Natur und Heilungsart. Der venerische steht
aber nur hier dem Namen nach. M.

VI.

VI.

Adverſaria medico practica Volumi-
nis I. P. II. III. IV. Lipſiae apud haere-
des Weidmanni & Reich 1770. in
gr. 8.

Mit dem vierten Theil ſchließt ſich
der erſte Band, deſſen Anfang wir
ſchon in dem vorgehenden Stück unſerer
Bibliothek angezeigt haben. Der ganze
Band beträgt nebſt dem Regiſter 2 Alph.
und 2 Bogen. Daß der Hr. Profeſſor
Ludwig die Ausgabe dieſes ſeines nüzli-
chen Werks beſchleunigt, ſetzt den Leſer in
neue Verbindlichkeit gegen ihn: ſo wie die
auch in dieſem Theil befindlichen Kupfer
vieles zur Zierde und Erläuterung deſſelben
beytragen.

Im zweyten Theile unterſucht der Hr. p. 175.
Prof. zuvörderſt die Natur der epidemiſchen
Krankheiten überhaupt und die Art dieſelben zu beobachten. Die Kentniß derſelben
iſt zwar jederzeit ſchwer, doch in Städten
wegen der Mannigfaltigkeit der daſelbſt
herrſchenden Krankheiten ungleich ſchwerer
als auf dem Lande. Sie gränzen ſehr nahe an die endemiſchen und ſporadiſchen.
Die

Die Luft ist allerdings eine Haupturſache
ihrer Erzeugung, nicht ſo ſehr aber diejenige
Veränderung derſelben, welche die Jahrs-
zeiten mit ſich bringen, (als die plötzlich
abwechſelnde, und zur Unzeit einfallende
und anhaltende. Auch Hr. L. erwartet
hierin von den alltägigen metereologiſchen
Beobachtungen nicht viele Aufklärung.
Er räth ſehr an, einzelne Krankengeſchichten anzuzeichnen, und aus dieſen hernach die
allgemeine Geſchichte der Epidemie aufzu-
ſetzen. Oft liegt der Grund derſelben mehr
in der Nahrung als in der Luft. Beſonders erwägt der Hr. W. die anſteckenden
epidemiſchen Uebel. Manche zufällige Urſache kan den Auftritt bey einzelnen Perſonen ändern; daher man auch nicht mit einer allgemeinen Curart auskommen kan.

p. 215. Der Hr. Prof. theilt hierauf ſeine Einwendungen wider des Hrn. von Hahn
Lehre mit, daß die Pocken aus einer Entwickelung derPulsadern der Haut entſtünden.
Er hat ſie ſchon zu der Zeit niederge-
246. ſchrieben, da des Breslauerarztes Buch
davon (Variolarum ratio expoſita) erſchien,
nehmlich im J. 1751. Er verbindet damit
die darauf vom Hrn. v. Hahn an ihn ab-
gelaſſene Antwort.

Hr.

Hr. Greding hat, da das Bilſenkraut p.257.
ſeine Hoffnung in dem Wahnwitz und der Epilepſie nicht erfüllet, mit dem Extract des Stech-
apfels (Stramonium) Verſuche angeſtellt.
Sie ſind bis 46 angewachſen, von denen allen
er einen Auszug nach den Tagen aufſtellt.
Bey den meiſten erfolgte ein geruhiger
Schlaf darauf. Die Augen ſchienen inſonderheit darnach zu leiden; denn bey einigen verdunkelte ſich das Geſicht, andern
trieſeten die Augen darnach, und eine
Frauensperſon erlitte heftige Zückungen
davon. Ferner äuſſerten ſich mancherley
Wirkungen in dem Kopf, nehmlich Schwindel, die Empfindung einer Trunkenheit, ja
ſelbſt ein Unſinn. Viele wurden von einem
ſtarken Durſt beſchwert, andern floß der
Speichel ſtark darnach. Hr. G. hat ſo
wie Hr. St. bemerkt, daß der Appetit ſich
ſo wenig darnach verloren, daß er vielmehr
dadurch zugenommen. Manche erbrachen
ſich; andere wurden von einen Bauchgrim-
men und Blähungen geplagt. Sehr viele
erlitten Durchfälle. Der Schweiß brach
heftiger aus, auch gieng der Harn ſtärker
ab, und die monathliche Reinigung ſchien
auch darnach befördert zu werden. Die meiſten
waren doch munterer. Der Hr. W. fieng
mit einer kleinen Doſis von einem Gran an,
und

und ſtieg allmählig ſo hoch, daß er eine halbe
Quente innerhalb 24 Stunden verbrauchen
ließ. Er klagt aber, daß er, etwa nur
einen Fall ausgenommen, keine völlige
Wiederherſtellung dadurch erreichen können,
ſo gar daß bey den meiſten nicht einmal das
Uebel gemildert worden iſt. Bey verſchiedenen hat es ſich verſchlimmert, und
3 ſtarben, in deren Körper verſchiedenes
widernatürliches entdeckt worden iſt.

P. 348   Von Hrn. Prof. L. ſelbſt ſchreibt ſich
die Beobachtung eines Leiſtenbruchs, der
mit dem Schenkelbruch verbunden war,
her. Man konnte ihn anfänglich für nichts
als einen Leiſtenbruch halten, und der
Schnitt wurde auch darnach eingerichtet.
Sobann erſchien das Netz ſchwüligt, und
bieſes hatte einen Theil des Grimmdarms
(Ileum) eingeſchnürt. Das Netz ließ ſich,
ohne es zu unterbinden, abſchneiden. An
dem Darm entdeckte man keinen Fehler,
und er ließ ſich leicht zurückbringen. Der
Kranke ſtarb aber doch nach erlittenen be-
ſchwerlichen Spannungen im Unterleib und
Erbrechungen. Bey der Eröffnung des
Körpers fand man die Gefäße des Netzes
überhaupt verengert, ſchwüligt und ohne
Säfte, und faſt Ligamenten ähnlich. Derjenige Theil des Darms, den man bey den
Bruch-

Bruchſchneiden entblößet hatte, war auch
unverletzt: unter jenen aber entdeckte man
einen andern, der ſich neben den Schenkel-
gefäßen durchgedrungen, und in den Brand
übergegangen war, welches eben der bey
dem Leben nicht erkannte Schenkelbruch
war. Der Grimmdarm war an verſchiedenen Orten verengert. Der Hr. Prof.
begleitet den Fall mit einigen nützlichen Anmerkungen. So hält er dafür, daß das
Erbrechen derjenigen, die einen Bruch haben, oft nur von einem Spannen des Ne-
zes herkomme. Denn ſo ſtark war hier
nicht die Verengerung, daß der Unrath
nicht hätte abgehen können. Bey einem
ſolchen Zuſammenſchnüren des Netzes um
den Darm hoft der Hr. W. auch keine Hülfe von dem Schnitt. Daß bey Frauensperſonen die Schenkelbrüche häufiger als
die Leiſtenbrüche vorkommen, leitet der H.
W. von der gröſſern Breite des vordern
Beckens her, und von dem engen Durch-
gang, welchen das neben dem runden Bande liegende Fett bey den Frauensleuten läßt,
da hingegen bey dieſen das zellichte Gewebe um die Schenkelgefäße weit nachgeben-
der iſt. Auch merkt er an, daß die Brüche unten am Unterleib bey ihnen kleiner,
als bey Mannsperſonen, ſind; wodurch ſie
auch gefährlicher werden.

Von

p. 263   Von den widernatürlichen Proceſſen der Gedärme, die in einer gemeinſchaftlichen Ausdehnung der Häute derſelben beſtehen, wird in einem beſondern Abſchnitt gehandelt. Hr. L. erklärt ihre Erzeugung, und bringt einige eigene Wahrnehmungen davon bey. Er hat ſie mehrentheils in den dünnen Därmen, vorzüglich an dem Grimmdarm entdeckt, als welcher ohne Klappen iſt und ſich langſamer bewegt. Ihre Figur war kegelförmig, und ihr Sitz bald nahe bey dem Gekröſe, bald gerade gegen über, bald waren ſie weiter als der Darm, bald enger, bis 2 Zoll oder darüber lang, und von gleicher Feſtigkeit als der Darm ſelbſt. Hr. L. zweifelt gar nicht, daß ſie durch eine kränkliche Urſache entſtanden. Zur Erläuterung werden 2 ähnliche Beyſpiele von Hrn Tilling angeführt, davon das eine bey einer unzeitigen Geburt bemerkt worden iſt.

p. 382.   Hr. L. theilt auch hier einige Gedanken von der Fäulniß im menſchlichen Körper mit, die dahin beſonders auslaufen, daß dieſelbe nicht blos eine Urſache der Schwäche der feſten Theile iſt, ſondern auch umgekehrt oft von dieſer entſteht. Auch werden die Zufälle und Folgen, die ſie nach ſich zieht, kurz erörtert.

Wir

Wir verfügen uns zum dritten Theil, p. 387.
worinn der Hr. V. von den Entwickelungen (evolutio), die so wohl bey gesunden als
kranken Körpern vorfallen, redet. Des Hrn.
v. Hahn Hypothese von der Entstehung der
Pocken gab darzu Anlaß, und der Hr. V.
will diese Materie nach und nach ausführen.
Durch das Wort versteht er die allmähliche
Veränderung sowohl der flüßigen als festen
Theile, die man bey dem Wachsthum, der
Erhaltung und Zerstörung, wahrnimmt. Bey
allen diesen Vorfällen nimmt er eine Entwickelung und eine darauf folgende Einwik-
kelung (involutio) an. Bey der Gesundheit hat man besonders auf die Entwickelung
des Nahrungssaftes, der in einen Milchsaft und Blut übergeht, auf die Entwik-
kelung des Bluts bey den Absonderungen,
woraus wieder eine Lymphe oder nahrhafte
Feuchtigkeit entsteht, auf die Entwickelung
der Lymphe, welche sich hernach in Fibern
vereinigt und auf die Entwickelung des Ner-
vensafts zu sehen. Zu den Entwickelungen
in Krankheiten gehören alle Arten von Bezwingung der schädlichen Materie und von
Abführungen und alle Arten von Crisis.
Hr. L. hat daher von der Entwickelung der
flüßigen Theile zuerst gehandelt, weil diejenige der festen sich nicht anders als aus
der Bewegung der erstern erklären läßt.

Die Art, wie fie gefchieht, erkennt man an
dem Wachsthum, an der Heilung der Wunden, an den fchwammichten Auswüchfen,
an der Erhärtung der Membranen, vornehmlich aber an dem Wachsthum der
Knochen.

p. 407 Der Hr. V. giebt hierauf von der Krankheit feiner verftorbenen Ehegattin und den
Bemerkungen, die er an ihrem todten Körper gemacht hat, mit wehmüthigen Empfindungen, Nachricht. Sie war feit ihrer Jugend an von einer fchwächlichen Con-
ftitution, und ftarb an einer 14 Tage ge-
dauerten Verftopfung des Leibes, wozu fie
fchon viele Jahre vorher geneigt war. In
diefem Uebel hatte fich die Ochfengalle fonft
am wirkfamften erwiefen. Jezt, war aber
diefe, eben fo wenig als Lariermittel,
erweichende, blähungstreibende, gelinde
reizende und krampfftillende Arzneyen und
ausgetrunkenes Queckfilber, kräftig. Der
Leib war dabey faft zum Zerplaßen aufgetrieben. In der Leiche war der querliegende
Theil des Colon zum Erftaunen erweitert,
neben der Milz aber fehr verengert, und an
dem Zwergfell und dem Bauchfell ange-
wachfen. An eben diefem Ort hatte fie im
Leben oft fchmerzhafte Spannungen verfpürt.
Der in diefem Sack gefammelte Unrath hat-

te

te sich sehr erhärtet. Merkwürdig ist es, daß
von dem zu 7 Unzen ausgetrunkenen Quecksilber kein Quentgen zu sehen war. In der
Krankheit wurde sie auch mit einem Schenkelbruch befallen, der, ob sie gleich dazumahls keine Schmerzen davon verspüret,
wie die Oeffnung es zeigete, in den Brand
übergegangen war. Der Druck des Colon
hatte die Leber und die Milz verhindert, eine
gute Galle zu zubereiten und die Gallenblase
enthielt eine Menge Steine.

Den Nutzen, welcher der Medicin aus p. 453
den Widersprüchen der Aerzte erwächst, hat
Hr. L. in einer akademischen Rede abgehandelt; die hier wieder abgedruckt stehet. Es
kan seyn, daß man in der Kenntniß der
Natur nicht tief genug durchgedrungen
ist, oder man kan in den daraus gezogenen
Schlüssen fehlen. In diesen Fällen sind
die Erinnerungen eines wohlmeynenden Arztes sehr erheblich. Eben so schädlich ist
aber der Widerspruch eines kurzsichtigen und
sich doch weise dünkenden Arztes, oder eines
solchen, der alles nur oben hin betrachtet,
die Gelegenheit die Natur zu erforschen ver-
säumet, der sich an eine finstere Censormine
oder an ein nüchternes Geplapper gewöhnt
hat. Besonders beurtheilt der Hr. V. denjenigen Vortheil, den man in der Aus-

T 2   übung

übung der Medicin von gründlichen Schis-
men erwarten kann.

p. 473   In dem folgenden Abschnitt untersucht
der Hr. V. den Nutzen äufferlicher Mittel
in den Pocken. Die Bäder, Fußbäder
und Bähungen läßt der Hr. V. wohl vor
dem Eintritt der Pocken zur Reinigung
und Erweichung, oder auch wenn kaltes
Wasser gebraucht wird, zur Stärkung der
Haut gelten, hält aber, wenn schon die
Krankheit würklich da ist, nicht viel darauf. Er läugnet auch, daß dadurch eine
Ableitung bewürkt werde. Die kalte Luft
empfiehlt er zwar, doch warnt er für eine
zu große Dreistigkeit in diesem Stück, wodurch die Ausdämpfung, mit der ein Theil
des Pockenzunders verlohren geht, gehemmt
werden kan. Eben so misfallen ihm wegen
der zu befürchtenden chronischen Entzündung
äufferlich an die Augen angebrachte Mittel,
da er im Gegentheil erfahren, daß die Augen, ob sie gleich mehrere Tage verschwol-
len gewesen, in keinem Stücke gelitten. Sind
Pocken im Schlunde ausgebrochen: so muß
man schmierige Arzneyen, die verschiedentlich um den Hals angebracht werden, ver-
meiden. Gurgelwasser und Bähungen aber
als Präservative gebraucht, legen leicht
Grund zur Bräune, ob sie sich gleich her nach,

wenn

wenn diese zutreten will, nützlich erweisen.
Die Eyterung durch äusserliche Mittel zu
befördern scheint dem Hrn. L. ein vergeblicher
Versuch zu seyn, und man hat vielmehr darauf
zu sehen, sie zu hemmen als zu befördern.
Die Eröfnung der Blattern glaubt der Hr.
B. könne nicht das Einsaugen des Eyters verhüten, noch seye es nützlich in zusammenfliessenden Pocken dieselbe überall zu bewerkstelligen. Auch nur selten vermuthet
er, daß dadurch schlimme Narben verhütet
würden, vielmehr würden dadurch die Narben unebener. So hat er schwammigtes
Fleisch aus eröfneten Blattern entstehen gesehen. H. L. erwähnt beyläufig einer Mutter, die ein mit Pocken behaftetes Kind
zur Unzeit, da sie selbst diese Krankheit
hatte, zur Welt brachte. Nur dann will
er, daß man den Schorf zu trennen bemühet sey, wenn unter ihm eine scharfe Jauche steckt, nicht aber, wenn er einen guten
Eyter enthält. Um das Gesicht wieder
glatt zu machen muß sich der Kranke in einer gemäßigten Luft befinden, und die Haut
mit Weizen- oder Mandelkley reiben. Zum
Waschen verdient das Quellwasser vor dem
Brunnenwasser einen Vorzug.

Die Herz stärkende Kraft des Mohnsafts p. 504.
schränkt der Hr. B. ein. Um davon Grün-

T 3 de

be anzugeben, wird der Begriff einer solchen
Kraft erkläret, und die Würkung des natürlichen Schlafs und des Weins mit derjenigen des Mohnsafts verglichen. Der
Hr. Prof. ist von verschiedenen Wirkungen
desselben bey den Türken auf seiner Reise
nach Afrika ein Augenzeuge gewesen. Der
Trieb zur Wollust wird durch einen fortge-
setzten Gebrauch geschwächt. Der Hr. V.
hat bemerket, daß oft eine kleine Dosis
dann schädlich gewesen, wenn eine grössere
erfordert worden ist. Er hat allmählig die
Furcht gegen dieselbe fahren lassen. Kurz
merkt er die Sorgfalt an, die man bey
dem Gebrauch desselben beobachten muß.

p. 517.   Hr. L. macht ein Werkzeug bekannt, das
zum Aussaugen einer in der Brust sich ge-
sammelten Feuchtigkeit dienlich ist. Giftige Wunden erfordern, daß, ehe man dieselben sich schließen läßt, der schädliche Zunder ausgesogen werde. Die Psyllen und
Marsen verrichten dies bey den von giftigen Thieren gebissenen Personen mit dem
Munde. Heut zu Tage bedienen sich die
Wundärzte, um sich keiner Gefahr blos zu
stellen, der Ligatur, tiefer Scarificationen
und der Schröpfköpfe, und bringen Dige-
stive und erweichende Mittel hernach an,
um eine lange Eyterung zu unterhalten.
Aber

Aber auch aus den Hölen der Körper muß
man bisweilen Blut oder andere sich gehäufte Feuchtigkeiten herausbringen, wozu
man sich leinerner Büschel bedient und die
Entledigung durch ein starkes Einathmen
befördert. Um die Brusthöle von ähnlichen Feuchtigkeiten zu befreyen, hat man auf-
ser der Eröfnung mit der Lanzette verschiedene Werkzeuge erfunden, dahin des Scul-
tets Röhre und Anells Sprüze gehören.
An dieser ist doch der zu große und wiederholte Druck, den die Lippen der Wunde davon ausstehen und die zu weitläuftige Zusammensetzung zu tadeln. Man könnte es
vielmehr mit jeder andern Röhre durch
Hülfe des Mundes bewirken, wofern es
nicht der Wundarzt widerlich und für sich selbst
gefährlich zu halten Ursache hätte. Dieses
zu verhüten wird ein Werkzeug in Vorschlag gebracht, das aus einer Röhre besteht, an deren Mitte eine hole Kugel
sich anschrauben läßt, worinn die ausgeso-
gene Feuchtigkeit sich sammlen kan. Ein
Kupfer macht dasselbe deutlicher.

Hr. Greding erzählt den Gebrauch, p. 530
den er von dem so genannten Sulphur vene-
reum in der Epilepsie gemacht hat. Die
Wirkung des Kupfers in diesem Uebel ist
schon, durch des Helvetius Tropfen und

Weis-

Weismanns antepileptisches Salz, bekannt, welches leztere doch Hr. Chandelier bey 4 Kranken schädlich befunden. Hr. G. hat aber das von Hrn. Pasquallati (*Diss. de Epilepsia, Vind. 1766. 8.*) empfohlene Mittel angewandte, aus dessen Probschrift er auch die Zusammensetzung entlehnt. Es werden nemlich 16 Unzen Kupfervitriol in Wasser aufgelöset, und in diese Auflösung dünne eiserne Platten eingelegt, von denen hernach das aufgelösete Kupfer abgesondert wird, welches auch zum Theil in dem Boden des Gefäßes gefunden wird. Man nennt dies Cuprum virginis. Von diesem Jungfernkupfer reibt man 3 Unzen mit 9 Unzen gereinigtes Quecksilber über dem Feuer zusammen, woraus ein Amalgama entsteht, welches, wenn es einen Monat lang digerirt wird, eine graue Farbe annimmt, und mit Wasser zerrieben ein grauliches schwarzes Pulver giebt, das man getrocknet Sulphur cupri nennt. Die Dosis soll ein bis 2 Gran oder auch wohl darüber alle Morgen seyn. Der Hr. V. beschreibt auch, wie er es selbst verfertigt hat. Drey Gran davon vertrug ein Hund ohne Folgen. Nach einen halben Scrupel brach er sich zweymahl ohne weitere Wirkung, und ein anderes mahl nach 5 Gran noch öfter mit einer merklichen Hinfälligligfeit. Bey Menschen hat Hr. G. Pillen daraus vermittelst des arabischen Gummi und Päoniensyrup gemacht, deren jede ein Gran von dem Kupferschwefel enthielt. Von 7 Personen beschreibt er den Erfolg. Er findet das Mittel sicherer und gelinder als die oben genannten, woraus starke Stuhlgänge und öfteres Erbrechen erfolget. Aber weder eine kleinere noch grössere Dosis hat in einer eingewurzelten (habitualis) Epilepsie etwas vermocht.

Dieser Theil endigt sich mit Hrn. L. Bemerkungen über die Frühlingskrankheiten. p.543. Es kömmt bey ihrer Erzeugung viel auf die Beschaffenheit des vorhergegangenen Winters an. So leidet man besonders, wenn auf einen kalten und trocknen Winter ein feuchter und warmer Frühling einfällt. Viele Schuld an den Krankheiten zu dieser Zeit haben die warmen Zimmer, die, im Verhältniß gegen den Anzug, wenn man ausgeht, zu warme Kleidung im Hause, der im Winter fortgesetzte Genuß eingesalzener und gedörreter Speisen, schleimichter und aufblähender Gemüßarten und Hülsenfrüchte, säuerlichen und etwas zusammenziehenden Obstes, die bisher unterlassene Bewegung. Auch die so genannten Frühlingscuren tragen vieles zu ihrer Erzeu-

gung

gung bey. Hr. L. führt die Wechselfieber als ein Exempel an. Viele Frühlings-Krankheiten, als Schnupffieber, Flüsse, Kopfschmerzen, vergehen von selbst. Einige erfordern aber mehr Mühe. H. L. gedenket besonders der anhaltenden und Wechselfieber, erysipelatöser und ödematöser Geschwülste, und erzählt kurz die in einigen Jahren in Leipzig eingefallenen Frühlings-Krankheiten. Er bestimmt darauf die Mittel, die zur Vorbauung im Frühling gebraucht werden können, als die Abführungen, die Aderlasse, auflösende und stärkende Mittel, ausgepreßte Säfte. Aber bey allen diesen ist er kein Freund von allgemeinen Vorschriften, sondern räth an, auf jedes Körpers eigene Beschaffenheit zu sehen.

Die erste Abhandlung des vierten Theils ist von dem Hrn. Prof. L. selbst, und betrift diejenigen Krankheiten, in denen die Lymphe zu häufig nach den Abführungsgefäßen getrieben wird. Hier wird die zu häufige Entledigung des Samens, der in der Prostata, aus dem Muttermund und dem Mutterhals, abgeschiedenen Feuchtigkeit, des Schleims in dem Schlund und den Lungen, der Nasenhöle, dem Magen und den Gedärme, womit sich der Abgang der Lymphe verbindet, ferner

der

der Durchfall, die Lienterie und der Fluxus coeliacus, die schleimichten Hämorrhoiden, der Speichelfluß, die häufige Absonderung des Harns, der übermäßige Schweiß, wie auch eine zu starke Eyterung, in Betrachtung gezogen. Des Homes Suffocatio stridula oder the Croup hält er nur für einen Schnupfhusten, bey welchem der nach den Lungen getriebene Schleim sich in eine Haut verdickt hat, das Athemholen verhindert und ohne Entzündung erstickt. Hr. L. ist kein Freund von vielem Wassertrinken, indem sich das Wasser bey einem Uebermaaß nicht mit dem Blute vermischt, sondern nach den Harnwegen hinschießet; wovon die Schädlichkeit noch deutlicher in Krankheiten erkannt wird. Der Hr. V. zeigt auch die Mittel an, die überhaupt in diesen Uebeln anzuordnen sind.

Hr. L. hat, ob er gleich selbst der Ein- p. 610. pfropfung der Pocken zugethan ist, einem Ungenannten verstattet seine Einwürfe dawider einzurücken. Bey der Schwäche derselben wird die Sache der Inoculation nicht sehr leiden. Der Hr. V. zieht so gar in Zweifel, daß die Pocken eine Krankheit sind. Er findet sie an sich sehr gutartig und hält Arzneyen dabey mehr schädlich als nützlich (ja freylich, nach dem die Arzneyen sind).

Auch

Auch er wiederholt, daß der Körper durch
die Pocken geläutert werde, und andere ähnliche Gründe mehr. Von der Einpfropfung selbst aber heißt es, daß sie eine Veränderung im Körper wirke und (wie das
bekannte Sprichwort lautet) omnis mutatio
periculosa; welcher Schaden, wofern er
nicht bald erfolgt, doch in der Zukunft erfolgen kan. Zur Erweisung dieses Satzes
muß ihm der Most dienen, der, wenn er
von selbst in Gährung kömmt, einen weit
dauerhaftern Wein giebt, als wenn man
ihm ein Gährungsmittel hinzugesetzt, und ferner die Früchte, die man ausser der Zeit in
den Gewächshäusern zur Reife bringt, die
theils wäßriger sind, theils eher in Fäulniß übergehen. So fährt der Hr. W. noch
einige Seiten fort, ohne eine einzige Beobachtung, die unmittelbar die Sache an-
geht, anzuführen. Soll der Satz, den
der W. hier ausführen wollen, aber nicht
ausgeführet hat, auch nicht einmahl durch
Scheingründe "Posteritati nocet variolarum insitio" einige Stärke haben: so
muß es durch genaue Berechnungen derjenigen Verstorbenen, die ehedem inoculirt
gewesen sind, geschehen, da dann die Zwischenzeit und die Krankheit, in welcher der
Tod erfolget, genau angegeben würde. Es
wäre gut in den Sterbelisten hinkünftig
auch

auch auf diesen Umstand Achtung zu geben.
So würde sich die gröste Wahrscheinlichkeit
in vollkommene Gewißheit verwandeln,
und der unter vielen in Schweden und England herrschende Wahn, daß man sein
Alter nach der Inoculation nicht über 30 oder
40 Jahre brächte, so wie derjenige der
Dumfrisischen Einwohner, daß man wegen
Mangels der nöthigen Reinigung nicht über
20 Jahre nachher lebte, völlig entkräftet
werden. Gesetzt auch, daß unsere Nach-
kommen erst das Vergnügen hätten, die
Summen solcher Berechnungen zusammen-
zutragen.

Hr. Greding steht einem zahlreichen Ho- p. 637
spital vor, das jetzt 700 Kranke enthält,
unter denen er wenigstens 500 rechnet, die
mit einer besondern Schwäche der Seelen-
kräfte, der Melancholie, der Wuth, der
Epilepsie, oder einer andern chronischen
Krankheit behaftet sind. Dieser Gelegenheit hat man die schätzbaren Versuche zuzuschreiben, welche Hr. Gr. in den bisherigen
Theilen der Adversarien bekannt gemacht hat.
In dem eben angezeigten Theil, lieset man
den Erfolg seiner Versuche mit dem Toll-
kraut (Belladonna) in der Epilepsie. Er bediente sich des zum Extract verdickten Saf-
tes aus den Blättern, Blüthen und Beeren,

ren, den er mit Zucker zu Pulver brachte,
theils auch des Pulvers der Blätter und des
Extracts in Pillenform. Durch die Zumischung
des Zuckers zum Pulver oder Extract ließ sich
die Belladonna in so kleiner Dosis geben, daß
jedes Pulver nur ein halbes Gran enthielt, womit der Anfang gemacht wurde. Hernach
stieg der Hr. V. so hoch, daß einige bis 10
Gran innerhalb 24 Stunden erhielten:
Er giebt hier von 23 Kranken Rechenschaft.
Die Belladonna brachte auch bey grösseren
Dosis keinen wiedernatürlichen Schlaf zuwege: sondern eine Frauensperson, die sonst dem
Schlafe zu sehr ergeben war, wurde vielmehr
dadurch wachsamer und munterer. Man verspürte keine Hitze noch einen geschwächten oder
geschwinden Puls darnach. Durch eine wiederhohlte und vermehrte Dosis gieng aber der
Harn öfter und stärker ab. Der Schweiß brach
auch häufiger aus, der Leib wurde darnach
loser, der gute Appetit dauerte fort. Bey
vielen entstund eine Neigung zum Brechen
und ein Aufstossen, einige brachen sich auch
wirklich. Einige verspürten ein Reissen
darnach, vielen war der Mund trocken,
wenigen schmerzte der Kopf, mehrere wurden von einem gelinden Schwindel befallen;
einige wurden schwerhörig mit Sausen vor
den Ohren. Die Augen litten besonders,
sogar daß einer 3 Wochen darnach blind
war:

war: doch überall ohne weitere Folgen.
Zu Anfang der Cur hatten fast alle eine
blasse Gesichtsfarbe, viele die Empfindung
einer Kälte, verschiedentlich an einzelnen
Theilen, wenige eine fliegende Hize, nur
3 hatten eine Röthe im Gesicht darnach,
aber nicht zu Anfang, sondern in der Folge
der Cur.   Die monathliche Reinigung
wurde dadurch gar nicht gehindert.   Hr.
G. erwähnt auch rheumatischer Zufälle.
Einen Hang des Gebluts zur Entzündung
hat er nicht darnach verspürt, auch ist nicht
die Eyterung darnach befördert worden.
Die epileptischen Anfälle haben aber sehr
darnach abgenommen, und sich in ein Zittern,
in Krämpfe einzelner Glieder, bey völligem
Bewustseyn, verwandelt, obgleich eine ein-
gewurzelte Epilepsie aus dem Grunde nicht
dadurch hat gehoben werden können.

Hr. Prof. L. zieht zu Ende dieses Buchs
die an dem Rückgrad sich ereignenden
Schmerzen in Erwägung.   Er beschreibt
zuvörderst nach der Zergliederungskunde den
Bau des Rückgrads, der anliegenden Musceln, und der dort hinlaufenden Nerven.
Nebst den idiopatischen Schmerzen an denselben macht er auch die symptomatischen
nahmhaft.   Das Uebel überhaupt nennt
er Rachialgia.   Zu den symptomatischen
Schmer-

Schmerzen gehören die Colick, die Hämor-
rhoidalschmerzen, diejenigen, die bey An-
bruch der monatlichen Reinigung, wie bey
Schwa gern, Gebährenden und Kindbet-
terir nen verspürt werden, die mit dem
Stein verbunden sind, die Ermüdung und un-
ordentlichen Schmerzen an dem Rückgrab,
in den Lenden, und bey dem Anfang der
Fieber. Dahin kan man auch die festen
Schmerzen rechnen, die man nach dem
Ringen und Anstrengen des Rückgrabs em-
pfindet, diejenigen, die von Blähungen
herkommen, und in hysterischen und hypo-
chondrischen Uebeln bemerkt werden. Idio-
patische Rückenschmerzen sind diejenigen von
einer Spannung der Gelenkbänder vom
Tragen starker Lasten und Ueberheben, wobey bisweilen so gar eine Zerreissung der Bänder entstehen kan, und wobey die ausgetretenen Säfte verderben, oder Eytersammlungen und Osteosteatomen und eine Beinfäule
erzeugen. Dergleichen Anstrengungen legen
oft Grund zu Beinauswüchsen (Exostosis).
Hr. L. stellt dergleichen an einem hier abge-
bildeten Rückgrabe vor. Sie entstehen
aus einem heftigen Auseinanderziehen der
Wirbelkörper (corpus vertebrarum), unterscheiden sich von den knöchernen und
schwammichten Crusten, welche dieselben
bisweilen überziehen; und hemmen nicht die

Be-

Bewegung des Rückgrads, ob sie gleich dadurch beschweret wird. Hierauf werden die serösen und gelinde inflammatorischen Stokkungen an den Musceln, die hinten an dem Rückgrade liegen, untersucht. Sie haben auch von heftiger Anstrengung desselben durch Tragen und Heben ihren Grund, die man bey dem Anhalten des Athems noch erleichtern kan. Läßt man diesen aber plötzlich fahren, so werden die Säfte in den kleinen Gefässen und den zellichten Fächern in ihrem Lauf gehindert, und es erfolgen gelinde Entzündungen, die heftige Schmerzen nach sich ziehen. Mit Hrn. Pouteau ist der Hr. W. nicht einig, daß die Musceln oder Muscelfäsern eine wirkliche Verrenkung erlitten. Kurz leitet er auch auf die Mittel, die man in diesem von so viel verschiedenen Ursachen entstehenden Uebel brauchen kan. Wir gedenken nur der Krapp, die der Hr. W. in den Schmerzen vom Ueberheben im Aufguß und abgekocht sehr oft nützlich befunden. *N.*

VII. Akademische Schriften.

I.)

Diss. inaug. *Obseruationum physico-medico - chirurgicarum,* praes. Rv D. Avg. Vogel, resp. Id Ioachi-

ᴅᴏ Sᴄʜöɴᴅᴇʀɢ, Harburgenſi, Gotting. 1768. 4.

Die Beobachtungen hat der Hr. Reſpondent ſelbſt angeſtellt. Einem epileptiſchen Mädgen wurden durch einen Fall diejenigen Knochen, die das Gelenke des Arms an der Schulter ausmachen, zerſchmettert, wodurch eine Windgeſchwulſt, und verſchiedene Nervenzufälle, als ein Schlucken, ein widernatürliches Lachen, ein Erbrechen u. ſ. w. entſtunden. Die Beweglichkeit lies ſich doch, obgleich mit einer Verunſtaltung herſtellen, und das Mädchen verlor dadurch ganzer 3 Jahre lang ihre Epilepſie, bis ein Zufall dieſelbe wieder rege machte. Von glücklich geheilten Darmbrüchen lieſet man ein paar Beyſpiele, die wir ſo wie die beyden von einem zerquetſchten und abgehauenen Finger übergehen. Darauf wird einer Landfrau erwähnt, die ob ſie gleich niemals die monatliche Reinigung gehabt hatte, dennoch 3 Kinder faſt ganz ohne den gewöhnlichen Abfluß nach der Geburt zur Welt gebracht hat. Nach der dritten Niederkunft erfolgte eine Waſſerſucht des Eyerſtocks, woran ſie 4 Jahre hernach ſtarb. Sie konnte ihre Kinder ſelbſt ſtillen. Nebſt dieſer Waſſerſucht wird eine andere eben dieſes Theils

nach

nach der Oefnung des Körpers beschrieben. Die monatliche Reinigung brach bey einem Mädchen von 14 Jahren, nach vorgängigem Leibwehe durch ein wie eine grosse Linse gestaltetes Muttermahl unter dem rechten Schulterblatt aus, welcher Auftritt sich nachher alle Monate erneuerte. Doch giengen ihr, wie sie Mutter war, die Lochien gewöhnlicher Maassen ab. Bey einem verheyratheten Frauenzimmer war dies besondere, daß das Geblüt den Tag vor dem Ausbruch der Rechnung aus den Poren des Gesichts in der Entfernung einer Elle mit Gewalt aussprützete, so daß ein vorgehaltener Spiegel, wie von einem Nebel, überzogen ward. Der Zufall wurde aber nachher durch gesäuerte Krebsaugen nebst Salpeter überwunden. Hr. Sch. bemerkte an sich nach einem Catarrhalfieber ein doppeltes Gehör, dergestalt daß der Schall an dem rechten Ohr um die Hälfte höher, als an dem linken, lies. Mit dem um Göttingen gefundenen selenitischen Mergel hat der W. Versuche angestellt. Er verwandelt sich in einen kalkartigen Spath, aus dem andere selenitische Crystallen entstehen.

M.

2.)

• •

2.)

Diff. inaug. *de non acceleranda se-*
cundinarum extractione, praef. Rvd.
Avg. Vogel, refp. Lvd. Alber-
to Apprvn, Altenſtein-Meiningenſi,
1768. 5 Bogen in 4.

Nach anatomiſchen Betrachtungen der
Nachgeburt werden die Urſachen unterſucht, von denen es herkömmt, daß der
Mutterkuchen bald ſtärker bald ſchwächer
befeſtigt iſt.. Als ein ſehr ſeltener Fall wird
die Einſperrung des Mutterkuchens innerhalb
einem beſondern Theil der Gebährmutter an-
geſehen, und dafür gehalten, daß vielmehr
ein ungleiches Zuſammenziehen der Gebährmutter nach der Entbindung daran Schuld
ſey. Die Folgen einer zurückgebliebenen Nachgeburt ſchäzt der Hr. V. weit geringer, als
gewöhnlich geſchiehet, ob er gleich zugiebt,
daß man auf den Ort und auf die mehr oder
weniger vollkommene Befeſtigung des Mutterkuchens zu ſehen hat. Denn gelinder
ſind die Zufälle, wenn derſelbe an dem Boden der Gebährmutter, als an den Seiten,
befeſtigt iſt; und wenn ſchon ein Theil ſich
getrennt hat: ſo kan das verhinderte Zuſammenziehen einen heftigen und anhaltenden Blutverluſt zu wege bringen. Ohne
- Nach-

Nachtheil kan aber die Nachgeburt zurück-
bleiben, wenn beyde Theile überall vereinigt
sind, indem sodann die Gefässe sich völlig in
den Umständen, wie vor der Niederkunft,
befinden. Unter den Alten hat Hippokrates und von den neuern Ruysch besonders die Uebereilung in der Lösung der Nachgeburt widerrathen und die Natur walten
lassen. Die aber von dem Zurückbeiben
derselben entstehende Fäulniß glaubt der Hr.
V. wäre von nicht schädlichern Folgen,
als die Fäulniß des Unraths in den
Gedärmen, zu dem da ein in der Gebährmutter entstandener Krebs nur langsam den Tod nach sich zieht. Der Hr.
V. traut auch der Natur, da sie selbst die
Geburt bewirkt hat, in dieser weit gerin-
gern Verrichtung Kräfte genug zu, und
bezieht sich hierin auf das Beyspiel der
Thiere. Auch wenn der Mutterkuchen angewachsen ist, überläßt er es lieber der Natur, als der Mutter Gewalt anzuthun.
Der Muttermund verschließt sich nicht so
bald, und wofern es geschehen: so erweitert er
sich wieder nachher. Auch bey unzeitigen Geburten übereilet der Hr. V. sich nicht. Nur
wenn der Mutterkuchen ganz getrennt ist,
und den Muttermund ganz verstopft, und
an dem innern Theil desselben angewachsen
ist, oder bey einem anhaltenden fürchterli-
chen Blutverlust aus dem zurückgebliebenen

U 3 Mut-

Mutterkuchen, legt er Hand an. Besondere Fälle, die das Ausziehen widerrathen,
sind eine widernatürliche Befestigung an
der Gebährmutter, ein ungleiches Zusammenziehen der Fäsern, eine starke Entkräftung, zudem bey schon vorhandenen Rasen
oder Ohnmachten. Innerliche Mittel zur
Beförderung der Nachgeburt finden bey dem
Hr. V. nicht viel Zutrauen. Die Nies-
mittel können allenfalls bey Ermangelung
der Kräfte statt haben. Aderlasse, kühlende Mittel, Clystiere und erweichende Bähungen sind sonst die dienlichsten.

M.

VIII.
Kurzgefaßte Nachrichten
von neuen medicinischen Schriften.

1.)

*Traité pratique de l'inoculation,
dans lequel on expose les regles de condui-
te relatives au choix de la saison propre
à cette Operation; de l'age & de la consti-
tution du sujet à inoculer; de la prepa-
ration qui lui convient; de l'espéce de
methode qui doit être préférée; & du trai-
tement de la maladie communiquée par
l'in-*

l'Insertion, par M. GANDOGER DE
FOIGNY, *Docteur en Medecine, Medecin Consultant du feu Roi de Pologne —
Professeur - Demonstrateur d' Anatomie &
de Chirurgie.* Nancy *chez le* Clerc *1768.*
1 Alph. 10 Bogen in gr. 8.

Da Hr. G. zur Abſicht gehabt, dieſe
Materie nach ihrem Umfang abzuhandeln: ſo hat er nicht anders, als vieles
ſehr oft Geſchriebenes wiederholen können.
Die Geſchichte der Einpropfung beſonders
diejenige, welche die nördlichen Länder an-
geht, iſt nur unvollſtändig. Er ſelbſt hat
zu mehrern mahlen in Nancy glücklich eingepfropfet; und iſt zuletzt bey der Sutton-
ſchen Methode ſtehen geblieben. Dieſe
beſchreibt er theils nach den Nachrichten des
Arztes bey der Garniſon in Nancy Hrn.
Dezoteur, der zur Erlernung der Methode nach
London gereiſet war, theils nach dem Dims-
baliſchen Werke, aus welchem Hr. G. zuletzt
auch einige ihm erhebliche Krankengeſchichten
entlehnet. Sehr oft beruft er ſich auf ſeine
eigenen Fälle, die zum Theil lehrreich ſind.
Merkwürdig iſt die Erzählung von einem
jungen Menſchen, den Hr. Richard de
Hauteſiercq nach glücklich überſtandener
Inoculation zum Verſuch ein ganzes Jahr
lang alle 14 Tage inoculirte, aber ohne

U 4 Wir-

Wirkung und ohne nachtheilige Folgen für
die Gesundheit. Zwischen den ächten Pocken und den unächten wird in einem besondern Capitel eine Vergleichung gemacht.

_____

2.)

Mit Brönnerschen Schriften sind 1770
auf 76 Seiten in Folio gedruckt Johann
Christian Senkenberg *Medicinae Docto-
ris* und *Physici ordinarii* zu Frankfurt
Stiftungsbriefe zum Besten der Arzeneykunst und Armenpflege, samt Nachricht wegen eines zu unternehmenden
Bürger- und Beysassen-Hospitals u.
s. w. Die von dem Hrn. S. gemachte
Stiftung ist ein so seltenes Beyspiel einer
uneigennützigen und wohl angewandten Frey-
gebigkeit, daß sie allerdings unsere Anzeige
erfordert. Er hat nehmlich sein ganzes Vermögen zur Einrichtung verschiedener medicinischen Anstalten, als eines botanischen Gar-
ens nebst Gewächshause und Wohnung für
den Gärtner, eines chemischen Laboratorium,
eines anatomischen Theaters und Bürger Ho-
spitals, seiner Geburtsstadt Frankfurt ver-
macht und davon sogleich 95000 Gulden ab-
getragen. Verschiedene Anstalten sind schon
wirk-

wirklich zu Stande gekommen, und an andern
wird mit Eifer gearbeitet. Der Hr. Stifter
behält sich die Anordnung dabey vor. Weil
aber die darauf, besonders auf das Hospi-
tal zu verwendenden Kosten sehr hoch steigen:
werden andere zu mildreichen Beyträgen ein-
geladen. Ein Neveu des Hrn. S, Hr. Baron
Renat Leopold Christian Carl von Sens-
kenberg, giebt hiervon und von andern Umständen dieser Stiftung bey verschiedenen
gelehrten historischen Digreßionen umständliche Nachricht. Dieser sind die nöthigen
Beylagen angehängt. Der Magistrat hat
auch in das Gesuch des Hrn. S. sich in dem
zur Stiftung gehörigen Garten begraben
zu lassen, für seine Person gewilligt. Ein
Gesuch, das eben so rührend ist, als die
Grabschrift, die er sich selbst gesetzt hat.

2.)

Abhandlung über die Futterkräuter
der Neuern u. s. w. von Hrn. Alb.
Haller auf G. J. und E. des grossen
Raths der Republick Bern, gewesenen
Salz Directorn zu Roche; der Königl.
Gesellf. der Wissenf. zu Göttingen, wie
auch der ök. Ges. in Bern Präsidenten
u. s. w. übersezt durch * * *. Bern,
In

In Verlag der neuen Buchhandlung
1771. 3 Bogen in 8.   Der Hr. V. hat hiemit der Unverständlichkeit, welche die beym
Landmanne gebräuchlichen Benennungen
dieser Art Kräuter bey sich führen, abzuhelfen gesucht.   Er leistet dieses durch bewähr-
te Synonymen aus den Schriftstellern und
durch eigene deutliche Beschreibungen des
ganzen Gewächses.   Damit verbindet er
seine Beurtheilungen über den Wehrt eines
jedweden.   Bey dem Anbau der Futterkräuter hat man zum Zweck gehabt, Gewächse zu erzielen, welche die gewöhnlichen
Gräser an Geschmack, Nahrungskräft und
Gewicht überträfen, und sich zu wiederholten mahlen abmähen liessen.   Die Pflanzen
mit Erbsenblüthen und verschiedene Grasarten, besitzen diese Eigenschaft; und auf
diese schränkt sich der Hr. V. vorzüglich
hier ein.   Die Grasarten, die man ange-
bauet hat, sind das Timothygraß (Phleum
pratense L.); das Birdgraß oder Fowl
Meadowgraß, welches dem Gramen pratense paniculatum medium angusticri folio
Scheuchz. S. 187. am nächsten kömmt; das
Raygraß (Lolium perenne) und das Fro-
mental der Franzosen (Avena elatior).
Unter den Futterkräutern mit Erbsenblüthen ist die Luzerne (Medicago sativa) das
älteste.   Nächst dem rothen Klee (Trifolium

lium pratense) werden in Frankreich das Trifolium hybridum und in England das Trifolium fragiferum und das Trif. agrarium
angebaut. Die Medicago lupulina und
falcata sind weniger ergiebig. Die Faron-
che (Trifolium stellatum) wird am Fuße
der Pyreneen gebaut und in Berichten aus
Frankreich an die Bernische öfonomische
Gesellschaft sehr gepriesen. Die Esparcet-
te (Hedysarum Onobrychis) zieht der Hr.
B. allen übrigen Futterkräutern vor. Denn
sie kommt beydes in feuchtem und trocknem
Erdreich gut fort, verträgt die Witterung,
dauert lange, und ihr Samen kömmt leicht
zur Reife. Nur läßt sie sich nicht leicht
trocknen, sondern schickt sich am besten frisch.
Die Sulla der Italiäner Hedys. corona-
rium kömmt nicht in kalten Gegenden durch.
Nur Miller erwähnt, das die Coronilla varia in England gesäet worden. Der Hr. B.
schlägt einige andere vor. Auffer den angegebenen Classen haben sich besonders der
Spergel (Spergula aruensis) und das Bur-
net berühmt gemacht. letztere sehen einige für die Sanguisorba officinalis, andere
für das Poterium sanguisorba, an; und ist,
weil sie auch im Winter grün bleibt, geschäzt
worden. Waidt und Krapp sind auch nicht
zu verwerfen. Ferner verdienten Versuche
mit der Mutellina und der Alchemilla angestellt

stellt zu werden. Die Wurzeln werden
übergangen; und Butomus vmbellatus schickt
sich eben so wenig zum Futter, als andere
Wasserpflanzen, als welche beym Trocknen
den größten Theil ihres Gewichts verlieren.
Eigentlich gehört diese Abhandlung in die
Berner ökon. Sammlungen: der Verleger
hat aber auch einzelne Exemplare abdrucken
lassen.

IX.

Medicinische Neuigkeiten.

Harlem. Die dortige Gesellschaft der
Wissenschaften hat auf das J. 1772. die
Preisfrage aufgeworfen, welchen Krankheiten die Holländer, vermöge der natürlichen
Beschaffenheit des Landes unterworfen seyn,
und durch was für Mittel sie sich verhüten
und heilen lassen. Die Antwort darauf
hat man dem Secretair Hrn von der Aa,
in deutscher, französischer oder lateinischer,
Sprache zuzuschicken.

Halle. Daselbst ist der ord. Prof. der
Medicin, Hr. Friedr. Christian Junker,
im 41 Jahr gestorben.

Leiden. Eben diesen Verlust erlitte
den 9ten Sept. 1770 die dortige Akademie
an

an ihrem berühmten Zergliederer Hrn Bernard Siegfried Albinus, der 74 Jahre alt geworden.

Wittenberg. Den 1sten Sept. eben des Jahrs verschied Hr. Julianus Adolph Bose, ausserord. Prof. der Medicin.

Göttingen. In der hiesigen Societät der Wissenschaften ist die Veränderung vorgefallen, daß der Hr. Hofr. Michaelis das Directorat und die Aufsicht über die gelehrten Anzeigen niedergelegt hat. Ersteres Amt wird hinkünftig jährlich unter den Mitgliedern abwechseln, so wie es gegenwärtig von dem Hrn Hofr. Kästner geführt wird, letzteres aber hat der Hr. Hofr. Heyne übernommen. Dieser verwaltet auch, nachdem der ältere Hr. Prof. Murray von dem Secretariat abgetreten, dasselbe. Ferner sind in der physischen Classe, die seit einigen Jahren unbesetzt gewesen, vor kurzem der Hr. Leibmedicus Vogel zum ordentlichen Mitgliede, und die Herren Professoren, Murray d. jüngere, Wrisberg, Beckmann und Richter zu ausserordentlichen, ernannt worden.

Bey der Versammlung der Societät den 10. Nov. 1770. wurde auf das J. 1772. folgende Preisfrage aufgestellet: *quænam est vaporum letiferorum in cauernis nonnullis prope acidulas natura? num, subducta aë-*

ri

ri *elaſtica vi, reſpirationem intercludunt?*
an illi acidam naturam habent, & veſicu
lis pulmonalibus contractis, mortem infe
runt? an ad cerebrum tendunt & facultates
animales ſubito ſupprimunt? Der Preis be
ſteht in 50 Ducaten; die Antwort iſt aber
vor dem J. 1772 an den Secretair zu über
ſenden.

Jena. Hr. Joh. Ernſt Neubauer
trat zu Anfang des J 1770. ſeine anatomi
ſche und chirurgiſche Profeßion mit einer
Rede an, wozu er durch einen Anſchlag,
de epiploo - oſcheocele, cuius receptaculum
peritonæi mentiebatur proceſſum, teſtem &
epididymidem ſimul continentem, einlud.

London. Den 7. May 1770 ſtarb Hr.
Joh. Kirkpatrik, Verfaſſer der *Analyſis*
of the inoculation und den 23. Junii Hr.
Marcus Akenſide.

Verſailles. Den 20. Dec. 1770. verlor der Hof ſeinen erſten Leibarzt, den verdienſtvollen Hrn Peter Senac, im 80.
Jahr.

Leipzig. Noch einen Todesfall fügen
wir hinzu, nehmlich denjenigen des Hrn.
Geo. Chriſtian Reichel auſſ. Prof. der
Medicin und Beyſitzers ſeiner Facultät; er
ſtarb 44 Jahre alt.

D. Rudolph Augustin Vogels

Königl. Großbrit. und Churf. Braunschw. Lüneb. Leibmedici, der Arzneywissenschaft öffentlichen Lehrers auf der Georg Augusts Universität zu Göttingen und der Kays. Acad. der Naturf. der Königl. Göttingischen Societät der Wissensch. wie auch der Königl. Schwed. und Churf. Maynz. Acad. d. Wiss. Mitglieds

Neue
Medicinische
Bibliothek.

Des achten Bandes fünftes Stück.

Göttingen,
verlegts Abram Vandenhöks Wittwe.
1772.

Inhalt.

1.

Hippocratis Opera genuina recen-
suit, praefatus est ALBERTUS DE HAL-
LER, Tom. I. Lausannae sumt. Franc.
Grasset et Socior. 1769. 498 S. Tom.
II. Opera minus certa, 1770. 478 S.
Tom. III. Opera minus certa, 1770. 450
S. Tom. IV. Opera vera et adscripta in
tres classes divisa, 1771. 418 S.
in gr. 8.

Zum bequemen Gebrauch derjenigen Aerzte, die den Hippocrates in seiner
Muttersprache nicht lesen können und doch
seine Vorhersagungen und Räthe gerne
wissen und brauchen wollen, ist diese neue,
saubere Ausgabe von dem verdienstvollen
Hrn. von Haller veranstaltet worden. Cri-
tiken hat derselbe zwar nicht angebracht; jedoch einige aufgestoßene Fehler hin und wie-

VIII. B. 5. St.   X   der

der verbessert. Jedes Buch hat er mit einer kleinen Vorrede begleitet, darinne er
theils den vornehmsten Inhalt desselben anzeigt, theils seine muthmaßlichen, auf der
Alten und vornehmlich des Galenus Aussa-
ge gebaueten, wie auch durch eigene Nach-
forschung herausgebrachten Gründe darlegt,
warum er dasselbe für echt oder unecht
hält; die wir hernach bey jedem Buche besonders auszeichnen wollen.

In dem ersten Bande stehen demnach die
dem Hippocrates von jeher zugeschriebenen
eigenen Bücher, in folgender Reihe:

1. De aëribus, aquis et locis. Des
Aristophanes Scholiast und mehrere Alte
zählen dieses Buch unter die echten, und
Galenus hat darüber, obwohl nur kurz, commentirt. Es wird darinne gelehrt, was
für einen Einfluß Wasser, Winde, Jahres-
zeiten, Witterungen und die Lage der Länder auf die menschlichen Körper haben.
Nicht alle Körper können einerley Wasser
vertragen. Das Wasser wird durchs Frieren leichter. Die Weiber haben eine kürzere Harnröhre, als die Männer. Außer
diesen wahren Sätzen, die sich hierinne finden, bemerkt der Hr. von H. doch auch einige unrichtige, als, daß Krankheiten und
Sitten

Sitten sich beständig nach den Winden richten; daß das aus Felsen entspringende Wasser schlechter sey, als das aus erdichten Ge-
bürgen, wovon die Erfahrung das Gegentheil lehret. Was auch sonsten Hippocrates von den Scythen und Amazonen anführet, darinne ist er zu leichtgläubig gewesen.
Ob zwar der Hr. von H. dieses Buch mit
allen Gelehrten immer für echt gehalten;
so ist ihm doch, wie er in der Vorrede meldet, nun ein grosser Zweifel deswegen bey-
gefallen, da es ihm offenbar einen Mann
zum Verfasser gehabt zu haben scheint, der
in Europa gelebt hat.

2. De natura hominis. Ist sehr gemischt, und handelt von den vier wechselsweise im Körper herrschenden Feuchtigkeiten,
von ausführenden Mitteln, die auf eine
jede derselben besonders würken, vom Ursprung epidemischer Krankheiten, die H.
mehr der Luft, als der Lebensart zuschreibt;
worinne er aber wiederum geirret, da der
Scorbut bey einer ganz verschiedenen Luft
überall vom übermäßigen Gebrauch salzigten
Fleisches erfolget. Es wird ferner hierinne vom Ursprung anderer Krankheiten und
dem Unterschied der Fieber ebenfalls nach
einer angenommenen Hypothese gehandelt.
Einiges unrichtige scheint von einer fremden

Hand

Hand eingerückt zu seyn; wie die vier Paare grosser Adern, nach der Chineser Vorstellung.

3. De locis in homine. Ist wieder sehr gemischten Inhalts, ohne Ordnung, von anatomischen, pathologischen und therapeutischen, zum Theil wahren und zum Theil falschen Lehren. Daß dieses Buch aber dem H. wohl zustehen mögte, urtheilt der Hr. Herausgeber aus der Heilart, die mit des H. seiner in andern Büchern übereinstimmt, und aus dem dunkeln Vortrage. Hippocrates gedenket hier der Häute des Auges und Gehirns, der schlagenden Adern an den Schläfen, die seiner Meynung nach kein Blut führen; gewisser von den Sehnen des Genicks zu den Geilen gehenden Adern; einer Unfruchtbarkeit, die auf die Aderlässe an dem Knöchel des Fußes erfolgen soll; der Aderöfnung an Arm wegen übler Beschaffenheit der Milz; der Verbindung der Adern unter einander; der Fasern, die den Magen mit der Blase verbinden. Es kömmt auch etwas vor, das zur Geschichte der Knochen, zu den Näthen, und zum ganzen Scelet gehört. Der Schleim in den Gelenken ist ihm nicht unbekannt gewesen. Er beschreibt ferner darinne die sogenannten Flüsse, die davon entstehenden
Krank

Krankheiten, die Augenübel, das dargegen
dienende einschneiden der Kopfhaut, das
Brennen der Adern zwischen den Ohren und
Schläfen, in der Seite bey Brustgeschwü-
ren, verschiedene Arten von Galle, die
Cur des Seitenstichs mit Honigwasser und
Essig, des Hüftwehes durch Schröpfköpfe,
der Gelbsucht durch die Eselsgurken und
Wein, der Bräune durch Aderlässe und
abführende Mittel, der Melancholie und
des Krampfs durch die Mandragora: er
handelt auch von der Ursach der Fieber und
ihrer Heilung: er lobt in der Hitze kühlende
Mittel, wie die Gurken. Bey Durchfällen giebt er Brechmittel zu deren Stillung.
In jeder Krankheit sollen die Adern gebrannt
werden. Etwas liefet man auch von den
Classen der Arzneyen, von Brüchen des
Hirnschedels. Zwey kluge Rathgebungen
sind es, daß man in einer unbekannten
Krankheit keine heftigen Mittel brauchen,
und sich bey den Curen nicht dem Glück
überlassen solle.

4. De humoribus. Hält der Hr. v. H.
für echt, oder wenigstens für ein Werk eben
desjenigen, der das Buch de locis geschrieben hat; weil vom Schleim und Galle,
als abwechselnden Ursachen der Krankheiten
hier eben so, wie dort, geredet wird. es

X 3   kommen

kommen auch einige Stellen vor, die im
erſten Buch der Epidemicorum, einem gewiß echten Werke, geleſen werden; und einige von den aphoriſmis ſind wörtlich wiederholet. (Die auf das Höchſte getriebene
Kürze der Schreibart überſteigt bekanntlich
die Hippocratiſche; und dis hat mich immer abgehalten, dieſes Büchlein, das weit
dunkler als die Offenbarung Johannis geſchrieben iſt, nicht für Hippocratiſch zu halten, ob es gleich Hippocratiſche Lehren enthält.)

5. De alimento. Der Hr. v. H. ſchreibt
mit Galenus, Mercurialis und mehrern
andern dieſes faſt eben ſo, wie das vorige,
dunkel und kurz abgefaßte Werkchen dem
Hippocrates zu. Doch geſteht er in der
Vorrede, daß man aus dem darinne bemerkten Unterſchiede von den Arterien und Venen, ihren Urſprung aus dem Herzen, und
von dieſem, als der Quelle des durch den
ganzen Körper bewegten Bluts und Luft
Urſach zu glauben habe, daß es von einem
andern Verfaſſer herkomme, der zu Ereſi-
ſtratus Zeiten oder auch noch ſpäter gelebet habe. Nur allzu frey haben Ausleger
hier den Umlauf des Bluts finden wollen.
Von der Ausdünſtung aber und deren Nutzen zur Erhaltung der Geſundheit kommen

deutliche

deutliche Stellen vor. Etwas diätetisches
findet sich hier nicht. Die Luft wird zu einem Nahrungsmittel gemacht; die Knochen
werden kurz, aber unzuverläßig, beschrieben; und so lieset man auch etwas von der
Zeit, in welcher die Leibesfrucht gebildet
wird.

6. De morbis popularibus L. I. Das
wichtigste unter allen Hippocratischen Werken.

7. De morbis popularibus L. III. Ist
in gleichem Werthe mit dem ersten, womit
es auch zusammen hängt. Die eigentliche
Pest ist hierinne nicht beschrieben, sondern
Fieber von der äussersten Bösartigkeit.

8. Prognosticon. Alles was ein gutes
oder schlimmes Zeichen in Krankheiten abgeben kan, ist hier in einer ganz natürlichen,
und sonst ungewöhnlichen Ordnung erzählet:
nur der Pulsschlag ist fast vergessen.

9. Praedictionum L. II. Dieses Buch
hält der Hr. v. H. nur für echt, und trennt
es daher von dem ersten.

10. De victus ratione in morbis acutis
Libri IV. Die drey ersten Theile scheinen
X 4 echt

echt zu seyn; den vierten; ob er gleich sehr
alt und älter als Eresistratus ist, hat Galenus bereits für untergeschoben erkläret. Im
ersten Theile bezeigt Hippocrates seinen Un-
willen sowohl über die ältern Gnidischen
Aerzte, die die Diät ganz vernachläßigten;
wie auch über die mit ihm zugleich lebenden,
welche die Kranken in den ersten Tagen zu
sehr mit Hunger quälten, und erlaubt
denselben hingegen eine sehr dünne Kost,
als Honigwasser und Gerstenschleim, nachher aber allmälig eine etwas festere und
die Tisane. Im zweiten Theile lehrt er,
wie der hitzige Seitenstich durch Aberlässe,
Böhungen, Honigwasser und Honigessig zu
heilen sey; nur verbietet er die Aberlässe,
wenn der Stich tief unten ist. Im dritten
bestimmt er die verschiedenen Arten des Ge-
tränkes. Das Wasser hält er nicht bey allen für zuträglich; und der Hr. v. H. gesteht hierbey, daß er es auch niemals vertragen können. Im vierten Theile kommen
ganz gute Geschichte von Krankheiten nebst
allerhand diätetischen Räthen über Fleisch,
Kräuter und Gewürze vor. Wegen der vielen Recepte aber, und wegen verschiedener
in echten Hippocratischen Werken nicht ge-
dachter Arzneymittel wird dieser Theil für
unecht ausgegeben.

11. De

11. De Fracturis. Ein Werk, das sich des Hippocrates würdig macht, da es einen weisen und erfarnen Mann verräth. Auch die Verrenkungen werden hier abgehandelt; und in beyden Uebeln wird die so frühe, als möglich, zu verrichtende Einrichtung anges rathen.

12. De Articulis. Ist offenbar ein Theil und eine Fortsetzung des vorhergehenden Werks. Das dicke Bein kan ohne Bruch nach allen vier Seiten hin verrenket werden.

13. Mochlicus. Ein sehr kurzer und nicht unschicklicher Auszug aus den zweyen vorigen Werken, das kaum zehn eigene Worte hat.

14. De capitis vulneribus. Ist wie die übrigen chirurgischen Werke des Hippocrates eins mit von den besten; worinne mehr wahres und gewisses, als in den semioti- schen und practischen vorkommt. Hier ist der Ort, wo Hippocrates seinen begangenen Fehler bey den Kopfnäthen rühmlich beken- net. Bey dem Gebrauch des Kopfbohrers werden sehr feine Warnungen gegeben.

15. De officina Chirurgi. Ist in einer Hippocratischen Kürze und Gravität abge-

X 5   faßt,

faßt, und kan daher den echten Werken desselben beygefüget werden, obgleich Galenus sich hierüber zweydeutig erkläret hat. Alle Kleinigkeiten, die ein Wundarzt zu beobachten hat, sind angemerkt.

16. Liber Aphorismorum. Wenn man nicht heucheln will, so muß man gestehen, daß dieses Buch nachläßig geschrieben sey, da einige Sätze zweymahl vorkommen, einige auch andern widersprechen. Die besten sind die semiotischen; unter den physiologischen entsprechen viele der Wahrheit.

TOMUS SECUNDUS.
Opera minus certa.

1. De corporum resectione. Ein sehr kleines Büchelgen, worinne das Herz, die Lungen, die Leber und andere Eingeweide des Unterleibes aus dem Menschen, nicht aus Thieren, beschrieben werden, wie aus den fünf Lungenflügeln und der Weite der Därme zu erkennen ist. *)

2. De

---

*) Bey den fehlerhaften Uebersetzungen und den im Text übel angebrachten Verbesserungen dieses Büchleins ist uns ein heisser Wunsch nach der von dem über alle unser Lob erhabenen Hrn. Triller nun schon vor etlichen vierzig Jahren versprochenen Ausgabe der Hippocratischen Werke aufgestiegen.

2. De carnibus seu principiis. Das anatomische, was hierinne stehet, von der Trommelhaut, vom siebförmigen Beine, von den Sehnerven, von den Augenhäuten und der Linse, verräth einen Verfasser, der zu des Herophilus Zeiten gelebt haben mag. Aus des Heraclitus und Aristoteles Hypothesen ist sonst, was den übrigen Inhalt anbelangt, ein neues System von dem scharfsinnigen Verfasser zusammen gewebt.

3. De ossium natura. Galenus schreibt dieses Buch dem Hippocrates zu, welches den Alten unter dem Nahmen Mochlicus bekannt gewesen. Der erste Theil entspricht der Aufschrift, ist aber nicht so beschaffen in der Ausführung, als man von einem so grossen Arzt, wie Hippocrates gewesen, erwarten können; doch erkennt man, daß der Autor frische Knochen vor sich gehabt; und auch einen Nerven gekannt hat, der an dem Ellnbogen herunter lauft, und solchen, wenn er gedruckt wird, taub macht. Der zweyte Theil, welcher in einigen neuern Ausgaben de Venis überschrieben wird, scheint dem Hrn. v. H. ein räzelhafter Mischmasch zu seyn. Die Geschichte des paris vagi und des Intercostalnerven ist hier, obgleich mit vieler Unrichtigkeit, vorgestellt; imgleichen der Unterschied der Arterien von den Venen,

so,

so, daß dieses Buch nach dem Herophilus,
dem Erfinder der Nerven, muß geschrieben
seyn.

4. De corde. Enthält Säße von Erestiratus, die es verdächtig machen. Sonst
leuchtet eine grosse anatomische Kenntniß
hervor; und es ist unter den unechten das
beste.

5. De glandulis. So unvollständig auch
dasjenige ist, was von den Drüsen gesagt
wird, so wahr ist es doch. Auch sind die
Bemerkungen von den Krankheiten der
Brust, die auf das Abnehmen der weiblichen Brüste erfolgen, nicht unnüß.

6. De genitura. Es wird hierinne gelehrt, daß die Erzeugung des Menschen aus
der Vermischung des Saamens beyder Eltern geschehe; daß solcher von jedem Theile
ihrer Körper zusammen fliesse, und nach der
Oberherrschaft des männlichen oder weiblichen Saamens, bald Knäblein, bald Mägd-
lein erzeugt werden, und nach solchen sich auch
die Aehnlichkeiten der Theile an den Kindern
richten. Diese Hypothese ist allzu subtil,
und gehet von der alten Gravität der Kunst
allzusehr ab, als daß sie dem Hippocrates zugeschrieben werden könne.

7. De

7. De natura pueri. Ein zusammenhängendes System, voll von seiner Naturkenntniß, das nach dem Theophrastus und Herophilus geschrieben, und daher offenbar unecht ist, ohnerachtet es von den Alten unter die echten Hippocratischen Werke gezählet worden. Die Begebenheiten in der Natur werden mechanisch von der Luft und der Attraction hergeleitet. Vielleicht ist es von eben dem Manne geschrieben, der der Verfasser des Buchs de genitura ist; da es gleiche Meynung von des Menschen Erzeugung enthält.

8. De septimestri et octimestri partu. Die darinne vorkommende thörichte Meynung, welche lange geherrscht hat und auch von Rechtsgelehrten angenommen worden, ist bekannt genug. Foesius hält dieses Buch, woraus man sonst zween macht, für echt, obgleich Erotianus andrer Meynung gewesen.

9. De superfetatione. Gehört mehr zur Chirurgie, da es einige Fälle von schweren Geburten enthält, auch von dem Tode der Frucht in der Mutter, dessen Kennzeichen und Fäulniß handelt; wie auch von dem Nutzen eines grossen Nagels am Finger bey der Geburtshülfe. Indessen wird auch der

Zeichen

Zeichen der Schwangerschaft und des Geschlechts der Früchte gedacht, und der Bärmutter werden zwey Hörner zugeschrieben, woraus die Ueberschwängerung erkläret wird. Viele Arzeneymittel sind aus dem Buch de muliebribus hier wiederholet.

10. De dentitione. Ist ebenfalls unecht, jedoch im Hippocratischen Geschmack nicht übel geschrieben, und ganz practisch mit einer umständlichen Beschreibung der Mundgeschwüren, die aphthae genennet werden.

11. L. I. de praedictionibus. Galenus, ob er gleich darüber commentirt hat, hält einen Nachkömmling des H. für den Verfasser; und dem Hrn. v. H. scheint solcher noch ein Anfänger der Vorhersagungskunst gewesen zu seyn, der die Kunst allgemeine Sätze aus besondern Begebenheiten zu machen, nicht verstanden, und ofte Begebenheiten vor Zeichen, die es doch nicht sind, ausgegeben hat, auch ungewöhnliche Worte, wenigstens im ungewöhnlichen Verstande, gebraucht hat.

12. Coacae praenotiones. Daß der Hr. v. H. dieses Buch für unecht hält, darinne hat er den Galenus zum Vorgänger. Zwey sehr gelehrte Aerzte, die um den Hippocrates

tes grosse Verdienste haben, Duretus und Foesius, haben über den Werth dieses Büchelchens ganz ungleiche Meynungen gehabt; indem jener solches überaus hoch hält, dieser aber nicht viel daraus macht: und der Hr. v. H. kann sich auch nicht entbrechen, zu sagen, daß viel Dunkles, viele vergebliche Fragen, die keiner Antwort bedürfen, trügliche und nur auf einzelne Fälle passende Sätze darinne vorkommen. Es hat übrigens mit dem vorher angezeigten Werke viel ähnliches.

13. De judicationibus. Die Schreibart ist kurz und aphoristisch, so, daß ein Schüler des H. der Verfasser davon zu seyn scheinet, der vieles, was er von seinem Lehrmeister gehöret, zusammen getragen hat. Die Vorhersagungen sind allerdings nützlich; und viele derselben sind aus den aphorismis, dem Buche de locis, aus dem prognostico und den praenotionibus genommen.

14. De diebus judicatoriis. Das mehreste scheint dem Hrn. v. H. ausgeschrieben und aus dem Buche de adfectionibus internis zusammen getragen zu seyn: denn so ist das in der Ordnung beschriebene dritte hitzige Fieber der zwente morbus crassus; auch die drey tetani, ein icterus, ein Hüftweh sind

in

in beyden Werken auf gleiche Art befindlich. Doch die genaue Beschreibung der Peripneumonie und ihre critischen Täge sind aus letzterm nicht genommen.

15. L. II. de morbis popularibus. Nach des Galenus Urtheil ist dieses Buch zwar vom H. aufgesetzt, aber nicht von ihm, sondern von Thessalus bekannt gemacht worden. In dem ersten Abschnitt, der von den crisibus handelt, findet man mehr Ordnung, als in irgend einem andern Hippocratischen Werke.

16. L. IV. de morbis popularibus. Scheint das schlechteste unter den übrigen dieser Art zu seyn. Alles ist unter einander her geworfen; die Krankheitsgeschichten sind unvollständig, und die practischen Sätze nicht völlig wahr. Darzwischen sind andre Lehren, welche entweder vom H. selbst können hergekommen oder aus seinen Aufsätzen ausgeschrieben seyn. Daß dieses Buch viele Jahre nach dem Hippocrates erst geschrieben worden, erhellet daraus, weil eines Cynischen Weltweisen darinne Meldung geschiehet, die cynische Secte aber erst nach des Hippocrates Zeiten entstanden ist.

17. L. VI. de morbis popularibus. Ist fast

faſt in dem Geſchmack, wie das vorhergehende, abgefaßt.

18. L. V. de morbis popularibus. Hierinne kommt eben nichts vor, was des H.
nicht würdig ſeyn ſollte. Einige ſeltene und
überaus nützliche, ſowohl practiſche, als chirurgiſche Beobachtungen machen es leſenswürdig.

19. L. VII. epidemicorum. Dieſes und
das vorhergehende kommen dem Hrn. v. H.
beträchtlicher, als die übrigen unechten vor,
und ſcheinen Einen Verfaſſer zu haben.
Viele Wiederholungen lieſet man in beyden;
und die allermeiſten Beobachtungen finden
ſich im letztern.

20. De affectionibus. Hat wenig Rai-
ſonnement und viel gute Anmerkungen: iſt
übrigens gemiſchten Inhalts. Daß Poly-
bus der V. davon ſeyn ſoll, iſt eine bloſſe
Muthmaſſung.

21. De internis affectionibus. Enthält
offenbar Gnidiſche Lehrſätze, und heftige
Gnidiſche Arzneyen, und unterſcheidet Krankheiten ohne wahre characteriſtiſche Zufälle
von einander.

VIII. B. 5. St.   Y   TO-

TOMUS TERTIUS.
Opera minus certa.

1. De morbis L. I. Wahrscheinlich kommen sie von einem Gnidischen Arzte; und man macht auch hier, wie in dem vorigen Werke, aus der kleinsten Verschiedenheit einer Krankheit neue Gattungen.

2. 3. De morbis L. II. III. Beyden Büchern ist das über das erste gefällte Urtheil angemessen.

4. De morbis L. IV. Ist mehr theoretisch, als die übrigen. Daß das Getränke in die Lunge kommt, wird hier verneinet, in andern Hippocratischen Werken aber bejahet.

5. De morbis mulierum L. I. Der V. ist ungewiß. Aus dem grossen Wust der Arzneymittel und deren verworrenen Vermischung erhellet, daß es in neuern Zeiten geschrieben sey. Indessen ist es vollständiger als alle neuere Bücher von Weiberkrankheiten.

6. De morbis mulierum L. II. Ist von eben dem Schlag, wie das erste, woraus auch vieles ungeändert wiederholet wird.

7. De

7. De natura muliebri. Iſt faſt wörtlich das vorige Werk.

8. De ſterilibus. Hat wenig neues und
beſonderes, und abgeſchmackte Verſuche, die
Schwangerſchaft zu erkennen. Vieles iſt
aus den Büchern von Weiberkrankheiten
wörtlich ausgeſchrieben.

9. De virginum morbis. Scheint eben
den Mann, als das Buch von Weiberkrankheiten, zum V. zu haben; als welcher
es hieſelbſt citirt. Mir ſcheint es ein Fragment zu ſeyn.

10. De morbo ſacro. Enthält viel Rai-
ſonnement, das man am H. nicht gewohnt
iſt; andre Gründe zu geſchweigen.

11. De flatibus. Der Urſprung der
pneumatiſchen Secte läßt ſich hier entdecken,
nebſt vielen Abweichungen von des H.
Meynung.

12. De viſu. Worinne das Schröpfen
der Augenlieder nebſt andern grauſamen
Operationen gelehret wird.

TOMUS QUARTUS.

Opera vera et adscripta in tres classes divisa.

Dieser Theil ist mit der Vorrede des Hrn. von H. zum ganzen Werke gezieret, und rechtfertiget unter andern die von ihm gemachten neuen Abtheilungen, da man bisher bey der Vermengung der echten und unechten Hippocratischen Werke unter einander unzählige Fehler begangen, und dem H. manche anatomische Erfindungen und andre Meynungen zugeschrieben hat, die in ganz andre Zeiten eingefallen sind. Die hierinne enthaltene Stücke sind folgende:

1. De sanorum victus ratione L. I. Des Heraclitus Meynungen sind hier vorgetragen, und mithin ist es alt, und in so fern auch Hippocratisch, als es kurz und dunkel geschrieben ist. Die Theorie von Temperamenten ist ganz verschieden von der, welche im Buche de carnibus vorkommt.

2. De victus ratione sanorum L. II. Eine eigentliche Diätetic, in guter Ordnung geschrieben, und des Hippocratischen Nahmens nicht unwürdig.

3. De victus ratione sanorum L. III. Hat nichts gemein mit den beyden ersten Büchern;

Büchern; und handelt von den Krankheiten, die aus heftiger Bewegung sowohl, als aus der Faulheit entspringen, und wie solchen abzuhelfen.

4. De victus ratione salubri. Hat viel ähnliches mit dem dritten Buch de diæta, woraus auch vieles genommen und zum Theil weitläuftiger ausgeführet ist.

5. De insomniis. Ein zierliches Werk, vermuthlich von dem V. des dritten Buchs de diæta. Vom vermehrten und verminderten Umlauf des Bluts wird ganz deutlich gesprochen.

6. De ulceribus. Scheint wegen der vielen und mancherley Arzneyen nicht vom H. herzukommen; hat aber doch manches gute.

7. De fistulis. Macht ein zusammenhangendes Werk mit dem Buch von der güldnen Ader, und handelt von der Gefäßfistel und dem Austritt des Mastdarms.

8. De hæmorrhoidibus. Ist nicht unnütze, ob es gleich unter die unechten gehöret. Von dem V. der aphorismorum kommt es aber auch nicht her.

Unter

Unter die mehr offenbar unechten kleinen Werke werden nun folgende von dem Hrn. v. H. noch gezählet:

9. De veteri medicina. Ist wieder den Aristoteles gerichtet, und gelehrt und scharfsinnig abgefaßt.

10. De arte. Ist blos theoretisch. Des zellichten Gewebes wird hier gedacht; und die Leber in die Brust gesetzt.

11. De Medico. Beschreibt das einem Arzte unentbehrliche chirurgische Geräthe, und würde schicklicher de officina medici chirurgica betitelt worden seyn.

12. De decenti habitu. Keiner unter den Alten gedenkt desselben, und man hält es überall für unecht.

13. Praeceptiones. Ist in einer Hippocratischen Gravität und Kürze geschrieben, und nicht unnütz. Man ersiehet daraus, daß es schon damals nicht an Fuschern gefehlet hat.

14. De lege. Trägt einige Lehren zum Unterricht des Arztes vor.

15. Jusjurandum. Scheint dem Hrn. v. H. wegen des Verbotes des Steinschneidens

bens neuer zu seyn, als die Theilung der
Arzeneywiſſenſchaft.

16. De hominis ſtructura. Iſt nur
latelniſch. Die Arterien bringen die Luft
ins Blut.

17. De natura hominis. Eine rhetoriſche Beſchreibung der Theile des menſchlichen Körpers, die nicht alt iſt.

18. De aetate. Von den Zeichen des
Alters der Leibesfrucht, der gröſſern Lebhaftigkeit der achtmonatlichen als der von ſieben.
Iſt ein Fragment, ähnlichen Inhalts wie
die echten Werke von dieſer Materie.

19. De aetate, fragmentum ex Philone.

20. De ſeptimeſtri partu. Beyde ganz
unecht und unerheblich.

21. De ſignificatione vitae et mortis.
Ein ganz neues aſtrologiſches Werk, das
nicht einmahl in griechiſcher Sprache geſchrieben iſt:

22. De liquidorum uſu. Iſt ein Auszug aus den vom Getränke handelnden Aphoriſmis, nebſt einigen Zuſätzen vom Wein
und Eßig.

Y 4   23. De

23. De medicamentis purgantibus. Ist auch aus dem angezogenen Werke zum Theil hergenommen, und vertheidigt die Wahl der Purgirmittel nach dem vierfachen Unterschied der Säfte des menschlichen Körpers.

24. De veratri usu. Das mehreste ist aus andern Büchern genommen, die der V. auch anführet.

25. Antidotum ex Actuario. 26. Aliud ex Nicolao Alexandrino.

27. De exsectione foetus. 28. Veterinaria, von einem jüngern Hippocrates.

29. Epistolae. Ob diese Briefe gleich sehr alt sind, und von Cato angeführet werden; so kommen sie doch dem Hrn. Herausgeber aus verschiedenen Ursachen ganz unecht vor, da das Geschenk, das die Abderitaner dem H. gemacht haben sollen, ihre Kräfte sehr übersteiget; der von H. erzählte Traum seiner Würde nicht angemessen ist, so wenig als die sophistische in allen Briefen herrschende Denkungsart; überdem aber H. in der Cur der Pest so gar glücklich nach dem, was Thucydides berichtet, nicht gewesen seyn kann; Cratevus auch jünger ist, als H. und endlich auch die gesammten Briefe von Galenus niemahls angeführet werden.

30. Hip-

30. Hippocratis vita ex Sorano. 31. De vita et familia scriptisque Hippocratis testimonia ex Jo. Ant. van der Linden. 32. Fragmenta et elogia. 33. Confentientia ex Galeno. 34. Contradicta et Defenfa ex J. A. v. d. Linden.

Nun wird der Lefer auch gerne noch wiffen wollen, was für eine Ueberfetzung der Hr. v. H. zu diefem Abdruck erwählet habe; allein er felbft fagt hiervon nichts: und nach angeftellter Vergleichung mit verfchiedenen Ueberfetzungen, die wir haben, findet fich, daß das mehrefte nach des Cornarus, einige Bücher nach des Mercurialis feiner, und vielleicht auch einige nach der alten Basler lateinifchen Ausgabe, die ich nicht befitze, abgedruckt worden.

II.

Gualth. van Doeveren Specimen Obfervationum academicarum ad Monftrorum hiftoriam, Anatomen, Pathologiam et Artem obftetriciam praecipue fpectantium. Groening. et Lugd. Bat. apud Bolt et

Lucht-

Luchtmans. 1765. gr. 4. 298 S.
7 Kupfertafeln.

Dieses nützliche und lehrreiche Werk darf
nicht, so wenig als einige andere noch
rückständige, vergessen werden, ob es gleich
nicht ganz neu mehr ist. Es sind in allem
15 Hauptstücke, worein das ganze Buch
getheilet ist; und der vornehmste Inhalt derselben ist folgender:

1. Eine genaue Zergliederung einer neuge-
bohrnen todten zweyköpfigten Mißgeburt von
einem Schafe, nebst Zeichnungen: worüber
einige sehr wichtige Betrachtungen angestellt
werden. Einige besondere Theile, als ein
aus zwey in einander gewachsenen Aufhebern
des fehlenden Schulterblats entstandener
Muskel; ein gedoppelter sternohyoideus und
sternomastoideus, ein ungewöhnlicher Ursprung der Carotis und der linken Achsel-
schlagader, eine ungewöhnliche Vertheilung
der Jugularadern, der Mangel der Zwerch-
fells- und Halsnerven an beyden Seiten
des Halses, eine eigene aus der Aorta gehen-
de Schlagader mit einem Vereinigungsca-
nale, und eine eben so ausserordentliche zu-
rückführende Ader, welche alle zur Erhaltung des Lebens und der freyen Bewegung
der zween Köpfe und Hälse dieser Mißgeburt

burt nöthig waren, zeigen nicht nur von einem ursprünglichen Bau derselben, sondern auch von der grossen Weißheit des Schöpfers, der zur Brauchbarkeit gewisser Mißgestalten zugleich andere entstehen läßt. Eine zufällige Verderbung im gewöhnlichen Bau findet hier keinen Plaß.

2. Ein ungestalter Menschenkopf, an p. 46. dem der obere Theil fast gänzlich fehlte; ein anderer mit einer doppelten Hasenscharte, und einem gespaltenen Rachen; und noch ein anderer mit allen vorangezeigten Fehlern, einer getheilten Nase, und sehr wenigem Gehirn. Innerhalb neun Jahren hat Hr. von D. sechszehn Geburten mit Hasenscharten bemerkt. In den Verunstaltungen der Köpfe, die nicht selten sind, bewundert er die Beständigkeit in der Aehnlichkeit ihres Baues, so wie auch bey andern Theilen des thierischen Körpers; wobey er einer Frau gedenkt, die dreymahl hinter einander Kinter mit sechs Fingern an einer Hand zur Welt gebracht.

3. Drey besondere Beyspiele von einer 61. ungewöhnlichen Lage der dicken Därme.

4. Eine durch die Oefnung entdeckte 69. tödtliche Entzündung und Vereiterung des Herzens.

Herzens. Der Tod erfolgte am 18ten Tage
der Krankheit, die einer Peripneumonie
völlig gleich war; die Lunge fande sich aber
unbeschädigt. Mit jener Krankheit war zugleich eine Wassersucht des Herzbeutels verbunden, als welcher von zwey Pfund Was-
fers und darüber, mit vieler enterichten
Materie vermischt, erschrecklich ausgedehnt
war, und die Lunge sehr zusammengepreßt
hatte. Der Kranke empfand vom Anfang
an ein beständiges heftiges Herzklopfen,
nebst einem unsäglichen Drucken in der
Brust; der Puls war auch immer unordent-
lich: und diese Zufälle blieben mit einem
schweren Athem nach geendigtem Fieber
zurück, so, daß man nun in der vermeyntlich entzündeten Lunge den Uebergang in eine
Verenterung vermuthete. Bey der unvoll-
kommenen und dunkeln Erkenntniß der Entzündung des Herzens, die so selten nicht ist,
als man glaubet, ist es den Aerzten leicht zu
vergeben, wenn sie solche verkennen, zumahl
da man doch keine andere Mittel, als die,
gegen die Peripneumonie anwenden kan.

p. 76. 5. Ein am zweyten Tage tödtliches Grimmen (ileus), welches den Verdacht einer
Vergifftung erreget, aber eine besondere
und seltene Verwickelung des dritten zugleich entzündeten und brandichten dünnen
Darms

Darms zum Grunde hatte; die Verwickelung felbft aber war durch einen aufferordent-
lichen widernatürllichen Bau des Darms ver-
anlaffet worden, und die Frau war den Colic-
fchmerzen ofte unterworfen.

6. Eine überaus merkwürdige Beobachtung von einer nach dem Tode entdeckten
Zerreißung der Blafe, mit einem aufrichti-
gen und eblen Geftändniß des Hrn. V. daß
er die Krankheit weder erkannt, noch die
rechten Mittel dargegen gebraucht habe.
Durch den täglichen, ob zwar nur wenigen
Abgang des Harns ift Hr. v. D. verleitet
worden, den Sitz der fchmerzhaften bis in
die vierte Woche fortwährenden, und mit
einer befondern umgränzten, empfindfamen,
den Vortertheil des Unterleibs bis über den
Nabel einnehmenden Gefchwulft begleiteten
Krankheit, nicht in der diefen Gefchwulft
machenden und fo fehr aufgetriebenen Harn-
blafe, fondern in der fchwangern Bärmutter
zu fuchen. Die Berftung war am Grunde
der Blafe gefchehen, und die Kranke hat
bis in den zwenten Tag hernach noch unter
weit erträglichern Umftänden, als vorhin,
gelebet; fobann aber ift fie plötzlich geftor-
ben. Die Blafe war auswendig hin und
wieder leicht entzünbet, und um den gebor-
ftenen Ort herum brandigt. Da die Frau
zugleich

zugleich in dem dritten Monat ſchwanger
war; ſo konnte Hr. v. D. nicht unterlaſſen,
p.93. die Mutter zugleich zu unterſuchen; welche
er denn überall dicker als gewöhnlich, jedoch
noch dicker oben als unten fand, maßen die
Dicke allmählig von oben herunter abnimmt,
jedennoch immer größer bleibet, als außer
der Schwangerſchaft. Mit dem Halſe derſelben verhielte es ſich umgekehrt.

94. 7. Noch eine tödtliche, obgleich nicht vollkommene, Verhaltung des Harns in einer
Schwangern, mit einer überaus großen
Ausdehnung der Blaſe, welche von einer
gänzlich vereyterten und in einen großen
Waſſerſack veränderten Niere herrührte.
Nicht nur die Mutter, ſondern auch alle
andre Eingeweide des Unterleibes, waren
von dieſen beyden aufgetriebenen Theilen in
103. eine ungewöhnliche Lage gebracht. Die
Feuchtigkeit, worinne die Frucht von 4½ Monate ſchwamm, war röthlich, und ließ ſich
vom Salpetergeiſt, nicht aber vom Weingeiſt,
zum gerinnen bringen. Der Kopf des Kindes hieng niederwärts, und die Füße waren
nach dem obern Theil der Mutter gerichtet;
104. wobey der Hr. B. ſeine Meynung über die
natürliche und gewöhnliche Lage der Leibes-
Frucht weitläuftig erörtert, und aus Ver-
nunftſchlüſſen und vielen, theils fremden,
theils

theils eigenen Beobachtungen wider die ein-
geführte gemeine Meynung behauptet, daß
der Kopf beſtändig unten und die Füße oben p.109.
liegen, und folglich das Umwelzen des Kindes in den letzten Monaten der Schwangerſchafft erdichtet ſey; obgleich die erſtbenannte
Lage in der Schwangerſchafft oft und auf
mancherley Weiſe verändert werde: worinne
er den Columbus, la Motte, und die Hrn.
Onymos, Camper, Monro u. m. a. zu
Vorgängern hat. Gelegentlich wird bemerket, daß nicht Paré, ſondern Franco der 119.
Erfinder von der künſtlichen Wendung des
Kindes ſey. Unter den mancherley Lagen 122.
aber, die die Frucht annehmen kan, iſt die
Querlage die gewöhnlichſte.

8. Eine in einer ſchweren unvollendeten 125.
Geburt geborſtene Mutter ohne Blutergieſ-
ſung; wobey das Kind größtentheils in den
hohlen Leib getrieben worden. Der Riß
war an dem unterſten und vorderſten Theil
der Mutter geſchehen, und die Ränder deſſelben entzündet und brandigt. Ein ſolcher
Vorfall iſt, außer einem übermäßigen Blutfluß, gar oft die Urſach von einem unverſe-
henen plötzlichen Tode gleich nach der Geburt.
Eine Verblutung aber muß oft die Schuld 134.
an dieſem Tode haben, der von einer zu frühzeitigen Ablöſung des Mutterkuchens erreget
worden;

worden; daher der Hr. V. gar ernſtlich war-
net, ſolche nicht eher vorzunehmen, bis die
Mutter gewiſſe Zeichen einer freywilligen
Zuſammenziehung an ſich merken láſſet.

p.138. Der Kayſerſchnitt macht ſich bey ſichern Zeichen einer zerborſtenen Mutter nothwendig,
wenn das Kind anders nicht gebohren werden kann.

139. 9. Eine verzögerte Geburt von einem
Fleiſchgewächſe in der Scheide, das vorher
abgedrehet werden mußte, und 1¼ Pfund
wog. Ein häufig abgehendes ſtinkendes
Waſſer und ein Durchlauf vertraten die
Stelle der gewöhnlichen Reinigung im Kind-
bette.

150. 10. Eine gefährliche Blutſtürzung bey
einer ſchwangern Frauen, wovon der an den
Muttermund angewachſene Kuchen die Urſach war. Die tödtlich kranke Frau wurde
durch die Ausziehung des Kindes glücklich
160. gerettet. Eine andre Frau, die ſchon ſehr
viel Blut verloren hatte, und von unwiſ-
ſenden Leuten war behandelt worden, ſtarb,
nachdem das Kind herausgenommen war,
bald darauf vom langen Zaudern.

163. 11. Eine ſehr ſchwere Geburt von der
ſchiefen Lage der Mutter und des Kindes;
wobey

wobey der Kuchen in einen beſondern Sack
der Mutter durch ihre unordentliche Zuſammenziehung eingeſperret war.   Das Kind,
welchem Hr. v. D. durch Oefnung des Kopfs
den künſtlichen Ausgang verſchaffen mußte,
war ganz faul; und an der nebſt dem Arm
ausgetretenen Nabelſchnur war kein Puls-
ſchlag mehr zu fühlen, als Hr. v. D. die
erſte Unterſuchung anſtellte: nichts deſto-
weniger behauptete die Kranßende, daß ſie
Tages vorher die Bewegung des Kindes
noch geſpüret hätte: welches dem Hrn. V.
Gelegenheit giebt, über die Ungewißheit der
Kennzeichen des Lebens und Todes des Kindes im Mutterleibe ſich heraus zu laſſen:
wobey er behauptet, daß auch die allerge-
wiſſeſten, dem Angeben nach, trüglich ſind.
— Bey frühzeitigen Geburten macht das p.173.
Blut aus der Mutter zuweilen gleichſam
eine Haut um das Kind; und ſolche bleibt
auch manchmal eine Zeitlang noch zurück,
wenn die Frucht ſchon abgegangen iſt.

12. Eine ſehr ſchwere und tödtliche Ge- 177.
burt, wo der Kopf des Kindes nach gemach-
ter Wendung, wegen einer von einem
harten Gewächs am Heiligbein erregten
Verengerung des Beckens nicht folgen
wollte.

p.184.　13. Osteologische Bemerkungen von verschiedenen Abweichungen der Knochen von ihrem gewöhnlichen Bau. Hierunter finden sich ein hinten und vorne breit gedruckter Hirnschedel, ein zugespitzter, überzählige wormische Knochen, die zum Theil nur die Oberfläche des Hirnschedels ausmachen, verspätete Verhärtungen an einigen Hauptknochen, verlängerte, verdoppelte, getheilte, wie auch fehlende Näthe, fehlende Schleimhölen, eine getheilte in dem obern Kieferknochen, überzählige Rippen und Wirbel-

201. beine. Wider den Hrn. Hunauld wird erinnert, daß diejenigen Menschen, welche 13 Rippen haben, dennoch auch 7 Hals-

202. wirbelknochen haben. An den Rippen hat Hr. v. D. niemals eine verminderte Zahl wahrgenommen. Ferner hat derselbe Beyspiele von getheilten und zusammengewachsenen

204. nen Rippen; ingleichen von einigen, die durch einen Zwischenknorpel in der Mitte beweglich waren; von sechs und auch von vier Abtheilungen des Heiligbeins.

208. 14 Versuche über die Reizbarkeit und
264. Empfindlichkeit; worunter verschiedenes zur Geschichte der hierüber entstandenen Streitigkeiten gehöriges eingeflochten ist. Der Hr. v. D. hat bereits 2. 1751 und 1752, als er noch zu Leyden studirte, an einigen
Thieren

Thieren die hiesigen Hallerischen und Zim-
mermannischen Versuche nachgemacht, und
von der Zeit an etlichemal wiederholet. Sie
sind den Hallerischen zum Theil entgegen.
Es erhellet aber aus seinen Versuchen,
1) daß die Reizbarkeit allen mit rothen
Fleischfasern begabten Theilen zukomme;
eben so, wie denjenigen, die nur sehr zarte
oder kaum sichtbare Fasern dieser Art haben,
wie dem Magen, den Därmen, der Gallen-
und Harnblase, der obern und untern Hol-
ader, der Leber, der Lunge und der Haut:
2) daß nicht nur gewissen Theilen, als den
Nerven, den rothen Muskeln, der Haut,
dem Magen, den Därmen und der Gallenblase, eine Kraft zu empfinden beywohne;
sondern auch viele andere, denen sie in den
neuern Zeiten abgesprochen worden, solche
ebenfalls besitzen, als die harte Hirnhaut,
die Sehnen und sehnigte Ausdehnungen in
Menschen und Thieren, das Pericranium,
das Brustfell, die Nieren, die Lungen und
die Leber: 3) daß lebendige Thiere auf
angebrachten Reiß nicht immer Zeichen
einer Empfindlichkeit von sich geben, obgleich
die gereizten Theile offenbar empfindlich
seyn; 4) daß auf die Verletzung der Sehnen, der sehnigten Häute und der harten
Hirnhaut keine fürchterliche Zückungen sich
ereignen, und folglich diese Theile ohne

Z 2

große

große Gefahr, sowohl wie andere, im Noth-
fall ein = und abgeschnitten werden können.

p.255.   15. Einige Zusätze zu den vorigen Kapi-
teln; welche in fremden Erfahrungen bestehen,
wodurch Hr. von D. die seinigen annoch
bestärket.

III.

Verzeichniß einer Sammlung von
Bildnissen, größtentheils berühmter Aerzte, sowohl in Kupferstichen, schwarzer
Kunst und Holzschnitten, als auch in
einigen Handzeichnungen : diesem sind
verschiedene Nachrichten und Anmerkungen vorgesetzt, die sowohl zur Geschichte
der Arzeneygelahrtheit, als vornehmlich
zur Geschichte der Künste gehören; von
J. C. W. Moehsen, des Königl. Preuß-
sischen Obercollegii Medici, und Obercollegii Sanitatis, wie auch der Röm.
Kayserl. Acad. der Naturforscher Mitglied, der Königl. neuen Ritteracademie,
des adelichen Kadettenkorps und des
Joachimsthalischen Gymnasii ordentlich
bestellten Medicus. Mit Vignetten.
Berlin,

Berlin, bey C. F. Heinburg, 1771. 243-
und 240 S. in 4.

Wie viel angenehmes und lehrreiches in
diesem mühsamen Werke enthalten
sey, ist aus dem Titel bereits zu erkennen.
Es macht unserm Teutschland Ehre, und
verdient von allen Liebhabern der litterär-
und Kunstgeschichte gelesen zu werden. Der
enge Raum unsrer Blätter aber verstattet
nicht, daß wir wegen des vielen mannigfal-
tigen einen vollständigen Auszug daraus
machen können; daher wir nur die Ueber-
schriften der Paragraphen abschreiben wollen,
damit der Leser nur einigermaaßen wisse,
was für Materien darinne abgehandelt
werden.

Den Anfang macht eine Einleitung von
eilf Paragraphen, in deren 1. das angenehme
und nützliche einer Bildersammlung von
Gelehrten erwiesen wird; der 2. giebt die
Veranlassung zu der Ausgabe dieses Verzeichnisses und den Nutzen desselben überhaupt an; der 3. bestimmt den Nutzen, den
besonders Kunstliebhaber daraus schöpfen
können: hierauf ist im 4. von Verbesserungen und Zusätzen aus diesem Verzeichniß,
sowohl zu des Gersaints und Yvers Cata-
logus der Werke des Rembrandts, als

Z 3   auch

auch zur Hiſtorie der Künſte überhaupt die
Rede; im 5. von Bildniſſen, die zugleich
von großen Mahlern und berühmten Kupfer-
ſtechern verfertigt worden; im 6. von dem
zu wiſſen nöthigen Unterſchied der Abdrücke,
die zuweilen von einer Platte genommen
werden; im 7. von der Seltenheit einiger
Blätter in dieſer Sammlung; im 8. über
die verſchiedene Geſichtsbildung in einigen
Blättern von einerley Perſon; im 9. von
einem in England untergeſchobenen Galenus,
und von einigen ſeltenen Blättern des Lux-
ma; im 10. von dem Bildniß des Dioſcorides nach einem geſchnittenen Stein, und
deſſen verſchiedenen Erklärungen und Benennungen; im 11. von dem Nutzen dieſes
Verzeichniſſes in der Biographie gelehrter
Aerzte, und Nachricht von deſſen Einrichtung.

p. 53.   Hierauf folgt eine Abhandlung von der
Verbindung der Arzenengelahrtheit mit den
bildenden Künſten, und von dem Nutzen,
welchen die verſchiedenen Bemühungen der
Aerzte den Künſtlern verſchaft haben.   Zu
welchem Ende in beſondern Paragraphen
gehandelt wird von der Liebhaberey und dem
Geſchmack der alten Aerzte an den Kunſt-
werken; von der Anatomie, in ſo weit ſie
dem Künſtler nöthig iſt, und von der anatomiſchen Kenntniß der alten Aerzte und
                                        Künſtler,

Künstler, nebst einer Frage, ob diese die
Anatomie so nöthig gehabt, als die neuern,
und warum diese die Anatomie der äusserlichen Theile erlernen müssen; wobey zugleich erzählet wird, wie der Arzt de la
Torre dem Leonh. da Vinci Gelegenheit
gegeben, den Nußen der Anatomie zuerst
einzusehen; von Mich. Angelo und Ras
phaels Kenntniß in der Anatomie; von
Vesalius und Titians Verdiensten um die
Anatomie der Künstler; von Eustachs
anatomischen Tafeln; von des Casserius
und Fialetti Werke, und den von Browne
daher genommenen myologischen Figuren;
von den anatomischen Kupfertafeln des Pet.
von Cortona, deren bisher unbekannter
Urheber eigentlich Jo. Mar. Castellanus
gewesen; von des Cesio Anatomie der Mahler und Preißlers Ausgabe; von des Bids
loo großen anatomischen Werke und des
Lairesse Zeichnungen; von Bidloos und
Lairesse Kupfern unter Cowpers Namen,
und des Cock angehängten neuen Tafeln;
von Errard und Genga Anatomie der
Künstler, und Vergleichung dieses Werks
mit des Vesalius und Titians Figuren; von
einem unter dem falschen Namen des Pics
colomini herausgegebenen anatomischen Buche Remmelins und Kilians; eine Untersuchung, warum die zum Unterricht der

Z 4   Aerzte

Aerzte dienen sollende anatomische Zeichnungen und Kupferstiche so vielen Schwierigkei-
ten unterworfen; von Aerzten, die zu ihren
anatomischen Werken die Zeichnungen und
Kupferstiche selbst verfertigt haben; von
Albinus anatomischen Werken, mit Wans-
delaars Zeichnungen und Kupferstichen,
und von Tarins Nachstichen; von des Hrn.
von Hallers anatomischen Werken, nach
Rollins und Kaltenhofers Zeichnungen,
mit Heumanns und anderer Kupferstichen;
von Gautier anatomischen Figuren mit far-
bichten Abdrücken, die mit Recht zur untersten Classe gezählet werden; von dem ersten
Gebrauch der bunten Holz- und Kupferab-
drücke zu anatomischen Figuren; von le
Blond, dem Vorgänger des Gautier; von
Ladmirals anatomischen Figuren in far-
biqten Abdrücken; Beschluß des Verzeichnisses der besten anatomischen Werke, so
von guten Künstlern verfertigt worden, nebst
einer Critic über Papillons Buch von Holzschnitten; verschiedene Nachrichten von Aerzten, die sich mit Zeichnen, Mahlerey und
Kupferstechen rühmlich abgegeben; von botanischen Werken, zu welchen die Verfasser
die Zeichnungen selbst gemacht; endlich von
einigen Aerzten, welche durch Hülfe der
Chimie verschiedenes zum Nutzen der bildenden Künste erfunden haben.

Dieser

Dieser erste Theil des Werks hat sechs
Anfangs- und Schlußkupfer, in deren ersten
die Redlichkeit des Democedes von Croton
gegen seine Amtsgenossen aus dem Herodo-
tus; im zwenten die Treue des Arztes Phi-
lippus gegen den Alexander aus dem Curtius
und Valer. Maximus; im dritten das Opfer
des Alexanders an den Aesculap und die
Minerve; im vierten die von Erasistratus
bewürkte kluge Heilung an dem vor Liebe
kranken Antioch, aus dem Plutarch und
Valer. Maximus; im fünften die Cur des
Japis am Aeneas, nach dem Virgil, und
des Grafen Caylus Angabe; im sechsten der
kranke Cupido, nach eines ungenannten Ge-
dichte. Am Ende dieses Theils werden
diese Geschichten ausführlich und nach der
Bedürfniß des Künstlers beschrieben; die
Originalgemählde aber sind von Hrn. Rohde
erfunden, und Hrn. Miel in Kupfer gesto-
chen worden.

Auf diesen folgt der zwente Theil, der
auch besonders verkauft wird, worinne die
Bildnisse berühmter Aerzte, die Werke, in
welchen solche zu finden, die Mahler, Zeich-
ner, Kupferstecher und Holzschneider, von
welchen solche herkommen, alphabetisch verzeichnet stehen, nebst einem gleichfalls alphabetischen und critischen Verzeichniß der

Z 5

Werke

Werke, in welchen dergleichen Bildniſſe zu
finden, wie auch ſolchen, aus welchen keine
genommen ſind.

IV.

*Index pharmacopolii completi cum
calendario pharmaceutico.* Verzeichniß
einer vollſtändigen Apotheke mit einem
Apotheken-Calender. Erſter Theil; ent-
worfen von Jo. Jul. Walbaum, Med.
Doct. & Pract. Lubec. Leipzig, bey
J. Fr. Gleditſch, 1767. 75 S. Zweyter
Theil, 1769. 104 S. Fol.

Bey der Ausgabe dieſes, die ganze Apotheke von mancherley Seiten vorſtel-
lenden Werkchens hat der Hr. D. W. eine
ſehr löbliche und nützliche Abſicht gehabt,
die wir durch fleißigen Gebrauch deſſelben
erreicht zu werden wünſchen wollen. Damit nämlich der Apotheker keine Fehler aus
Unwiſſenheit, die den Kranken zu ſo großem
Nachtheile gereichen, und die Erfahrungen
des Arztes zugleich unrichtig machen, hin-
führo mehr begehe, ſondern ſich dafür hüten
lerne; ſo hat der Hr. W. dieſes Verzeichniß
einer vollſtändigen Apotheke für die Lehr-
linge

linge der Apotheker kunst (wie auch für die
Aerzte, denen oblieget, solche Fehler zu erkennen und zu entdecken) aufgesetzt, worinne alles genau bestimmet ist; damit sie
darinne, wie in einem Reallexico die besten
und sichersten Nachrichten angezeiget finden
können, wenn sie sich bey zweifelhaften Fällen Raths erholen wollen.

In dem ersten Theile hat der Hr. W. die
in den Apotheken gebräuchlichen Namen vor-
angesetzt, und den Kräutern die botanischen
Trivialnamen nach dem Hrn. v. Linné bey-
gefügt; damit man gewiß wisse, welche Gattung des Krauts unter dem Apotheken-Na-
men, der in der Botanic bisweilen auch
andern Kräutern beygelegt wird, verstanden werde. Hinter denselben sind die Schriftsteller, bey welchen man eine gute Beschreibung oder eine gute Abbildung findet, mit
abgekürzten Worten angezeiget; wie denn
auch endlich die Kennzeichen der betrüglichen
und verfälschten Waaren, ingleichen die
Beschreibung einiger neuen Kräuter, welche
in teutschen Büchern nicht wohl zu finden,
in den darunter gesetzten Noten angemer-
ket worden.

Damit man auch alsobald wissen könne,
ob eine Arzeney unter die besten und würk-
samsten

samſten gehöre, welche billig in allen Apotheken vorräthig ſeyn müſſen; oder ob ſie
unter die ſchlechten, oder unnützen, oder gar
überflüßigen zu rechnen; ferner, ob eine
Arzeney noch neue und noch nicht in vielen
Apotheken zu finden, oder wohl noch gar
nicht eingeführt ſey; ingleichen, welches die
Medicamenta extemporanea ſeyen, die ein
Apotheker nicht nöthig hat auf den Kauf zu
machen; und welche Arzeney nur zu einer
gewiſſen Jahreszeit zu haben; ſo hat der
Hr. W. alle dieſe Merkwürdigkeiten durch
beſondere den Namen vorgeſetzte Caractere
ſorgfältig angedeutet.

Die Claſſification iſt ſo gemacht, wie
die Apotheken ſelbſt eingerichtet ſind. Diejenigen Sachen, welche eigentlich nicht zu
den Arzeneyen gehören, als Sand, Carmin,
Wachs, Indigo, Schminkläpgen u. ſ. f.
ſind in einem Anhange verzeichnet.

Aus dem angehängten Apotheker-Calen-
der iſt zu erkennen, zu welcher Jahreszeit
die einfachen Arzeneyen eingeſammlet werden müſſen.

Endlich hat der Hr. W. auch eine jede
Blatſeite mit Linien verſehen laſſen, damit
der Apotheker dieſes Verzeichniß zugleich
zur

zur Inventur seines Waarenlagers gebrauchen könne. Kurz, er hat für alles gesorget, was einen vollkommenen theoretischen Apotheker ausmachen kan; und wir zweifeln, ob selbst ein Apotheker, wenn er auch noch so gelehrt wäre, ein so vollständiges Werk von dieser Art hätte verfertigen können.

Der zweyte Theil enthält ein alphabetisches Verzeichniß der zusammengesetzten Arzeneyen, mit nützlichen practisch-chymischen Anmerkungen; und hiernächst einen Anhang von lübeckischen Namen; nebst einem andern, worinne kurze Sätze zur Verbesserung der Apotheken, Regeln der Vorsicht, und einige bequeme Handgriffe angegeben werden.

Etwas weniges wollen wir nun auszeich-   1. Th.
nen.   Die Eisenfeile muß man von den Fei-   p. 4.
lenschmieden, und nicht von den Schlössern
kaufen; weil Kupfer und Meßing darunter ist.

Die Wurzel von Rumex aquaticus ist fast   12.
von gleicher Würkung, wie vom R. britann.
die aus Canada gebracht wird. Man nimmt
daher jene für diese in Lübeck, wo sie im
Stadtgraben wächst.

Die theure Ginsengwurzel muß beym   14.
Einkauf durchschnitten werden; weil die
                              Chineser

Chinefer, zur Vermehrung des Gewichts, bisweilen Bley hineinstecken.

Die echte rad. elleb. nigr. beſteht aus einem ſchwarzen gereiſten Kopf, wie eine Haſelnuß groß, und vielen langen dünnen etwas glatten ſchwarzen, inwendig weiß ausſehenden Faſern: Sie iſt zugleich leichte, riecht ſtark, und ſchmeckt ekelhaft und etwas bitterlich. Die rad. elleb. virid. hat einen kleinen Kopf und dickere Faſern. Die rad. adonis vernal. beſteht aus lauter Faſern, welche auswendig nicht recht ſchwarz und inwendig nicht recht weiß, ſondern graulich und gelbweis ausſehen, und viel zäher, als die rechte rad. elleb. nigr. ſind. (Die Erfurtiſchen Kaufleute und Apotheker ſchicken ſolche jährlich zu vielen Centnern nach Frankfurt, Nürnberg und Hamburg.)

p. 17. Die echte Rhapontic iſt ſelten in deutſchen Apotheken, wo die R. centaur. major. dafür gegeben wird. Man findet ſie bisweilen unter der Levantiſchen Rhabarber; ſie ſchmeckt aber ſtärker und zuſammenziehender, und hat Streifen, die wie Strahlen von der Mitte nach dem Rande laufen: anderer Unterſcheidungszeichen zu geſchweigen.

20. Das lignum ſanctum iſt eine andere Gattung von L. guajac. Jenes iſt auswendig
von

von heller gelblicher Farbe, und in der Mitte schwärzlich. Beyde aber haben einerley Würkung; doch ist sie im L. guajac. stärker.

Die Kräutersammler bringen gemeinig- p.23. lich H. alsines für Anagall. in die Apothefen.

Mit der Belladonna hat man sich vorzu- 24. sehen, daß bey dem Trocknen nichts unter andre Kräuter komme.

Die Datura Metel, welche Hr. v. Linné 26. in seiner Mat. med. angeführet, ist nicht die rechte officinelle Art; sondern die Dat. Stramonium; womit auch Hr. Störck seine Versuche gemacht hat.

Das linum cathartic. wächst bey Lübeck 28. herum auf dürren Angern.

Die Phytolacca läßt sich in Gärten an 30. einer Wand gegen Mittag ziehen. (In unserm botanischen Garten sieht sie ganz frey.)

Sollte es wohl möglich seyn, daß der 47. Zimmt mit Cassia lignea verfälscht werde? da diese viel dicker, als jener ist, und sich durch das äußerliche Ansehen gleich verräth.

Die großen und weissen Cristalli tartari 49. werden mit Alaun oder Salpeter verfälscht.
Aus

p. 6.   Aus dem zweyten Theile. Das mit Wein abgezogene Zimmtwasser hat man nicht nöthig zu destilliren; sondern man darf nur den dritten Theil oder etwas mehr vom Weingeist zu dem mit Wasser abgezoge-nen gießen.

10.   In Augenschäden thut aqu. chelidon. maj. bessere Dienste, wenn es von gleichen Thei-len des ausgepreßten Safts und des Krauts ohne hinzugegossenes Wasser destillirt wird.

Fenchelwasser verdirbt bald; daher muß man es ofte frisch destilliren und etwas Spiritus darunter mischen.

11.   Bey der Bereitung verschiedener einfachen
12.   riechbaren Wässer wird gerathen, die Kräu-ter vorher einige Tage in Branntewein einzu-weichen. (Sodann aber werden sie anders, als bisher, gebraucht werden müssen.)

14.   Einen Wundbalsam von Burrhl erfun-den, dessen Composition dem Hrn. D. W. zufälliger Weise in die Hände gekommen, rühmt er sehr bey geringen Quetschungen und geschnittenen Wunden, absonderlich wenn man die Vereiterung abhalten will.

19.   Verschiedene alte Leute und Kinder sind von dem gemißbrauchten betäubenden elect.
                                        Philon.

Philon. Rom. und Requ. Nicol. um ihre
Gesundheit, auch wohl gar um ihr Leben
gebracht worden: und man sollte sie daher
wegen des Mißbrauchs, den unwissende
Leute und Ammen damit machen, in den
Apotheken billig nicht mehr halten (oder
an solche Leute wenigstens nicht mehr ver-
kaufen.)

Das zur Biebergelleſſenz im Würtem- p. 24.
bergiſchen Diſpens. vorgeſchriebene Gewicht des Biebergeils iſt zu gros gegen das
Gewicht des Spiritus; und es ſind auf
16 Unzen deſſelben 1½ Unzen Biebergeil
hinlänglich.

Die Bernſteineſſenz wird kräftiger, wenn 26.
der Branntewein vorher über Bernſtein-
pulver abgezogen iſt.

Eine Diſtillation des Gemiſches zum 61.
Spir. nitr. dulc. halten wir äuſſerſt nöthig, zumal aus dem rauchenden Salpetergeiſt gemacht; da es ſonſt wie ein Erzwaſſer beym
Einnehmen im Halſe würket, und eine
große Erſtickung verurſachet.

Sollte Weinſteinſalz die purgirende Kraft 65.
der Rhabarber würklich ſchwächen?

Anſtatt den Weineßig tropfenweiſe, nach 70.
Hrn. Caders Vorſchrift, unter die alcaliſche

lauge zur Bereitung der Terr. fol. tart.
zu mischen, kann man ihn immer Unzen,
weise darunter giessen. Denn wie viele
Zeit würde man nicht bey dem Eintropfeln
verschwenden müssen?

❧ ❧ ❧ ❧

V.

Pharmacopoea Helvetica &c. Scitu
& consensu Gratiosi Colleg. med. Basil.
digesta. Praefatus est Albertus de Haller.
Accedunt syllabus medicamentorum &
duo indices, primus morborum & curatio-
num, alter trilinguis, Lat. Germ. Gall.
Basileae, sumt. & lit. J. R. Imhof &
Filii. 1771. P. I. Mat. med. 212 S.
P. II. Pharmac. 384 S. ohne Vorrede
und Register. Fol.

Ohnerachtet es uns an guten und vollständigen Apothekerbüchern nicht
fehlet; so können wir doch dieses Helve-
tische nicht für entbehrlich ansehen, sondern
müssen vielmehr gestehen, daß es allen den
Vorzug streitig macht: indem nicht allein
viele Dinge darinne enthalten sind, die in
andern noch nicht stehen, obgleich auch andere, und besonders das neue Würtember-

ger

ger, vieles haben, was in diesem nicht zu
finden ist; sondern auch die Materia medica,
die den ersten Theil allhier, wie in dem
Würtemberger, ausmacht, alles nach seinen Geschlechten und Gattungen überaus
genau bestimmt, und die Pflanzen durch
die beygesetzten Linneischen und Hallerischen
Benennungen sehr kenntlich macht; so, daß
ein Lernender in diesem Theile nichts mehr
dunkel findet, zumal da er auch überall auf
gute Abbildungen gewiesen wird.

Der Vortrag von den Kräften, sowohl
der einfachen, als zusammengesetzten Arze-
neren, ist dem im Würtembergischen Apo-
thekerbuche ähnlich, jedoch auch öfters etwas
vollständiger, und hin und wieder mit Urtheilen versehen, die aus eigener Erfahrung
der Herrn Verfasser geflossen sind. Wer
aber diese seyen, ist dem Hrn. Präs. von
Haller, als erbetenen Vorredner nicht einmahl kund gethan worden; dessen merkwürdiger Vorrede wir zuletzt gedenken, und
vorher aus dem Buche selbst etwas auszeichnen wollen.

Der Wermuth wird gequetscht mit Nutzen P. I.
auf wässerigte Schenkel gebunden. Seine
narcotische Kraft wird in Zweifel gezogen.

Der

Der Hr. v. Haller hat sich durch deſſen langen Gebrauch vom Podagra entlediget.

In Helvetien wird der Dampf von getrockneten Judenkirſchen nützlich wider Zahnſchmerzen gebraucht, und ſcheint eine betäu-
bende Kraft, wie der Bilſenkrautſaamen,
zu haben.

Zur Abwendung der Waſſerſcheue iſt
Gauchheil (anagallis) vergeblich gebraucht
worden; wie ſolches auch der Hr. v. H. in
der Vorrede verſichert.

Der Dampf vom G. Anime dient wider
das Zahnweh.

Den Gänſerich brauchen die Helvetiſchen
Bauern in Bädern oft mit Nutzen wider die
Engliſche Krankheit ihrer Kinder.

Das abgekochte Queckſilber hat eine wahre
Kraft, die Würmer zu tödten.

Die nach Krankheiten ausgefallene Haare
wieder wachſen zu machen braucht man in
Helvetien nicht ſelten das ausgepreßte Oel
von Haſelnüſſen dazu.

In der fallenden Sucht ſind die Pom-
meranzenblätter oft vergeblich gebraucht
worden.

Da

Da die Belladonna auch zuweilen schädliche Würkungen hervorbringt; so wird für sicherer gehalten, sich ihrer nicht zu bedienen. Die Beeren hat man in Basel ehedem unter den Heidelbeeren verkauft, wovon viele Leute gestorben sind.

Der Birkensaft leistet im Anfange der Schwindsucht zuweilen gute Dienste.

Campfer erhitzt; man hat ihn mit Balsam u. a. d. vermischt oft nützlich in der fallenden Sucht gebraucht.

Die Blätter von Tausendgüldenkraut sind weit bitterer und kräftiger als die Blumen, und folglich diesen vorzuziehen.

Abgekochte Camillenblumen haben sich in kalten Fiebern nützlich bezeugt.

Das Schirlingsertract hat in Helvetien die gerühmten Würkungen nicht geleistet: indessen war es doch unschuldig, ausser, daß es bey einigen wenigen Kranken Schwindel, Magenkrampf, Ohnmachten und einen verlohrnen Appetit zum Essen erreget hat.

Die Wurzel der Zeitlose (colchicum) hat nicht die geringste Schärfe bey sich. Das davon gemachte Oxymel ist bisher ohne Nutzen allhier gebraucht worden.

Als

Als man ehedem zu Basel vielen Safran
gebauet, welches jetzt gar nicht mehr geschiehet; so haben sich die Bürger durch
dessen häufigen Gebrauch im Wein ein kränk-
liches Lachen zugezogen.

Die Möhren treiben Würmer, und auch
sogar Bandwürmer ab.

Wieder ein schwaches Gesicht wird die
Eufrasia in Thee vergeblich gebraucht.

Das muß doch wohl eine besondere Jdio-
synkrasie genennet werden, wenn einige Menschen von einem, auch nur geringen Genuß
der Erdbeeren ohnmächtig werden.

Wilber Aurin (gratiola) ist kein zuver-
läßiges Mittel wider den Bandwurm; und
eben so wenig Helleboraster, der etliche
Wochen lang nicht nur vergeblich gebraucht
worden, sondern auch schädlich gewesen ist,
indem er fast eine beständige Neigung zum
Brechen mit heftigen Colicschmerzen erreget,
und endlich einen fast unüberwindlichen Magenkrampf hinterlassen hat.

Es wird bestärkt, daß die Jpecacuanha
in kleiner Dosis eben das zuweilen leistet,
wie in der gewöhnlichen größern; (welches aber alsdann kein Wunder ist, wenn

die

die größte Neigung zum Erbrechen zuge-
gen ist.)

Unter allen süßen Dingen, heißt es, stillt
das Süßholz alleine den Durst; Zucker thut
es aber auch, wie wir von einem alten versuchten Officier vernommen haben, der sich dessen in Feldzügen zu gleichem Endzweck mit
mehreren Cammeraden bedient hat.

An der Schmerz- und Krampfstillenden,
Harn- und Schweißtreibenden Kraft der
Regenwürmer wird noch gezweifelt.

Ist es zuverläßig, daß das über dem
Hopfen abgekochte Wasser auch den härtesten
Blasenstein binnen drey Tagen schmelzet?

Bey einer epidemischen Ruhr that das
Manna mehr Würkung, als Rhabarber und
andere Purgirmittel.

Der Melilot ist scharf und scheint daher
mehr eine reizende und zertheilende, als erweichende Kraft zu besitzen.

Ein Thee aus der Waldmelisse (Melisso-
phyllum) thut in Steinbeschwerden und
langwierigen Brustübeln oft gute Dienste.

Das Millefolium nobile verspricht mehr,
als das gemeine, und verdient für diesem
gebraucht zu werden.

Aa 4   Aus

Aus den Kelereſeln wird nicht viel gemacht.

Das Baumoel hat man gegen eine Waſſer-ſucht vergeblich in den Unterleib eingerieben.

Das Steinoel hat auch ſogar bey reich-lichen und wiederholten Gaben den Brand-wurm nicht vermogt zu vertreiben: welches ich auch bezeugen muß.

Aus dem körnigten Fichtenharz macht man mit Waſſer ein Decoct, das anſtatt des Theerwaſſers getrunken wird.

Der Quaſſia kann man, nach angeſtellten Verſuchen, keinen Vorzug für der Fieber-rinde geben.   Aus vier Unzen erlangt man mit Wein anderthalb Unzen Extract; hin-gegen mit Waſſer kaum vier Scrupel.

Den Röthel mit Roſenhonig vermiſcht braucht der gemeine Mann in Helvetien wider die Mundgeſchwürgen.

Bey dem Scammoneum können wir nicht Umgang nehmen, anzumerken, daß es nicht heftig, ſondern ganz gelinde purgirt, und die Aerzte ſich folglich ohne Noth dafür fürch-ten; ingleichen, daß es den Unrath nicht ſtinkender macht, als er für ſich iſt.

Von

Von den kleinen Stengeln der Senes.
blätter wird ganz recht angemerkt, daß sie
nicht mehr Grimmen, als die Blätter, ver.
ursachen.

Der Bärentraube wird zwar ihr angeb.
licher Nutze in Blasenübeln nicht abgespro.
chen; jedennoch hat man wahrgenom.
men, daß solche zuweilen davon verschlim.
mert worden.

Zinkblumen siehet man in Augenschaden,
die trocknende Mittel erfordern, für das
allerbeste an.

Ich gehe nun zum zweyten Theile oder P. II.
zum Apotheferbuche über.

Weineßig wird nach Junkers Vorschrift
zu bereiten gelehrt; ob solches gleich keine
Arbeit für die Apotheker zu seyn pfleget.

Ein herrlich Gurgelwasser kann aus Hinb.
beereneßig, mit Honig und Wasser, ge.
macht werden.

Wir sollten meynen, daß zum minerali.
schen und Spießglaßmohr eben kein aus
dem Zinnober aufgeweckter Mercurius er.
fordert werde.

Aa 5   Bey

Bey der getheilten Meynung der Würkungen des mineralischen Mohrs rathen die Hrn. Verfasser sehr weißlich, diejenige zu zu ergreifen, die auf Versuche gegründet ist.

Dem antihectico Poterii wird auch hier noch eine schädliche zusammenziehende Kraft beygelegt: worinne diese aber sitzen soll, das wissen wir fürwahr nicht, und bedauren, daß dieses gar fürtrefliche Mittel so unschuldiger Weise von so vielen Aerzten, ohne Gebrauch davon gemacht zu haben, verdammet wird.

Unter den Wässern stehen verschiedene ungebräuchliche, als: aqu. nivis, animalis, antihectica, antimelancholica.

Die Gabe von der aqua bened. Rul. zu einer bis anderthalb Unzen ist zu stark: und wir erinnern daher, daß ein Loth für einen Erwachsenen schon genug ist. Daß es zugleich einen starken Durchfall errege, ist der Erfahrung zuwider.

Die Kräfte des elenden Perlentränkleins werden billig so herunter gesetzt, wie sie es verdienen.

Von den gebrannten Muschelschalen wird ganz recht angemerkt, daß sie eine caustische Würkung,

Würkung, wie ungelöschter Kalk, thun, und sich daher für den menschlichen Körper nicht schicken. Man weiß, daß eine Entzündung im Halse davon erreget worden.

Auf die confectionem alkermes hat ein Knabe starkes Erbrechen und Durchfälle bekommen; welches dem Lasurstein zugeschrieben wird, den man daher lieber, nach dem Straßburger Dispensatorio, weggelassen hat.

Das Extract vom Guajacholz macht starkes Niesen, ohne daß der Kopf davon geschwächt wird.

In den Morsellen wider das Sodbrennen haben die Hrn. V. alle absorbirende Dinge herausgelassen, und dagegen die Eyerschalen, als das feinste, darunter genommen, und für die Muscatnuß die Cupreßnuß erkieset.

Man findet hier auch eine Formel von Morsellen wider die Krätze, und wider die Kröpfe.

Warum zur Reinigung des ol. animal. Dipp. Weineßig genommen werden soll, das können wir nicht einsehen.

Der innerliche Gebrauch des Bleyzuckers wird gänzlich widerrathen.

Bey

Ben der Vorschrift zu dem mit Kalk ge
machten Salmiacspiritus ist wegen der hef
tigen Erhitzung zu besorgen, daß das Glaß
springet.

Die Zubereitung des Spir. salis coagulati
ist hier ganz anders, als in andern Apothe
kerbüchern; ich muß aber gestehen, daß mir
die in letzteren besser gefällt.

Die aus dem Weinsteinsalz gemachte
Tinctur, zu sechs bis acht Tropfen mit Was
ser verdünnt, beweißt bey Kindern in dem
Grimmen eine gute schmerzstillende Kraft.

Nun folgt der Inhalt der von dem Hrn.
v. Haller vorgesetzten lesenswürdigen Vor
rebe.   Sie verdiente ganz ausgeschrieben
zu werden: so nutzbar und lehrreich ist sie
für Aerzte, die sich mit Heilung der Krank
heiten abgeben.   Sie enthält theils einen
Kern von der Würkung sehr vieler auch
neuer Arzneymittel, die unser Hr. Präsident
zum theil selbst auf die Probe gestellt hat,
oder die ihm nichts zu helfen scheinen; theils
Vorschläge, wie man mit mehrerer Gewiß
heit, als leyder bisher geschehen, die Wür
kung der Arzeneymittel bestimmen könne.

Die alten Aerzte, schreibt er, müssen in
der Wahl und Zubereitung der Arzneyen den
jüngern

jüngern nachstehen. Diese kennen auch weit mehrere aus allen Naturreichen, als jene; benebst so vielen kräftigen durch die Chymie aus dem Vitriol, Salpeter, Spießglas u. s. f. entdeckten Mitteln. Das Geschlecht und die Gattung einer jeden Arzneypflanze wird jetzt auch genauer bestimmt.

Die anagallis ist gegen die Wasserscheue vergeblich gebraucht worden.

Asarum dient für die Pferde nicht.

Lycoperdon hat nichts reizendes zur Wollust; und der Bovist macht sich bey Blutflüssen, wegen des berauschenden Dampfs, der beym Verbrennen aufsteigt, verdächtig.

Von der Betonie kan man nicht mehr Kräfte vermuthen, als die das Geschlecht des Lamium hat, worunter sie zu gehören scheinet.

Der Saame vom Tithymalus Cataputia hat einen angenehmen Geschmack, und öfnet den Leib gelinde.

Ein Trank von Chamaepytis hat in der Gicht alter Leute geholfen.

Das große Chelidonium hat einen höchst unangenehmen Geschmack, und der Hr. v. H.

trägt

trägt Bedenken, ohne neue Verſuche ſolches jemanden nehmen zu laſſen.

Von der Chinawurzel hat man ſich nicht viel zu verſprechen.

Der Coccinella, als einem Inſect, trauet er nicht; und eben ſo wenig dem Kermes.

Die Rinde von der Thymelaea lini folio gequetſcht auf die Haut gelegt, wirkt wie Spaniſche Fliegen, jedoch ohne Blaſen zu ziehen.

Die Wurzel des Colchicum hat der Hr. von H. friſch gegeſſen, und nicht ſcharf noch ſchädlich gefunden; wie Hr. Cratochvill auch nicht.

Das Elaterium greift auch ſtarke waſſerſüchtige Leute, wider Schulzens Verſicherung, gar ſehr an.

Attichbeeren treiben den Urin ſtark.

Die ganze natürliche Claſſe der Euphraſia iſt ziemlich verdächtig; und Hr. v. H. widerräth daher, damit Verſuche anzuſtellen.

Weder Fenchel, noch Melilot haben eine erweichende Kraft; ſie haben vielmehr etwas ranzigtes und ſcharfes bey ſich, und von einem

einem davon gemachten Gurgelwasser ist der Hals merklich entzündet worden.

Die Kelleresel treiben in Krankheiten den Harn nicht, sondern nur im gesunden Zustande, und dennoch ganz gelinde.

Der Bisam ist doch in Nervenkrankheiten mehrentheils unkräftig.

Die Quaßia hat Hr. v. H. selbst wider eine große von der Ruhr zurückgebliebene Schwäche mit Nutzen gebraucht.

Die Salabwurzel zerfließt in Wasser zu einer Gallert. Als ein Nahrungsmittel kann man sie daher gar wohl ansehen; eine andere bekannte Kraft hat sie nicht.

Mehreres von dieser Art müssen wir über= gehen.

Das Urtheil, welches hierauf der Hr. v. H. über den jetzigen Zustand der Materia medica äussert, ist mehr als zu sehr gegrün= det: den meisten Mitteln werden noch ganz unzuverläßige Kräfte aus unächten und gar schlechten Quellen beygeleget: und von vie= len Apothekerpflanzen ist es noch ungewiß, ob es der Alten ihre sind: durch die chymi= sche Zerlegung wird auch nichts ausgeforscht, auffer,

auſſer, daß man etwa das beſte Menſtruum
zur Ausziehung dabey kennen lernt. Will
man ſich demnach der Pflanzen einmahl mit
einer guten Zuverſicht bedienen, ſo muß
man es mit einer jeden ſe machen, wie man
es mit der Fieberrinde gemacht hat. Dieſer Weg iſt zwar ſehr langwierig, und es
gehet ein ganzes Jahrhundert darüber weg,
ehe man die Früchte davon einerndtet; er iſt
aber der einzige richtige. In Hoſpitälern
kann alles am leichteſten geſchehen: (überdem aber wäre ſehr zu wünſchen, daß
Wepfers Geiſt nur in mehrere heutige
Aerzte fahren mögte: mit den giftigen
Pflanzen aber könnte bis zuletzt gewar-
tet werden.)

XXXXXXXXX·XXXXXXXXX

VI.

Akademiſche Schriften.

1.)

De *Pauli Aeginetæ meritis in me-
dicinam* ﬁ *primis chirurgiam.* Pro-
luſio I. II. auctore Rud. Aug. Vogel.
Gottingæ, 1768. in 4.

Prol. I.

Prol. I. Man thut dem Paul von Aegina
unrecht, wenn man ihn nur
für einen Nachbeter des Galen hält, da er
doch viele Proben eigenen Nachdenkens und
eigener Versuche verräth. Der Hr. Leibm.
bringt seine Lebzeit ins 7te Jahrhundert,
obgleich sich nicht so leicht bestimmen läßt,
ob er in dessen ersten oder letzten Hälfte gelebt hat. Vieles hat er aus dem Aretäus
und Alexander Trallian geborgt, dadurch
erstere Muthmaffung wahrscheinlich wird.
Ob er nach Barths und der nachmahligen
Behauptung des Fabricius ein Christe gewesen, läßt der Hr. V. dahin gestellt seyn;
welcher übrigens hier erinnert, daß er die
geäufferte Meynung, als ob Paulus mehr
in Latien, wie in Griechenland, die Arzeneykunde ausgeübet, wieder zurück nehme, und
für völlig ungegründet halte, da er hierzu
durch eine Uebersetzung, welche unrichtig,
an einem Orte verleitet worden. Seine
Schriften machen sich durch Genauigkeit,
lakonische Kürze und einen feinen Ausdruck
gefällig, und der systematische Kopf leuchtet
merklich hervor. Er sammlete nicht blos,
sondern dachte und beobachtete selbst, auch
wich er nicht selten herzhaft von seinen Vorgängern ab. Die in der Vorrede geäufferte, einem rechtschaffenen Mann sonst sehr

VIII. B. 5. St.   B b   anstän-

anständige Bescheidenheit, dürfte ihn bey
manchen heruntergesetzt haben. In der
Medicin hat er das Verdienst, die ältere
Arzeneykunde in die Kürze gezogen und genaue Krankengeschichten geliefert zu haben.
Er ist der erste, der in der Hebammenkunst
mit Gründlichkeit geschrieben, und nieman-
den seiner Vorgänger weicht er an Ordnung
des Vortrags von den Weiberkrankheiten.
In der Chirurgie verdient er den Vorzug
vor dem Celsus. Namentlich ist er in der
Cur der Kopfwassersucht, der Eröfnung des
Unterleibs, dem Steinschnitt, den Brüchen, der Pulsabergeschwulst umständlicher.
Ihm waren auch die Eröfnung der Luftröhre
in der Bräune, der Bruch der Kniescheibe,
die Windgeschwulst und andere in die Chirurgie einschlagende Uebel bekannt.

Prol. II. In dieser beweiset der Hr. B.
seine chirurgische Einsichten näher, und zwar
durch den Vergleich der Capitel des 6ten
Buchs des Aegineta mit den Stellen des
Celsus, die eben die Materien enthalten.
Demnach werden besonders der Wasserkopf,
die Pulsaderöfnung, der Hypospathismus
und Periscipsismus, verschiedene Krankheiten des Auges und des Gehörs, die Na-
senpolypen, die Geschwüre am Zahnfleisch,
das Anwachsen der Zunge am Gaumen bey
Kindern,

Kindern, das Ausschneiden der Mandeln, das Ablösen des Zapfens, das Ausziehen eines Dorns aus dem Schlunde, die Oefnung der Luftröhre, die Behandlung der Aderlässe und das Ausschneiden der Kröpfe, erwogen. Der Hr. V. zieht ihn in allen diesen Fällen dem Celsus vor, und rühmt an ihm die Genauigkeit, Beurtheilung und Erfahrung in der Schilderung dieser Krankheiten und deren Heilung.

M.

2.)

Diff. inaug. *de dysenteria* analecta practica præs. PHIL. GEORGIO SCHRÖDER, resp. ADAMO JULIO GOETZE, Frauenbreitunga-Meiningensi. Gottingæ, 1768. 44 Seiten in 4.

Die Rede ist nur von der wahren oder eigentlichen (vera & exquisita) Ruhr, die mancherley Gestalten nach der Verschiedenheit der Körper, der Ursachen und Zufälle haben kann. Diese wird in ihrem Umfang nebst der Cur, in so ferne sie durch Ausführungen bewerkstelligt wird, betrachtet. Die Krankheit ist nicht allein für sich gefährlich, sondern läßt auch andere langwierige

Bb 2 Uebel

Uebel nach. Nur diejenige weiße Ruhr ist
so schreckhaft, in der ein Eyter abgehet, nicht
aber eine solche, die in einem schleimichten
Abgange bestehet. Unter den Zufällen
kömmt vornehmlich das sich nicht selten ver-
einigende Fieber in Aufmerksamkeit, das in
flammatorischer, gallichter oder säulichter
Art seyn kan. Sehr mißlich ist es, wann
ein flüßiges Geblüt in Menge abgeht, ohne
aus der Güldenader zu entspringen, sondern
wenn es vielmehr eine Zerfressung der Gefäße oder zu grosse Flüßigkeit zum Grunde
hat. In der Folge kann eine Entzündung
der Gedärme hinzu kommen, deren Merk-
mahle hier sorgfältig angegeben werden.
Der Fehler in der Luft läßt sich nicht jederzeit bestimmen: sondern sobann kommt es
mehr auf die allmählich entstandene Disposition des Körpers an. Die Förderungen
bey der Heilung sind, die Schärfe aus den
ersten Wegen auszuführen, dieselbe zu mil-
dern, die widernatürliche Bewegung der
festen Theile zu besänftigen, das Fieber nach
dessen besondern Beschaffenheit zu mäßigen,
die Zufälle zu lindern, und den Gedärmen
nebst dem ganzen Körper ihre Stärke wieder herzustellen. Hier schränket sich der Hr.
W. in der genauern Betrachtung der Arzneymittel, blos auf die Aderlässe, die Brech-
und Purgiermittel ein; doch werden auch die
verfüßende,

verſüßende, der Fäulniß widerſtehende Mittel, beſänftigende, Schweißtreibende, wie auch äuſſerliche Mittel, nebſt der Diät nicht ausgeſchloſſen.

M.

3.)

Diſſ. inaug. *de febrium putridarum differentia* præſ. PHIL. GE. SCHRÖDER, reſp. AUG. EBERH. BRANDE, Hannoverano. Gottingæ, 1768. 48 Seiten in 4.

Beydes bey den alten und neuen Aerzten kommt der Name dieſer Fieber vor; aber die damit verknüpfte Begriffe ſind ſehr verſchieden, welche zu wiſſen doch in der Ausübung ſehr erheblich iſt. Die Beſchaffenheiten, Urſachen und Würkungen der Fäulniß überhaupt werden anfänglich unterſucht. Dieſe Verderbung iſt bald mit, bald ohne Fieber. Mit dem Fieber vereinigt ſich eine brennende Hitze, ein unordentlicher Puls, eine ſtarke Entkräftung und Niedergeſchlagenheit, eine ſehr unreine Zunge, ſtinkender Athem und ſtinkende Ausführungen aller Art, Flecken der Haut, Blutflüſſe und andere Zufälle mehr. Die fäulichten Fieber

Bb 3 werden

werden in einfache, und mit andern Uebeln verbundene, getheilt. Sie vereinigen sich nicht selten mit schnupfigten Zufällen, der Entzündung, verschiedenen Arten von Ausschlag, der Ruhr und gallichten Nerven- und Entzündungsfiebern. Bald sind sie anhaltend, bald leiden sie merkliche Verschlimmerungen und oft verlarven sie sich unter Wechselfiebern. Besondere Fehler des Körpers erwecken sie bey einzelnen Personen; zu einer andern Zeit sind sie epidemisch. Bey einigen machen sie eine ursprüngliche Krankheit aus, bey andern eine symptomatische, oder eine Folge von andern Uebeln.   M.

4.)

Diff. inaug. de coctionis atque criseos in febribus impedimentis variisque noxis inde oriundis, præf. PHILIP GEORG SCHRÖDER, resp. GERH. MATTH. FRID. BRAWE, Verda-Hinnoverano. Gottingæ, 1768. 44 S. in 4.

Sehr selten geschieht es, daß das Fieber ohne merkliche Crisis blos durch eine unkenntliche Zertheilung sich endigt, Daher

Daher es denn so viel unumgänglicher, die Natur in ihrer Wirksamkeit ungestöhrt zu lassen. Es können sich derselben aber mancherley Hindernisse in den Weg legen, bald die Art des Fiebers, bald die besondern Ursachen desselben, die in den Körpern stecken, und verschiedene Zufälle einzelner Theile, bald die körperliche Beschaffenheit, bald die in der Diät und Cur begangenen Versehen. Gutartige und einfache Fieber verstatten leichter eine Crisis, als bösartige und complicirte, und Fieber ohne Fäulniß leichter, als fäulichte. Die Nervenfieber sind besonders hartnäckig. Nicht selten wird sie durch die Vollblütigkeit und Unreinigkeit der ersten Wege, oder einen mehr eingewurzelten Fehler, aufgehalten. Zu einer andern Zeit können die Kräfte der Natur zu sehr gesunken seyn. Nahrhafte und reizende Mittel, wie auch ein zu frühzeitiger Gebrauch stärkender Mittel, besonders der Fieberrinde, ist eben so oft nachtheilig gewesen, und gegentheils nicht weniger solche, welche zu sehr entkräften, und den nöthigen Fieberbewegungen Einhalt thun, als unbedachtsame Aderlässe, der Misbrauch der Säuren und der antiphlogistischen Curart, der Abführungen und Brechmittel. Schweißtreibende Mittel schaden durch ihre Erhitzung und den Verlust der nothwendigen flüßigen Theile,

die

die sie bewürken, und die Ermattung des
Körpers.   Die unterbliebene Durcharbei-
tung und Ausführung der verdorbenen Materien zieht nicht jederzeit gleich schlimme
Folgen nach sich.   Es kömmt überhaupt
auf die Menge der zurückgebliebenen und auf
die Trägheit der Natur in diesem Geschäfte
an.   Selbst der Todt kan eine Würkung
seyn, oder eine Auszehrung, oder eine nachtheilige Versetzung der schädlichen Materie.
Die Rückfälle sind besonders bey einer unterbliebenen Crisis nicht selten.

M.

VII.

Kurzgefaßte Nachrichten
von neuen medicinischen Schriften.

1.)

Nosologia Drotningholmensis, eller
Berättelse om de märheliga Spichiomar
omkring Drottningholm, sedan Åo 1763.
Första Delen: om den, som mäst och
würst hafra grasseradt; jämto nägra Me-
dicinske Händelser, til vidare uplysning
samende af N i c l a s S k r a g g e M. D.
Kongl.

Kongl. Lifmedicus. Stockholm, trycht
hos Carl Stolpe Âr 1769. 327 Seiten in 8.

Unter dieser Aufschrift sind Bemerkungen
über Krankheiten begriffen, die dem Hrn.
S. in einer nicht weit von Stockholm entlege-
nen Gegend Drottningholm, woselbst sich
der Hof den Sommer über aufhält, vorgekommen. Sie bestehen theils in allgemeinen Krankengeschichten, theils in besondern
ihm wichtig geschienenen Fällen. Beyden
Arten von Vortrag weiß der Hr. V. durch
eine Menge Schriftsteller ein gelehrtes Ansehen zu geben; und die Cur ist damit verbunden. Unter ersten stehen die Wechselfieber, ein gallichtes Faulfieber, die Pleuresie,
die Lungenentzündung, die Flecken. Von
den letzten zeigen wir einiges an. Mit
dem Eßig hat man das kalte Fieber zu heben vermocht. Ein anderer verlor dasselbe,
nachdem er einen Eymer kaltes Wasser in
der Hitze ausgetrunken, welches Hr. S.
doch nicht zu fernerer Nachahmung empfiehlt.
Von dem schädlichen Gebrauch des Brenn-
krautes (Ranunc. Flammula) im Wechselfieber, das die Frauens in Schweden häufig in dem Fall anwenden, wird ein Beyspiel angeführt, indem es würklich schon

Bb 5   einen

einen Brand an dem Arm, worauf man es gelegt, erweckt hatte. Zuletzt wird die Krankheit eines Mohren bey dem Königl. Hofe beschrieben. Aus dem Vergleich der Erzählungen ersehen wir, daß er nach einer durch kaltes Baden entstandenen Erkältung sich eine Entzündung in der Leber mit dar: auf folgender Eyterung zugezogen, daß der Eyter sich aber hernach verzogen, und mit dem Stuhlgang abgegangen, und der Kranke hernach an einer Wassersucht gestorben ist. Hr. S. erzählt die Sache etwas anders, und macht dem Hrn. Arch. Schützer, der mit an der Cur Theil genommen, bittere Vorwürfe, von denen wir doch sehr wün. schen, daß Ausländer keinen Schluß auf die Gemüthsart der Schwedischen Aerzte gegen einander ziehen. Hr. Sfr. hat dadurch fol. gende Gegenschrift, die ihm manches unans genehme sagt, veranlasset:

2.)

Bihang til D. M. orh Lif-Medici Herr *Niclas Skragges* utgifna Bok, kallad *Noso-logia Drotningholmensis*, eller Berüttelse ebo *sasom soar* uppa Doctores orihtiga Be-rüttelse om Morianen Paëtons Sprikdom m. m. af HERMAN SCHÜTZER D. M. orh Kgl. Arch. Storhh., trycht hos Pet. Steffelgrea

Steſſelgrea. 1769. 28 Seiten in 8. Die
angehängten Certificate der Hrn. von Ro-
ſenſtein, Acrel und Hardenberg ſetzen die
Sache in ihr gehöriges Licht.

────────────

3.)

De Phaſco Obſervationes, quibus hoc
genus muſcorum vindicatur atque illuſtra-
tur, auctore D. JOH. CHRISTIANO DA-
NIELE SCHREBERO, Ser. Marchioni
Brandenb. Onolzb. & Culmb. a Conſil.
aul. Med. Botan. & Oeconom. Prof. ord.
in Acad. Erlangenſ. Acad. Nat. Curioſ. Hiſt.
Gotting. atque Socc. Oeconom. Lipſ. &
Vdinenſ. Sodali. Cum tabulis æri inciſis.
Lipſiæ apud Sigf. Lebr. Cruſium. 1770.
3¼ Bogen in gr. 4. Auf den innern Bau
der Staubbeuteln (Antheræ) bey den Moo-
ſen iſt man bisher nicht recht aufmerkſam
geweſen, am wenigſten hat man nach deren
Verſchiedenheit die Geſchlechter angeordnet.
Hierzu hält ſie aber der Hr. V. ſehr ſchicklich,
und giebt die Mannigfaltigkeit bey den Theilen der Staubbeuteln an. In Abſicht auf
dieſe hält er die Kräuter auch berechtigt,
aus den Phaſcum ein eigenes Geſchlecht zu
machen, da doch dem Hrn. v. Linné Grund
zu ſeyn ſchien, daſſelbe, beſonders deſſen
Gattun-

Gattungen ohne Stiel, mit dem Brynum zu
vereinigen. Hr. S. hat bey allen eine
Hülle (Calyptra) bemerkt. Mit den Dil‑
lenischen, oder von andern Schriftstellern
dahin gerechneten, hat er es hier nicht zu
thun. Die beyden Abänderungen des
Phascum acaulos *L.* trennt er in zwey Gat‑
tungen, davon er das Sphagnum acaulon
bulbiferum majus D I L L. *Phascum cuspida‑*
tum, und das Sph. acaulon bulbiforme
majus D I L L. *Phascum muticum* nennt.
Außer diesen hat er zwey neue Arten ent‑
deckt. Der einen giebt er den Namen
Phascum (piliferum) caulescens, foliis ob‑
longis piliferis erectis; der andern *Phascum*
(serratum) acaule foliis ouato‑lanceolatis
planis serratis erectis. Jene wächst auf
Mauern um Dresden und Leipzig, diese auf
fetten thonigten Wiesen um Leipzig. Die
vier erwähnten Gattungen werden zerglie‑
dert und vergrössert abgebildet. Hr. S.
sieht den in den Beuteln der Moose enthal‑
tenen Staub für wahre Samen an, um so
viel mehr, da nach Stähelins und Man‑
säs Versuchen würkliche Moose daraus auf‑
gewachsen sind.

4.)

VIII.

Medicinische Neuigkeiten.

Manheim. Die Churf. Pfälz. Academ. der Wiss. hat für das Jahr 1773 folgende Preisfrage bekannt gemacht: Quænam sunt in Filicibus essentialia utriusque sexus attributa, in equisetis præsertim, arvensi & palustri, in Osmunda regali & in Pteri aquilina Linnéi? Argumentis validis experimentisque decretoriis aut comprobandus aut enervandus eorum pulvisculus in globulis seu cavitatibus contentus, verene germinet aut germinare possit sine fecunditate? Die Antworten müssen vor Ende des Heumonaths im besagten Jahre an den beständigen Secretär der Academie, Hrn. Hofrath Camey zu Manheim, eingeschickt werden. Der Preiß bestehet in einer goldenen Medaille von 50 Ducaten.

Padua. Der große Zergliederer Jo. Bapt. Morgagni ist am 5. Nov. 1771 in einem Alter von 89 Jahren gestorben. Eine Ehrensäule verdiente diesem unsterblichen Gelehrten und in mehrern wichtigen Absichten schätzbaren Arzte aufgerichtet zu werden.

London.

London. An eben diesem Tage starb Carl Lucas, ein Apotheker und nachher M. D. dessen Schriften von Wassern sein Andenken erhalten werden.

Am 18. Dec. 1771. ist auch der berühmte Gärtner zu Chelsea, Philipp Miller, in seinem 80sten Jahre gestorben.

Göttingen. Am 14. Merz 1772 verlohr unsere Universität den Hrn. Leibmedicus und Professor, Philipp Georg Schröder, durch ein tödtliches Fleckfieber in der besten Blüthe seines Alters.

Lübeck. Am 18. April 1772 starb alhier Hr. D. Zacharias Vogel, welcher durch seine Geschicklichkeit in der Chirurgie und verschiedene dahin einschlagende nützliche Schriften sich rühmlich bekant gemacht.

Prag. Der berüchtigte Ritter und Augenarzt Taylor ist im Junius 1772. in einem hiesigen Closter gestorben.

Wien. Am 19. Jun. 1772. verstarb der Freyherr, Gerhard van Swieten, im 73sten Jahre seines Alters; dessen Andenken eben so, wie seines Lehrmeisters, verewigt bleiben wird.

D. Rudolph Augustin Vogels

Königl. Großbrit. und Churfl. Braunschw. Lüneb. Leibmedici,
der Arzeneywissenschaft öffentlichen ersten Lehrers auf der Georg
Augustus Universität zu Göttingen und der Kayl. Acad.
der Naturf. wie auch der Königl. Schwed.
und Churf. Maynz. Mitglieds

Neue
Medicinische
Bibliothek.

Des achten Bandes sechstes Stück.

Göttingen
verlegts Abram Vandenhöks Wittwe.
1772.

Inhalt.

I.

Io. *Frid. Zückert*, Med. D.

Acad. Caefar. Leopold. Carol. N, C. et
Elect. Mog. Sc. util. Sodal. materia ali-
mentaria, in genera, claffes et fpecies
difpofita. Berol. 1769. gr. 8. 427. S.

Herr Z. liefert hier eine ziemlich vollftän-
dige Abh. über die verfchiedne Arten
der Nahrungsmittel, und hat verfchiedne koft-
bare Werke genußt, die fich nicht jeder anfchaf-
fen kann, zumal das Rumpfifche und viele
Reifebefchreibungen. Der erfte Abfchnit erklärt
vorläufig das Gefchäfte der Verdauung, und
die Befchaffenheit der Nahrungsmittel überhaupt. Das Wunder der Verdauung verliert
fich, wenn man einfieht, daß die Verdauungs-
Werzeuge, und die Auflöfungsfäfte der thieri-

A   fchen

schen Körper, blos die gallerige und schleimige
Theile der Nahrungsmittel ausziehen, die in
grösserer oder geringerer Menge, in denselben be=
findlich sind. Alle Nahrungsmittel werden un=
ter drey Classen gebracht. Sie enthalten nem=
lich viel oder wenig Nahrungssaft, oder sie sind
schwer und hartverdaulich. Viel Nahrungs=
saft geben Dinge, die eine faserige weiche Tex=
tur haben, oder mehligt sind, oder die viele
Gallert, oder settige und öligt schleimige Sub=
stanz besitzen. Wenig Nahrungssaft enthalten
die mehr wäßrig schleimige und gallerigte Sub=
stanzen. Die unverdauliche Substanzen sind
theils salzigt, scharf, leicht zur Fäulniß geneigt,
oder bestehen aus wenig Schleim mit viel gro=
ber Erde verwickelt, wie die Hülsenfrüchte, oder
sie sind lederartig. Die Getränke lassen
sich unter zwey Classen bringen. Sie sind ent=
weder wäßrig oder geistig. Erstere sind wieder
schleimig, aromatisch balsamisch, oder säuer=
lich=süß. Letztere aber entweder süß, verschie=
dentlich säuerlich, oder herbe und anziehend,
oder scharf und brennend. Die Gewürze, wel=
che entweder die Verdauung befördern helfen,
oder den Geschmack verbessern, sind verschiedent=
lich süß, sauer, öligt, salzigt, aromatisch=bal=
samisch. Diese Abtheilung ist nach den chymi=
schen Grundsätzen des ältern Hrn. Prof. Car=
theuser, dem ehemaligen Lehrer des Hrn. Z.
gemacht. Sonst kommt die Erklärung des
Verdauungsgeschäftes und der Ernährung, mit
den

den phyſiologiſchen Lehrſätzen des Hr. von Haller größtentheils überein.

Wir wollen einiges auszeichnen: Wider
Hn. Durade wird angemerkt, die öligen Sub-
ſtanzen ſeyn von den nährenden Mitteln nicht aus-
zuſchlieſſen. Der Hunger entſteht von dem Rei-   p. 5
ben der Falten des Magens, und der Schärfe
des Magenſaftes. Die Verdauung geſchicht   7
nicht, wie Durade will, durch eine Gährung,   9
ſondern blos, indem die ſchleimige und gallerige
Nahrungsſäfte, durch die thieriſche Verdau-
ungsſäfte ausgezogen, und genau gemiſcht
werden. Ein Pfund Speiſe enthält blos eine   11
Unze nährende Subſtanz. Viele Nahrungsmittel gehen faſt ganz unverändert zum Blut,   14
und und das Fleiſch der Thiere nimt die Eigenſchaften des Futters ganz unverändert an. Aber   18
Hr. Z. irret wohl, daß das Mutterkorn den   28
Geſchmack und Geruch des Brods nicht verändern ſoll. Die Verfälſchungen der Weine   40
werden ziemlich vollſtändig angegeben, aber
vollſtändiger noch hat ſie der letztverſtorbne
Junker in den halliſchen Anzeigen beſchrieben.
Das bloſſe Waſſer greift die kupferne Gefäſſe   45
an, und das Verzinnen hilft auch nichts. Löf-   46
fel aus weiſſem Kupfer ſind wegen des Arſeniks
ſchädlich. Verzinnte eiſerne Geſchirre taugen   48
auch nicht viel. Einheimiſches glänzendes
Porcellan, iſt wegen des beygemiſchten Bleyes
auch verdächtig. Es iſt weder geſund vom bloſ-   49

ſen

fen Fleiſch, nach von bloſſen Gewächſen zu le-

p. 51 ben. Eben ſo wenig iſt blos weiche, oder blos

53 harte Speiſe geſund. Beſſer iſt es zwei-
mal, als nur einmal täglich zu ſpeiſen. Die
Pflanzen benennt Hr. Z. nur nach Bauhini-
niſchen Namen, ſelten nach Linneiſchen. Sonſt
aber verzeichnet Hr. Z. alle bekannte eßbare
Dinge, aus allen Weltgegenden, nach ihren

91 Eigenſchaften, Beſtandtheilen u. ſ. w. Nach
dem Genuß des Schöpſenfleiſches, iſt Waſſer
das beſte Getränke. Es mit Gurken zu eſſen,

92 iſt ſchädlich. Geräucherte Würſte ſind leicht
verdaulich, und roher Schinken beſſer als ge-
kochter. Das Fleiſch der Fröſche wird den

98 Schwindſüchtigen empfohlen. Wachteln ſind
104 wegen ihrer giftigen Nahrung verdächtig zum

114 eſſen. Den Auſtern wird eine Lobrede gehalten. Ausgemergelten und Schwindſüchtigen
ſind ſie geſund, gebraten und gewürzt ſind ſie
unverdaulicher als rohe.

117 Vielleicht fürchtet Hr. Z. zu viel, daß Ha-
ſenſchroten, die mit verſchluckt würden, im Ma-

128 gen einen Bleyzucker abgeben möchten. Die
Muſcheln ſind faſt immer verdächtig. Die

130 Schnecken ſind auch herte Speiſe.

139 Das Anacardium hätte Hr. Z. wohl nicht zu
den eßbaren Dingen zählen ſollen. Die ge-
röſtete Buch - Eckern geben Caffee.

169 Es iſt falſch, daß der Genuß der Feigen die

171 Krätze veranlaßt. Die Maulbeere häufig ge-
noſſen, faulen leicht, und machen Durchfälle,

wel-

welches auch von den Himbeeren gilt. Der häufige p. 173
Genuß von Weintrauben erzeugt bey Kindern
das Wurmneſt. Auch die Kirſchen faulen leicht 174
im Magen. Von Pflaumen entſteht doch zu- 177
weilen die Ruhr, aber ſelten. Der Saft von
Gurken verdirbt nicht ſo leicht im Magen, wie 190
von Kürbſen und Melonen. Vier nach dem 206
Genuß von Rettig getrunken, erweckt leicht die
Colik. Sonſt hat Hr. Z. eine zahlreiche Menge Pflanzen als eßbar verzeichnet, wie ſelbſt die
junge Blätter der Phytolacca. Zahlreich iſt
das Verzeichnis indiſcher Gewächſe und Früchte.

Die Ananas wird nicht ſehr gelobt. Sie 225
entzündet das Blut, und erweckt das Fleckfieber. Noch ſchlimmer wenn Rack dazu getrunken wird.

Die Brombeere verurſachen keine Krätze 229
oder Grindköpfe.

Merkwürdig iſt beym **Bartholin** die Idio- 232
ſyncraſie eines Mannes, der auf den Genuß der
Erdbeere auf der Haut rothe Ausſchläge bekam.

Auch Pfirſchen faulen im Magen. Das 239
Verzeichniß eßbarer Fiſche iſt bey Hr. Z. auch
ſehr zahlreich, ſo auch von den eßbaren
Schwämmen.

Hr. Z. wiederholt ſeine Meinung, die ein- 307
miſche Arthritis zu Goslar, entſtehe von der
Goſe.

Aber ſie ſoll doch auch die Kaltenfieber und 309
den Stein verhüten. Die ſchädliche Wirkungen tes Theetrinkens bemerkt Hr. Z. ſehr voll- 321
ſtän-

ständig.   Wir haben aber keine Pflanze an die
P. 327 Stelle des Thees.   Der Caffee schadet oft blos
wegen der Milch.

Die verschiedenen Arten der Weine bezeich-
net Hr. Z. ebenfals sehr vollständig.

362   Vom Zucker beschreibt Hr. Z. zehn Arten.
Unter den Gewürzen findet sich auch der Teu-
390 felsdreck, der sonst in Indien längst üblich war,
auch schon an einigen Höfen eingeführt ist.   Die
Vollständigkeit, Belesenheit, und gute Ordnung, empfelen dies Buch vorzüglich.   Nachher hat Hr. Z. von den zusammengesetzten Speisen in s. med. Tischbuch gehandelt.

B.

II.

Johann Friedrich Zückert, sy-
stematische Beschreibung aller Gesundbrunnen und Bäder Deutschlands.   Berlin und
Leipzig 1768. gr. 4. 333 S. ohne Vorr.
und Reg.

Ein Werk von dieser Art fehlte noch gänzlich.   Aber es war nicht so leicht dasselbe abzufassen.   Die grosse Menge einzelner
Schriften von Mineralwassern ist schwer vollständig zu sammeln, welches auch Hr. Z. empfunden.   Noch schwerer sind die viele Wider-
sprüche so vieler Schriftsteller zu heben, da
man

man zumal selbst nicht alle Wasser untersuchen
kann. Endlich hat es Hrn. Z. auch Mühe ge=
kostet, den Gehalt der Mineralwasser in eine
Tabelle zu bringen, da jeder Schriftsteller an=
dere Gewichte annimt, die Herr Z. erst auf ein
gleichförmiges reduciren mußte. Und endlich,
einige Schriftsteller haben den chymischen Ge=
halt gar nicht angegeben. Hr. Z. verdankt sei=
nen Plan dem Hn. Bergrath Cartheuser in
Giessen. Alle Mineralwasser bringt der Hr.
Verf. in sechs Classen. Sie sind 1. seifenar= p. 42
u f.
tig, wie die zu Plombieres in Lothringen, das
Schlangenbad in Catzenellenbogen. 2. Na=
ter oder Bitterwasser, wie das Seblitzer und
Sandschützer in Böhmen, die einfach, oder
aufer dem Natersalz enthalten sie noch andre
Mittelsalze, wie das Kassenburger bey Weimar.
3. Alcalisch oder Laugensalzig: a. ein=
fache, wie das Burgbernheimer Wildbad, das
Diezenbacher, Emser, Fachinger, Hirschber=
ger, Wildunger; b. zusammengesetzt: der=
gleichen sind der Biliner Sauerbrunn, der
Buchsäuerling, das Carlsbad, das Dönnstei=
ner Wasser, der Pyrmonter Bergsäuerling,
das Selterwasser und Töplitzer Bad. 4. Mu=
riatisch, wie z. B. das Bad zu Baaden, das
Kestenholzer Bad, das Niederbronner Wasser,
das Wißbad, das Zellerbad. 5. Schwefel=
wasser, wie das Aachner Bad, Bahlinger
Wasser, Landecker Bad, Phyrenwarther Bad,
das Reutlinger Wasser. 6. Martialische

A 4 oder

oder Stahlwasser, a. einfache, welche
zarten Vitriol und Eisen führen, wie der Frey-
enwalder, Lauchstädter, Ronneburger Brunnen, b. salinische Stahlwasser, α. sali-
nisch alcalisch, wie der Altwasser Sauerbrunn, der Helmstädter Brunnen, der Lieben-
steiner, der Schwalbacher Sauerbrunnen, das
Sparwasser, das Wolfensteiner Bad; β. zu-
sammengesetzte Stahlwasser, die auser
dem Alcali noch verschiedne Mittelsalze in sich
haben, z. B. der Clevische, Driburger, Eger-
sche, Hofgeißmarsche, Pyrmonter Brunnen.

Diese Claßification der Mineralwasser
giebt diesem Buche einen brauchbaren Werth,
und lehrt ihre Verhältnisse besser einsehen. Bey
der Beschreibung einzelner Brunnen mußte Hr.
Z. nothwendig die einzelne Brunnenbeschreiber
in kurze und kernichte Auszüge bringen, daher
wir überhaupt aus dem ganzen Werk nur we-
p. 15 nig auszeichnen werden. Sollte es wohl rich-
tig seyn, daß die Mineralwasser deshalb mehr
Eisen als Kupfervitriol führen, weil die Säure
sich lieber mit dem Eisen als Kupfer verbinde?

16   Die Fetthaut ist nicht wirklicher Schwefel, sondern sie entsteht von dem sauren Geiste,
welcher brennlich, mit einer subtilen Fettigkeit
begabt, und sich mit den Eisentheilchen lieber
vereinigt. Nicht so wohl ein grober Vitriol,
als vielmehr ein zartes vitriolisches Wesen ist
in

in den Mineralwassern enthalten. Man kann
den Vitriol nicht darstellen, weil sich die Säure, wenn Wärme zu dem Wasser kommt, von
den Stahltheilgen losmacht, und mit den Sal= p. 17
zen verbindet. Den Brunnengeist vertheidigt
Hr. Z. wider die so ihn leugneten.

Von demselben ist das elastisch-ätherische 19
Principium zu unterscheiden. Nur die beyde
letzte Principia sind allen Mineralwassern eigen.
Die einzige Bäder zu Bath führen etwas Alaun 21
bey sich. Wiederholte Erfarungen von den guten Wirkungen der Gesundbrunnen, gelten
mehr, als aller Beweiß von grossen Bestand=
theilen. Die verschiedne Erden, die man in
den Mineralwassern bisher gefunden, sind, eine
subtile alcalische Erde, Topherde, fette Thoner= 23
de, seifenartige Erde, Ockererde, selenitisches
Wesen. Das mineralische Alcali leitet Hr. Z. 26
mit einigen Neuern vom Kochsalz her. Da
der saure Geist von dem Eisen gebunden wird,
so kann das Alcali in demselben Wasser sehr
wohl frey bleiben.

Einige Salze erzeugen sich erst in den Mi- 27
neralwassern, wenn das Wasser ruhig steht, und
ihre Bestandtheile trennen, welches beym Ab=
dampfen auch geschicht, wo erst eine Schei-
bung vorgeht. So entstehen oft leichte Salze,
die dem Glauberschen ähnlich.

Das Aachensche Bad ist bisher das einzi- 28
ge, so wahren Schwefel enthält. Der Schwe=

A 5   fel

fel den Seip aus dem Pyrmonter Salze er-
p. 30 hielt, ſcheint mehr ein Product. Erdharzige
Waſſer giebt es wenigſtens in Deutſchland nicht.
31 Wahrſcheinlich iſt auch in einigen Waſſern Salmiak, der ſich aber nicht körperlich zeigen läßt.
32   Wie vielen Antheil die Kochſalz Säure an
der Miſchung der Mineralwaſſer habe, iſt nachher vom Hn. Hofr. Delius noch mehr erwieſen
33 worden. Beſonders widerlegt Hr. Z. noch einige vormals geglaubte Beſtandtheile der Mineralwaſſer.
49   Durch alle Methoden läßt ſich kein Mineralwaſſer völlig nachmachen. Ein Mineralwaſſer kann bey wenigen Beſtandtheilen ſehr
53 wirkſam ſeyn. Den Gebrauch der Mineral-
54 waſſer beſtimmt Hr. Z. behutſam, und iſt ſehr
ausführlich über die Art ſie zu trinken, und als
Bäder zu nutzen. Ebenfals iſt von der Diät
ſehr umſtändlich gehandelt worden.

B.

III.

H. D. *Gaubii*, Aduerſario-
rum varii argumenti, liber vnus. Leidae
ap. S. et I. Luchtmans. 1771. gr. 4. 146
S. und ein Kupfer.

Unter dieſer Aufſchrift liefert Hr. G. zehn
Abh. von welchen die eine die Beſchrei-
bung einer verbeſſerten Clyſtiermaſchine um
To

Tobaksclystier enthält, und mit einem Kupfer
versehen. Diese hat unser Hr. Prof. Richter bereits in der chirurg. Bibl. bekannt gemacht, daher wir solche übergehen. Die Ma-
schine hat sonst vor der Schäferischen Vorzüge,
und verdienet zum Gebrauch allgemeiner eingeführt zu werden. Alle übrige Abh. sind chymischen Inhalts. Die erste handelt: **von dem
Meerwasser aus der Nordsee, wie es
nahe bey Leiden geschöpft, beschaffen.** Die
Schwere verhielt sich im Mai (1751) zum Re- p. 2
genwasser, wie 1026: 1000. Abgedampft
hinterließen zehn Pfund, fünf Unzen, und etliche Gran Rückstand, von einer salzigen, trocknen, weißen Beschaffenheit, und waren also nichts
weniger als völlig mit Meersalz gesättigt.

3

Funfzig Pfund destillirt bis auf 24, legten
in dem Rückstande ein gelb-weißlich Pulver
ab, welches als das übrige Wasser abgegossen,
und mit frischen kalten Wasser etliche mal ge-
schlemmt und getrocknet, gröblich anzufühlen,
und wie von Salzspitzen glänzend, fast zwey
Quentgen wog. Es bewies sich salzig, war ohne Geschmack, zerfloß auf der Zunge, und in
warmen Wasser, wo es nach dem Erkalten seine crystallische Gestalt wieder annahm.

4

In dem vom Rückstand abgegoßnen Was-
ser erzeugten sich nach einigen Tagen durchsich-
tige, gelbliche, theils prismatisch-sechseckigte,
an den Enden abgestoßne Crystallen, theils aber
von unbestimmter Gestalt, fast ohne Geschmack,

die

die ſich ſchwer, und nur zum Theil in vielem
warmen Waſſer auflöſen ließen, und zwiſchen
den Zähnen knirſchten, faſt drey Quentgen am
Gewicht.

p. 4   Dieſer Selenit war vitrioliſch, und die
Cryſtallen haben ihre durchſichtige Geſtalt, ohne daß ſie in Pulver zerfallen, lange erhalten.

5   Bey fortgeſetzter Deſtillation, als von 50 Pfund
nur noch 16 übrig, ſetzten ſich im Rückſtande
neue helldurchſichtige Cryſtallen, theils ohne
Farbe, theils gelblich, in länglich priſmatiſcher
Geſtalt, einige gröſſer von faſt einem viertel
Zoll, einige kleiner von einer noch nicht beſchriebenen Selenitiſchen Art. Der Geſchmack war
blos ein wenig bitter, und ſie löſeten ſich in kochenden Waſſer ſchwer auf, und ſelbſt im Munde löſeten ſie ſich nicht vollkommen auf.

7   Die Verhältniſſe bewieſen, daß in dieſem
Selenit beydes Vitriol und Salzſäure enthalten.
Hr. G. nennt ihn muriatiſchen Alaun.

Ihre Geſtalt hat Hr. G. abzeichnen laſ-
8   ſen, und ſie kommt mit den indiſchen fetten Bo-
9   raxcryſtallen überein. Nach einer neuen Auflöſung in Waſſer und Cryſtalliſation waren einige gröſſere Cryſtallen achteckigt, andere vier-
ſeitig länglich u. ſ. w.

10   Bey wiederholten Verſuchen mit dem
Meerwaſſer, welches zu verſchiednen Zeiten ge-
ſchöpft, fand Hr. G. zwar einerley Producte,
nur in verſchiednem Verhältnis, und nicht immer waren erwähnte Salze getrennt zu erhalten, ſondern meiſt gemiſcht.   Bey

Bey fortgeſetzter Deſtillation zeigte ſich end= p.10
lich reines Küchenſalz, etwas weniger als funf=
zehn Unzen am Gewicht.

In der übrigen mehr gelblichen Lauge ſez=
ten ſich beym fernern Deſtilliren weiſſe, und
durchſichtige dem gemeinen Salz ähnliche Wür=
felgen, unter denen noch kleine muriatiſche A=
launcryſtallen befindlich, die vom Salz leicht 11
zu unterſcheiden. Es wog fünf Unzen und
faſt vier Quentgen.

Zuletzt wurden bey gelindem Abdampfen
noch verſchiedne Salzklümpgen, vier Quent 12
und etliche Gran am Gewicht, erhalten, unter
denen Glauberiſches Salz befindlich, welches,
als es vom Küchenſalz abgeſondert, zwey Un=
zen, vier Quentgen und etliche Gran wog.

Unter dem allerletzten erdigten Ueberbleib=
ſel beym Abdampfen ſchien wohl noch etwas von
den erwähnten Salzen darunter befindlich, aber
es ſcheint wenig geweſen zu ſeyn.

Folglich enthielt das Meerwaſſer: reines 13
Waſſer, ein zwiefaches erdig Salz, nemlich ei=
nen Vitriol Selenit, und einen andern, in wel=
chem Vitriol und Salzſäure befindlich, Koch=
ſalz, theils reines, theils erdiges, Glauberi=
ſches Wunderſalz, und etwas weniges fettes
Weſen.

Vom Salpeter war keine Spur zu finden, 15
auch kein Bitumen, weder in flüchtiger noch
fixer Geſtalt, nichts ſchmieriges oder pechigtes,
auch war das Meerwaſſer kaum merklich bit=
ter

ter ſchmeckend.   Die Kräfte welche Ruſſel
dem Meerwaſſer zuſchreibt, ſind nicht von denen
p. 16 Beſtandtheilen herzuleiten, die er ihm fälſch-
lich zueignet, ſondern vielmehr von deſſen offenbar ſalzigen Beſchaffenheit, und zwar dem Küchenſalz.   Denn funfzig Pfund enthielten: von
beyderley Küchenſalz 20 Unzen 4 Quent, von
beyden Seleniten 1 Unze 1 Quent.   Glauberſalz 2 Unzen 4 Quent.   Ein Pfund Waſſer
enthielt daher: Kochſalz drey Quent und faſt
17 Gran, Selenitſalze zehn Gran, Glauber-
ſalze 24 Gran.

Die vornehmſte Wirkung fällt alſo auf
das Kochſalz.

17   Es läßt ſich daher ein künſtlich Meerwaſſer nachmachen, welches von dem natürlichen
wenig verſchieden.

18   So wenig Hr. G. von ſeinem Meerwaſſer auf alle übrige Meerwaſſer ſchlieſſen will,
ſo wenig kann jeder andre Schriftſteller von ſeinen Verſuchen auf alles übrige Meerwaſſer einen Schluß machen.   Und da alle behaupten,
das Meer ſey überall geſalzen, ſo kann man
noch nicht behaupten, es ſey allenthalben ſchmie-
rig, bitter und ſalpeterhaft, weil es an einigen
Orten ſo beſchaffen.   Hn. G. Verſuche kommen
mit denen des Hn. Poiſſonier, gänzlich überein.   Das engliſche Meer ſcheint eben ſo beſchaffen, denn Hr. G. hat in Holland die nem-
19 liche Arzneikräfte vom Meerwaſſer beobachtet,
die ihm Ruſſel zuſchreibt, und wenn daher einiger

niger Unterschied im Meerwasser, so sind sie
doch nicht in Absicht der Theile verschieden, von
welchen ihre Heilkraft abhängt. Schon die Al= p.20
ten brauchten zuweilen das Salzwasser an statt
des Meerwassers, ohne daran zu denken, daß
sie jenem Erdharz, Schwefel oder Salpeter zu=
gesetzt, um es dadurch dem Meerwasser ähnlich
zu machen. Wahrscheinlich sind die guten Wir=
kungen des salzigen Wassers von dessen septi= 21
scher Kraft herzuleiten. Denn schwaches Salz=
wasser befördert die Fäulnis ungemein; wobey
sich Hr. G. auf die Pringlische Versuche be=
zieht. Denn da das holländische Meer fast den
fünften Theil weniger als eine halbe Quent in
zwey Unzen aufgelöset enthält, so ist es sehr se=
ptisch. Und wenn es auch mehr enthielte, so 22
würde es doch in den Säften des menschlichen
Cörpers so verdünnt, daß es dadurch septisch
werden müßte. Daher kann auch das Meer=
wasser leicht schaden.

Es schmelzt durch seine auflösende Kraft
die Scropheln. 24

Merkwürdig ist, daß das Meerwasser im
März fast bey einerley Grad des Thermome=
ters, schwerer als im October. Sonderbar,
daß bey der Destillation reines Wasser, ohne 25
Geruch und Geschmack übergieng, da doch so
viel thierische und vegetabilische Theile im Meer
aufgelöset werden. Aber vieleicht werden diese
Theile bald flüchtig gemacht, wozu Ebbe und
Fluth viel beyträgt, vieleicht auch die septische
Eigenschaft des Wassers. Die

p.27   Die zweyte Abh. beschreibt: ein aromatisch natürlich Salz, aus dem Oel der Pommeranzen Schale von Curaſſo.

Slare berichtete im vorigen Jahrhunderte der Engländischen Soc. der Wiſſenſch. in altem Zimmtöl von ſelbſt ein Salz entſtehen geſehen zu haben.

Boerhaaven ſchrieb ihm dieſes Elem. Chem. T. II. p. 121. nach. Hn. G. ſchien dies
28   mehr ein Campher zu ſeyn, der mit dem Oel zugleich ausgezogen, und ſich ſodenn vereinigt.

29   Ein Freund des Hn. G. glaubte in Ceylon, er habe etwas ſalziges im alten Zimmtöl bemerkt, halte es aber mehr vor Campher.

31   Hr. G. nahm Pommeranzenſchalen und Pommeranzenöl, ſetzte Waſſer und Salz zu, und deſtillirte. Mit dem Waſſer gieng ein dünnes würzhaftes Oel über, welches abgeſchie-
32   ben wurde. Nach zwölf Jahren hatte ſich darinne ein cryſtalliſcher Klumpe zu Boden geſetzt, der dem Salz ähnlich, mit dieſem machte Hr. G. Verſuche, welche bewieſen, daß es Salz und kein Campher. Es war nicht fett anzuführen wie Campfer, ſchmolz völlig auf der Zunge, und ſchmeckte nach der Pommerantze, aber nicht ſo ſcharf wie das Oel. Es löſete ſich im Waſſer auf, und theilte demſelben den ſpecifiquen Geruch und Geſchmack der Pommerantze mit, trübte aber das Waſſer nicht, wie die Oele, wenn man ſie zuſammen ſchüttelt.

,, Auch im Weingeiſt wurde es aufgelöſet, und **33**
die wäßrige und geiſtige Auflöſung zuſammen-
geſchüttet, wurde weißlich, etwas undurchſichtig,
zeigte aber in der Folge kein abgeſondertes Oel.
Daher die geringe Präcipitation dem wenigen
Oel zuzuſchreiben ſcheinet, ſo dem Salzklümpgen anhieng, und im Weingeiſt ſich aufgelöſet,
von dem beygemiſchten Waſſer hingegen wieder
losgetrennt wurde. Die abgedampfte Miſchung hinterlies eine grauliche Materie, von
einem beſondern gewürzten Geſchmack, war im
Waſſer ganz auflöslich, auf Kohlen nicht ent-
zündlich, folglich ſalzig.

In einem ſilbernen Löffel über Kohlen gehalten, ſchmolz das Klümpgen, ohne ſichtbaren
Rauch, und da es mehr erhitzt worden, roch
der Dampf nach Pommeranzenſchaale, und
ward ganz verflüchtigt, ohne Geſtank, Kniſtern
oder Funken, und lies weder Kohle noch Fleck
im Löffel zurück.

Von dieſem Salz aus Pommeranzenſchale **34**
läßt ſich die Möglichkeit des Salzes im Zimmtöl ſchlieſſen. Dies Pommeranzenſalz läßt ſich
mit keinem andern vergleichen.

Es iſt halbflüchtig wie Salmiak, hat aber
mit demſelben im übrigen nichts gemein. Man
könnte es ein weſentlich Salz nennen, aber es
hat nicht die Schärfe des Oels.

Vieleicht entſteht die Schärfe der weſentli-
chen Oele nicht von den Gewürzen ſelbſt, ſondern von dem beygemiſchten Phlogiſton, denn
B die-

dieses Salz hatte so wenig Phlogiston, daß es
p. 35 weniger brennbar als Zucker. Der Ursprung
desselben ist ungewiß. Vieleicht lag es im Oel
verborgen, und war in demselben, wie Salz im
Wasser aufgelöset, und setzte sich nachmals in
Klümpgen zusammen. Da es im Weingeist
auflöslich, so war es vieleicht auch im Oel auflöslich. Vieleicht war dies natürliche Salz schon
im Oel und der Pommeranzenschale vorhanden,
aber in vielen Schleim eingewickelt, wovon es
durch die Destillation getrennt wird. Oder hat
Boerhaavens Spiritus rector das Vermögen,
aus seinem eignen Schwefel ein Salz zu erzeugen, so das Salz aus der Materie des Oels
gänzlich erzeugt. Das gewürzhafte, so in dem
Salze so sinnlich empfunden wird, beweiset, daß
der spiritus rector in demselben eben so wie
im Oel. Es ist nicht bekannt, daß in dem ver-
alterten Oel, welches wenn es den Geist verloren, bey minder sorgfältiger Aufbewahrung sich
verdickt, jemals ein Salz angeschossen. Es
ist auch nicht bewiesen, daß ein ausgepreßt Oel,
wenn es auch noch mit dem Geiste angeschwän-
gert, und wenn es durch das Alter verdickt, ein
Salz erzeugt. Wie kommt es, daß sich dies
Salz so selten erzeugt, und bis jetzt nicht
in andern Arten, so wie im Zimmtöl und
Pommeranzenöl, beobachtet worden? Ist
blos in dem Geist dieser Gewürze diese
36   Kraft? Noch ist merkwürdig, daß dies gepreßte Pommeranzenöl, so wohl frisch als alt, sich
im

im Weingeist gleich leicht und vollkommen auf-
löset, eben so wie das destillirte, welches sonst
von gepreßten Oelen ungewöhnlich. Vieleicht
ist in demselben weniger schleimig-Harz, welches sonst der Auflösung im Weingeist widersteht, wenn man nicht mit Macquer lieber
annehmen will, es sey der mehr entwickelten
Säure zuzuschreiben.

Die dritte Abh. handelt von der Musca-
ten Nuß. Es ist bekannt, wie schon Boer- P. 37
haaven bewiesen, daß wenn man ganzen
Zimmt und Nelken zu wiederholten malen destillirt, man ihnen alle würzhafte Kraft entziehen kann, und sie ihre völlige Gestalt behalten,
daß man glauben sollte, sie seyen noch unver-
fälscht, wiewohl sie den Geschmack und Geruch
verloren.

Hr. G. untersuchte, ob die Muscaten-Nüsse
der gleichen Verfälschung unterworfen. Es
gieng wohl ein aromatisch Wasser über, aber
nichts vom Oel. Die grob gestoßne Nüsse gaben sobenn ein milchigt Wasser, das sehr würz-
haft und viel dünnes, erst ungefärbtes, sobenn
gelblich Oel enthielt, welches leichter als Wasser.
Vier Unzen Nüsse gaben fast zwey Quent Oel.
Bey der zweiten frischen Destillation wurde noch 38
einiges Oel, und zugleich eine geronnene öligte
Materie, die beym ersten Anschein Campferar-
tig schien, aber nachher vom Oel und Wasser
abgesondert, Butter ähnlich war. Denn ob sie

B 2   schon

schon etwas durchsichtig, so war sie doch weich
anzufühlen, schmierig, nicht brüchig, schmolz
von der Wärme der Finger bald in ein Oel, hatte keinen Campfergeruch, und war sehr gewürz-
haft, lösete sich nicht im Wasser, desto leichter
aber im Weingeist auf, und wurde von zugeschütteten Wasser milchigt trübe.

Im silbernen Löffel auf Kohlen geschmolzen,
verbreitete es Anfangs den angenehmen Geruch
der Nuß, am Ende aber eine Butter, die in
glüender Asche dampfte.

p. 39   Hr. G. nennt dies eine flüchtige Butter der
Muscatnuß, und wundert sich, daß Hofmann
dieselbe nicht bemerkt, und Boerhaave nicht
gewußt, daß das destillirte Oel der Muscatnuß
gerinne.

Der Rückstand wurde beym Erkalten auf der
Oberfläche mit einer dicken, grau gelben Haut
überzogen, welche abgesondert und getrocknet,
ein gelbes Fett, das brüchig, am Feuer schmel-
zend, und fast wie Thierfett übel riechend, ohne würzhaften Geruch und Geschmack war.
Dies wußte Hofmann schon zum Theil.

40   Das ausgepreßte Muscatnußöl, verdient
mehr den Namen einer Butter, so wie die, welche bey der Destillation aus dem Wachs, und
durchs Kochen aus dem Cacao erhalten wird.
So wohl jene destillirte Fettigkeit aus der Mu-
scate als dieses letztere Fett, ist eine Butter,
und weder Oel noch Balsam.

Auch

Auch das aus den Rosenblättern deſtillirte p.41
Oel, ſcheint hierher zu gehören, welches wie
Hofmann bemerkt, wie geronnene Butter
auf dem Waſſer ſchwimmt. Ingleichen auch
die Bambusbutter, deren Bomare erwähnt,
welche in Senegal aus der Nuß eines Baums
erhalten wird.

Die Butter der ausgepreßten Muſcatnuß 42
ſcheint eine zwieſache gemiſchte Materie zu enthalten, die eine iſt im kochenden Waſſer flüchtig,
die andere fix. Die erſte enthält den würzhaften Spiritus rector, iſt größtentheils ätheriſch
Oel, flüßig, der wenigſte Theil aber flüchtige ﬔ :7
Butter, wie oben erwähnt, ebenfals aromatiſch
und von der Kälte weich gerinnend. Die zweyte iſt eine Art Sevum ſo bey der Deſtillation
in dem gekochten Liquor zurückbleibt, und gleichſam das vehiculum des erſten.

Bey der Deſtillation werden ſie getrennt,
bey dem Auspreſſen bleiben beyde vereinigt, wie
ſie in der Nuß ſind, und kommen in Geſtalt einer dickern Butter zum Vorſchein.

Eine Unze gepreßte Butter, aus vielen, 43
theils reinen Waſſer, theils von dem eignen be-
ſtillirten Waſſer, deſtillirt, gab ein weiſſes aro-
matiſches Waſſer, auf welchem etwas aetheriſch
Oel und ein wenig von der flüchtigen Butter
ſchwomm. Im Keſſel blieb ein Liquor, welcher nach dem Erkalten auf der Oberfläche eine
geronnene Fetthaut gab, die der oben beſchrieb-
nen ſehr ähnlich, aber ohne Geruch und Ge-
B 3 ſchmack.

schmack. Das schmackhafte und riechbare, was
die Butter besitzt, rührt also von der Materie
her, welche bey der Wärme des kochenden Wassers flüchtig ist, und wenn diese zerstreut, so
bleibt bloß ein kaltes Fett übrig.

Das nemliche erhellet auch daher, indem
durch das öftere Abwaschen des gepreßten Mus-
c. catennuß Oels, durch Weingeist, um das corpus pro balsamo zu machen, eine weiße Materie ohne Geruch und Farbe entsteht, die dem
Sevo ähnlich, welches bey der Destillation übrig
bleibt. Der Weingeist eine Weile mit dieser
P. 44 Butter digerirt, that gleiche Wirkung, und
zog das färbende Wesen aus, wurde damit ge-
färbt, und nahm das aromatische Wesen in sich,
und ward von zugeschütteten Wasser milchigt
trübe.

Von der Butter blieb die Helfte übrig, welche sehr weiß, ohne Geschmack und Geruch.

Aus dem fetten Ueberbleibsel ließ sich durch
Waschen nichts auflösen. Es ist daher wahrscheinlich, daß das ölige, was durch die Destillation aus der Nuß gezogen, sich wie die ätheri-
sche Oele im Weingeist auflösen läßt, schon so
in der Butter steckt, u. s. w.

Besonders war es, daß von vier Unzen Butter, bloß vier u. ½ Quent Sevum übrig blieben,
da die flüchtige Materie kaum 1 Scrupel wog.
Vielleicht hat sich ein Theil Schleim ins Wasser
gezogen, auch wohl mit diesem ein Theil Erde.
Denn der Liquor des Decocts, war nach der
Ab-

Abſonderung des Fetts trübe, ward auch nach
dem filtriten nicht rein, und wie er einige Tage
in einem leicht bedeckten Gefäſſe geſtanden, bekam er einen weinigten Geruch, als aber die Deſtillation angewendet wurde, gieng kein brenn-
licher Geiſt über. Folglich war das Waſſer
nicht rein.

Vierte Abh. von dem Clyſtierinſtru- p.45
ment. — wird übergangen.

Fünfte Abhandlung. Chymiſche Un- 55
terſuchung des ſchwarzen Pfeffers.
Das Gewürzhafte des Pfeffers beweiſet der feurige Geſchmack und dauernde Geruch, welchen
die Waaren lange behalten, ſo eine Zeitlang
beym Pfeffer gelegen. Hr. G. wollte unterſuchen, ob der Pfeffer vor andern Gewürzen etwas beſonders enthalte.

Ein Pfund grob geſtosner ſchwarzer Pfeffer
mit 24 Pf. Waſſer digerirt und deſtillirt, gab
ein Waſſer, das den würzhaften Geruch und
Geſchmack des Pfeffers hatte, und ein auf dem
Waſſer ſchwimmendes ätheriſches Oel, welches
erſt häufig, und denn langſamer übergieng, und 59
weil es in vielen Schleim eingewickelt, vieles
Waſſer erfordert.

Erſt war dies Oel ohne Farbe, da es alt
wurde aber goldfarbig, ganz flüßig, ohne in
Campher oder Butter anzuſchieſſen, roch ſtark
nach Pfeffer, hatte einen ähnlichen Geſchmack,
aber mild, nicht feurig, oder brennend, und
verlor ſich bald auf der Zunge.

B 4　　　　Auch

P.57 Auch das destillirte Pfefferwasser war nicht
scharf schmeckend, wie der Pfeffer. Das gantze
Pfund Pfeffer gab nicht mehr als zwey Quentgen Oel, und mit dem abgezognen Pfefferwasser nochmals frischen Pfeffer destillirt, über drey
Quentgen das Pfund. Man sieht hieraus, den
Nutzen des Cohobirens.

58   Den Pfeffer nochmals mit frischem Wasser
destillirt, gieng dasselbe endlich fast ohne Kraft
über. Aber neues Kochen mit Wasser zog noch
viel aus, daß Hr. G. fast alle Gedult verlor,
dasselbe so vielmal zu wiederholen.

59   Erst nach 43 mal frischen Abkochen, war
alles ausgezogen, folglich 555 Pfund Wasser
dazu verwendet, da jedesmal 12 Pfund Wasser genommen worden.

59   Auch das vierzigste Decoct schmeckte so stark
nach Pfeffer, daß es den Geschmack lange im
Munde zurücklies.

Der abgekochte Pfeffer hatte mehr als ⅞ von
seinem Gewicht verloren; sonst aber seine Gestalt behalten, und war unschmackhaft; in einen
glüenden Tiegel geworfen brennte er frisch, aber
nicht lange, und die Asche wog 30 Gran von
zwey Unzen Pfeffer. Die ausgelaugte Asche
wurde blos um einen Gran leichter, gab eine
unschmackhafte Lauge, ohne Farbe und Merkmal eines Alcali, und beym Abdampfen fielen
weisliche Flocken zu Boden, welche ohne Anzeige eines Salzes, wie eine Kalkerde mit Säure

re aufbrauseten. Vom Salz war keine Spur
vorhanden, aber der Magnet zog etwas.

Acht Unzen frischer Pfeffer calcinirt, gab eine salzig scharfe Asche, welche 2 Quent 40
Gran wog, und im Wasser ausgelauget, 1
Quent 5 Gran am Gewicht verlor. Das bräun-
liche Salz schmeckte alcalisch scharf und färbte
den Violensyrup grün, schlug das Queckſilber-
ſublimat Pommeranzenfarbig nieder, brausete
mit Säuern auf.

Hr. G. fand in der Asche des Pfeffers viel al- p.61
caliſch mineraliſch fixes Salz und etwas gemei-
nes Salz, entdeckte aber kein vegetabiliſch Alcali.

Der durchgeſeihte Liquor, welcher bey der 62
Deſtillation des Pfeffers zurückgeblieben, ſetzte
auf der Oberfläche eine weißliche fettige Haut
an, welche der auf dem Decoct der Muſcatnuß
ähnlich, getrocknet war ſie ſchwärzlich, glänzend, brüchig, ohne Geruch, ſchmeckte aber
ſtark nach Pfeffer. Sie ſchmolz nicht im glüenden Tiegel, brennte nicht wie Fett oder Harz,
gab keinen brennlichen Geruch wie Thierfett,
und war alſo von jenem Fett der Muſcatnuß
ganz verſchieden. Die Asche derſelben war ſalzig, ſcharf, und ausgelaugt gab ſie ein Salz,
das dem vorhin erwähnten Pfefferſalz ähnlich,
theils ein trocknes fires Alcali, theils Kochſalzig.

Das Gewicht der Asche war nicht geringer,
als von friſch eingeäſchertem Pfeffer, denn von
zwey Quentgen dieſer getrockneten Haut blieben
blos fünf Gran Asche zurück.

B 5   Vier-

Vierzig Gran in acht Unzen reinem Wasser
bey starker Wärme digerirt und eine halbe Stunde aufwallen lassen, setzte nach dem Erkalten viel
gepulvert Sediment zu Boden, das obenstehen-
de Wasser schmeckte stark nach Pfeffer.

Das getrocknete Pulver wog 30 Gran.

P. 63   Ein anderer Theil dieser Materie, von 10
Gran in 2 Unzen Weingeist digerirt färbte denselben gelb und gab ihm einen feurigen Geschmack. Von zugegoßnen Wasser wurde es
getrübet. Der unauflösliche Rest, drey Gran
am Gewicht, hatte alle Schärfe und Geschmack
verloren.

Das schmackhafte im Pfeffer löset sich also
im geistigen und wäßrigen Menstruo auf, doch
im ersten leichter, und scheinet daher harzig zu
seyn, und in den gummichten Schleim eingewickelt, der sich erst durch vieles Wasser und öfteres Kochen ausziehen läßt.

64   Zwölf Unzen Alcohol zogen aus einer Unze
Pfeffer allen Geschmack aus, und der Rückstand wog 6 Quent acht Gran, die calcinirte
Asche aber 20 Gran, welche ausgelaugt zwölf
Gran verlor, und in der Lauge die nemliche
Salze zurücklies, wie die Asche von frischem
Pfeffer, nur aber um ⅓ mehr. Das schmackhafte Pfefferwesen ist in eine fette Materie eingewickelt, fliegt im kochenden Wasser nicht davon, trägt aber zur Erzeugung der Laugensalze
nichts bey, denn deren Gewicht war vermehrt,
da jenes entzogen ward.

Die

Die bis auf den vierten Theil abgerauchte Tinctur, wurde vom vielen zugeſchütteten Waſſer milchend, und als der Weingeiſt vollend abgezogen, legte ſich eine grünliche Materie zu Boden, die in der Kälte wie Wachs geronn, weder brüchig wie Harz, noch zähe wie Pech, ganz brennbar, und im Weingeiſt auflöslich, ſtark nach Pfeffer roch und ſchmeckte, und etliche Gran über ein Quentgen wog.

Vieleicht machte das beygemiſchte weſentliche Oel, daß es nicht wie Harz ſo ſpröde, ſondern weich.

Das fette ſchmackhafte Weſen des Pfeffers betrug ohngefehr den ſiebenden Theil deſſelben, und merkwürdig iſt, daß ſich daſſelbe mit einem ſo ſtarken Geſchmack in ſo vielem Waſſer verbreitete.

Die Haut auf dem Pfeffer ſchien harzige und gummige Theile zu enthalten, aber doch keine wahre Gummi-reſina, da ſich der größte Theil weder im Waſſer noch im Weingeiſt auflöſen lies. Denn nachdem das ſchmackhafte durch Alcohol ausgezogen, ſo ließen ſich von 18 Gran nicht mehr als 4 Gran durch kochend Waſſer auflöſen.

Die Fetthaut entſtund vieleicht daher, als das kochende Waſſer auſer dem gummichten Theil, zugleich das wachſichte mit auflöſete, und nach dem Filtriren beym Erkalten ſich mit dem gummichten, und einem Theil des fein gepulverten Pfeffers verband.

Dies ſcheint die Art, wie es verbrennte, und

p. 65

66

da,

dabey den Geruch des verbrennten Holzes mehr als wie verbrenntes Fett verbreitete, zu beweisen.

p 67   Das feurige, schmackhafte, riechbare Wesen aller übrigen Gewürze ist flüchtig, wenn sie in Wasser gekocht werden, im Pfeffer aber fix. Im Pfefferöl ist nichts feuriges, sondern es ist sehr mild.   Es ist daher falsch, daß dem spiritus rector, der die Seele des wesentlichen Oels ausmacht, der eigne Geruch und Geschmack der Gewürze immer zuzuschreiben.

68,   Das specifique des Pfeffers liegt mehr in dem fettigen, wachsähnlichen Wesen.

70   Das zwiefache Salz aus der Pfefferasche, glaubt Hr. G. sey aus dem gummichten Saft entstanden.   Es scheinet, daß ein natürlich Kochsalz im Pfeffer befindlich, welches bey dem Einäschern zerstört wird, und das fixe Alcali zurückläßt.   Vieleicht aber kommt es daher, weil der Pfeffer auf den Transportschiffen immer mit

71   Meerwasser eingeweicht wird.   Der Pfeffer zieht die Feuchtigkeiten stark an sich, und wird daher in Indien bey Sachen gepackt, die man gerne trocken weit verschicken will.

Hr. G. hat dieses selbst bemerkt, als ihm Indischer Salmiak mit beygepackten Pfefferkörnern, geschickt wurde.   Man könnte von dieser Eigenschaft des Pfeffers bey Naturalien-Sammlungen Gebrauch machen.

73   Der Pfeffer erweckte Hn. G. im Magen keine Hitze, sondern mehr eine Empfindung von Kälte, machte auch den Pulß nicht schneller, da doch Hr. G. sonst sehr reizbar.   Aber

Aber der Alcohol über Pfeffer digerirt, ſchmeckte doch ſcharf.

Der Pfeffer iſt in den heißen Weltgegenden p. 74 als ein unſchädlich und vorzüglich Gewürz, ſeit langer Zeit gebräuchlich.

Die kalten Krankheiten ſind gewöhnlicher in 75 heiſſen Ländern, und die hitzige in kalten Ländern. Daher iſt der Pfeffer in heiſſen Ländern zuträglich, ſo wie der Ingwer u. ſ. w.

Die Aerzte unterſcheiden die erwärmende 76 Kraft des Pfeffers nicht genugſam von der, ſo die geiſtige Dinge oder Gewürze beſitzen, deren ätheriſch Oel die ganze Schärfe in ſich enthält.

Der Pfeffer hat mit unſern Antiſcorbuticis 77. viel ähnliches. Aber der Senf z. B. hat auf alle Weiſe keine Spur von einem alcali volatili gegeben.

Die gewöhnliche Eintheilung der Salze bey 78 den Chymiſten iſt viel zu unvollſtändig.

Sechſte Abh. von einer indiſchen 78 **Wurzel, nach dem Johann Lopez ge-** **nannt, einem vortreflichen Mittel, wi-** **der die Bauchflüſſe.**

Bey einem Kinde von 14 Monat curirte das 79 Pulver dieſer Wurzel, eine heftige Lienterie in- nerhalb drey Tagen. Hr. G. erfuhr aus In- 80 dien, die Wurzel komme von der Inſel Malac- ca nach Batavia, werde von den daſigen Ein- wohnern wider Durchfälle und Fieber und Con- vulſionen gegeben, von einigen ſehr gelobt, von an=

andern aber geringeſchätzt, und komme eigentlich von Goa über Malacca.

p. 81   Wiederum genas ein Knabe von vier Jahren, durch den Gebrauch dieſer Wurzel, von einem Bauchfluß, der ſchon einige Wochen dauerte.

Hr. G. erhielt endlich ſieben Pfund dieſer
Wurzel, welche ihm in Bauchflüſſen ſo gute
Dienſte geleiſtet.

82   Ein einzig mal ward ſie ohne Nutzen gegeben, bey einem fluxu coeliaco den Hr. G. immer unheilbar gefunden.   Sogar im Durchfall
bey Schwindſüchtigen war dieſe Wurzel heil-
ſam, und wenn ſie auch das Uebel nicht heben
konnte, ſo ward es doch dadurch gemindert.

83   Hr. de Monchy berichtete Hn. G. daß die
Calomba Wurzel bey eingewurzelten Bauchflüſſen mehr geleiſtet, als die Lopeziſche, welche auch
in dem Durchfall beym zahnen der Kinder nicht
viel geholfen, aber bey der colliquatiſchen Diar-
rhée der Schwindſüchtigen vor allen andern
Mitteln den Vorzug verdiene.   Bey einer heftigen Lungenſchwindſucht, wo ſchon aphthae vorhanden, und andre Mittel nichts halfen, hemmte die Lopeziſche Wurzel den Bauchfluß ſo ſchnell
und nützlich, daß zugleich die aphthae verſchwanden, und der Krankr wider Vermuthen
in acht Tagen genaß, und ſchon ein ganzes Jahr
immer geſund geblieben war.   Dieſe Wurzel
84   mit Brod Decoct und etwas Wein gegeben,
heilte einen ſonſt fetten Mann, der ſchon ſeit
zwey

zwey Jahren an einer heftigen Diarrhoe krank
war, nach Hn. Boudewynsens Erfarung.

· Auch Hr. Patyn hat von derselben gute p. 84
Wirkung gesehen, einmal bey einer Wurmbiar-
rhöe, und denn bey einem anhaltenden Durchfall,
der auf das Cornachinische Pulver entstanden war.

Eben so auch bey einem schwindsüchtigen 86
Durchfall, wo schon aphthae vorhanden, und
zwar in wenig Tagen. Die Tinctur von dieser 87
Wurzel hemmte bey einer alten Matrone den
heftigsten Bauchfluß, ebenfals in drey Tagen.

· Die Naturgeschichte des Baums ist noch un- 89
bekannt, es ist auch noch nicht völlig gewiß, ob
Goa das eigentliche Vaterland desselben. Die
Wurzel ist holzigt, und der Baum scheint hoch
zu seyn.

Die frischere Wurzel war wenigstens zwey
Daumen dick; das Holz weißlich, sehr leicht,
an den kleinern Zweigen gleich dicht, an den
grössern lockerer gegen die Rinde, auch schwam-
miger und weißlichter, dichter gegen das Mark
welches hart und weißlich = röthlich. Die Rin- 90
de war grob, runzlich, graulich, weich, gleichsam wollig, dick, und auserhalb mit einer dünnen blassern Oberhaut überzogen. Vom Balsam oder Harz, zeigte sich weder in der Rinde
noch Holz eine Spur. Wie gemein Holz,
wurde sie bald cariös, zumal im weichern Theil,
der das Mark einschließt.

Der Geruch war nicht besonders, man mochte es reiben oder anzünden. Gekaut hatte es
kei-

keinen besondern Geschmack, und nach langen
Kauen schmeckte es immer wie todtes Holz.
Eine Unze mit 20 Unzen destillirten Wasser digerirt gab keinen Geruch, ob es schon einige Tage auf-
wallte. Durchgeseihet, sahe es gelb, war unschmackhaft, und leicht flüßig. Abgedampft
bis auf ¼ Unze war es nicht zähe oder klebrich
dicke, aber schwärzlich, und am Ende erst etwas
bitterlich, sonst aber von keinem Geschmack, woraus man was anziehendes hätte schliessen können.

p. 91　　Nachdem es einige Monate so eingekocht,
leicht bedeckt, an einem kühlen Orte gestanden
hatte, zeigten sich blos einige Körnergen wie
Sand, am Boden des Glases, welche blasgelb,
glänzend, von unbestimmter Gestalt, und im
Wasser auflöslich, von Geschmack wie harte
Brodrinde.

Die zerschnitne Wurzel schwomm wegen ihrer
Leichtigkeit auf dem Weingeiste. Nachdem sie
in demselben einen Tag digerirt, so hatte der
kaum gefärbte Weingeist keinen andern Geschmack bekommen; als aber Wasser zugeschüt-
tet wurde, verrieth sich durch den Niederschlag
eine ölige Materie.

Als der Weingeist abgezogen wurde, blieb
etwas zurück, das einem Balsam ähnlich; im
Feuer aufschwoll, brennte, fast wie Opium
schmeckte, und etwas bitter.

Vieleicht hat daher dies Mittel eine betäu-
bende Kraft, und es wird also begreiflich, wie
Hr. Patin die Tinctur mit gleich-guter Wirkung als das Pulver gegeben.　　Das

Das zweite wäßrige Decoct, nachdem das p. 9s
erste mit Weingeist gemacht, zog ein ähnlich sal=
zig Wesen aus, wie das vorhin erwähnte.

Die eingeäscherte Wurzel gab bald eine sehr
weisse Asche, aus welcher nebst dem Alcali et=
was Kochsalz ausgelaugt wurde. Das fire Lau=
gensalz war dem ähnlich, so im Glaubersalz be=
findlich, und vielleicht aus dem Kochsalz entstanden.

Alle diese Versuche erklären noch nicht, wie
diese Wurzel die Bauchflüsse hemmt. Denn
sie macht kein Brechen, und verräth nichts schlei=
miges oder anhaltendes.

Das Decoct mit Eisenvitriol vermischt, gab   93
auch keine Tinte. Vielleicht wirkt sie wie die Si=
marube, welche die Kraft des Magens und der
Gedärme verstärkt, und die Krämpfe hebt.

Aber die Lopezwurzel hat vor der Simarube
den Vorzug.   Am besten wird sie als ein zart
geriebenes Pulver gegeben, wo sie nicht verän=
dert wird, oder wie ein Quaranisches Extract.

Hr. G. gab sie auch mit einem Syrup oder   94
Schleim in Pillen verwandelt , zu 15 = 30
Gran, etwa vier Tage hintereinander. Auser
der Tinctur, scheint auch das wäßrige Decoct
wirksam.   Am wirksamsten sind die dünnen   95,
Wurzeln.

Siebende Abh. von dem Europäi=   99
schen Campher aus der Pfeffer Münze.
Hr. G. erinnert, daß wir mit unsern einheimi=
schen Pflanzen noch zu wenig Versuche, über
das Campherwesen angestellt. Das was bey

der Destillation der Gewürze sich zeigt, ist nicht
immer Campher, sondern mehr eine Art Butter, welches zu manchem Irrthum Anlaß gegeben. Herr Prof. Hahn in Utrecht bemerkte
schon, daß die Pfeffermünze Campher enthalte.

p. 103　Hr. G. erhielt den schönsten Campher daraus,
der sich crystallisiren lies.

Aus dem thymo hat ihn Neumann durch
Versuche dargethan, und bey allen übrigen unserer Pflanzen scheint er Hn. G. noch nicht genug
bewiesen.

104　Die frische Pflanze gab keinen Campher,
wohl aber die getrocknete. Daher kommt es
vieleicht, daß, obgleich das destillirte Wasser
aus dieser Pflanze gewöhnlich ist, doch noch niemand aus derselben Campher gesehen.

105　Es wird erfordert, daß die Pflanze völlig reif
sey, so wie die junge Campherbäume ebenfals
wenig oder keinen Campher geben.

106　Ueber die Naturgeschichte des Camphers rückt
Hr. G. einen Aufsatz des Hn. Dejean ein, der
in Indien dieselbe untersucht. Der beste
kommt von Sumatra, der schlechtere von Ja-

109　pan. Falsch, daß er von Ceylon oder Borneo
kommen soll.

110　Man sollte untersuchen, ob alle Camphergen-
wächse, so wie die Pfeffermünze, ein destillirt
Wasser geben, welches in dem Magen die Em-

111　pfindung von Kälte hervorbringt. Einige Gran
Campher mit Wasser eine Weile geschüttelt, ge-
ben demselben den Geruch und Geschmack des
Cam

amphers, und daſſelbe erweckt im Magen eine
Empfindung von Kälte, welches Hr. G. mehr=
mals erfahren, und daher muthmaſſete, man
könne aus der Pfeffermünze Campher erhalten.

Dies ſcheint der Meinung günſtig, daß der
Campher kühlt. Denn die bloſſe Empfindung
von Wärme und Kälte trügt, wie das Fröſteln
und die fliegende Hitze beweiſen.

Es iſt ſicher, daß der Campher auf die Ner=
ven viel vermag. Verſuche wie Hr. Alexan=
der an ſich mit dem Campher anſtellte, bey ge=
ſunden Cörpern, ſcheinen Hrn. G. kein ſicherer
Weg, die Heilkräfte der Arzneyen zu erforſchen.

Achte Abh, von Ludemanns *Luna fi-* p. 113
xata.

Ludemann war ein Vagabond der in Am= 114
ſterdam quackſalbte und wahrſagte. Ein Pul=
ver, das er häufig als ein arcanum gab, und
lunam fixatam nannte, that oft Wunder.

Er gab es im kleinſten Gewicht zu einem
Gran, und es wirkte keine euacuation.

Hr. G. fand bey der chymiſchen Unterſuchung, 115
daß es Zinkblumen, ohne allen Zuſatz.

Offenbar gute Wirkungen hatte dies Ludema= 117
manniſche Pulver ſehr oft geleiſtet. In den
heftigſten Convulſionen hatte es ein Kind gerettet,
auch bey erwachſenen periodiſche Krämpfe gehoben.

Hr. G. verordnete die Zinkblumen zu halben 118
Granen, mit beſten Erfolg, bey Kindern, etli=
che mal täglich, wenn ſie von Säure in den
erſten Weegen Convulſionen hatten. Auch bey

C 2   dem

dem schweren zahnen waren sie nützlicher, als der
spiritus cornu cerui. Nicht immer, aber
doch oft, waren sie bey den Nervenzückungen der
Frauenzimmer nützlich, und wenn diese nicht
halfen, so halfen auch andre Mittel nicht.

Bey den heftigsten Krämpfen, die ein Frauenzimmer, von zehn Jahren, von Schreck er-
p. 119 litt, und wo alles nichts geholfen hatte, wurde
das Uebel durch kleine, oft wiederholte Doses,
von Zinkblumen gehoben.

Auch bey der Epilepsie schwächten dieselbe das
Uebel.   Zärtliche Frauenzimmer vertrugen eine
Dose unter einem Gran, aber ein ganzer Gran
machte Brechen.

Sie scheinen die Säure zu dämpfen und an-
zuhalten.

Selten findet man die Zinkblumen ächt in
Apotheken.

121   Wahrscheinlich hatte Ludemann seine Zinkblumen aus indischem Zink verfertigt.

122   Reiner indischer Zink läßt sich ganz auf sublimiren, wenn man die Cruste so auf der Oberfläche
bey der Sublimation entsteht, mit einem eisernen Stöckgen immer wieder zerstößt.   Zu dem
Ende muß der obere Tiegel so auf den untern
gedeckt werden, daß die Ecken des obern auf die
Mitte des Randes des untern zu stehen kommen,
und man also dazu kann.   Etwas weniges Verlust, ist wohl dabey.   Die Zinkblumen werden
sodenn nochmals gelinde ausgeglüet.

Neun-

Neunte Abh. vom Vitriolöl. Das p.124 englische Vitriolöl recht rein zu erhalten, destillirte Hr. G. dasselbe aus kleinen Retörtgen, wo man viel Zeit und Feuer spart. Der warme Liquor wird sogleich in trockne Flaschen gethan.

Die Retortenfuge zu lutiren, ist nicht nöthig, 126 und man bedeckt sie blos mit Papier, daß nichts fremdes hineinfällt, und das heisse Oel zieht keine Feuchtigkeit an. Es ist auch weniger Gefahr, wenn der Apparat nicht zu fest.

Der weisse, ausgelaugte, durchgeseihte Rück- 127 stand, hinterlies in der weissen, unschmackhaften und in keiner Säure auflöslichen Erde, welche ausgeglüet roth sahe, mit Leinöl ausglüet, Theile die der Magnet anzog.

Der helle weisse Liquor, der anziehend säuerlich, lieferte beym abdampfen und anschiessen ein sehr weisses, glänzendes flockiges, kaum schmekkendes Salz, das in der Luft weder feucht ward, noch zerfiel, auf Kohlen nicht floß, noch knisterte, und wie es den Glanz verloren, in einen Kalk zerfiel. In Wasser aufgelöset, wurde er 128 von zugeschütteten firen Alcali milchend trübe, gab denn einen weissen Kalk, aber das zugeschüttete Infusum der Galläpfel zeigte keine Spur von Eisenvitriol, und ward nicht schwärzlich. Es schien eine Art Alaun, und von demselben nur durch die besondre Erde verschieden.

Der abgegoßne Liquor, nachdem das Wasser davon, lies eine weißgelbe Materie zurück, welche sauer herbe, und ein Theil derselben mit Gall-

C 3 äpfel

äpfel Infuso vermiſcht, gab eine Tinte ; ein Theil floß auf Kohlen, und gab einen Geruch wie angezündeter Schwefel, veränderte ſich in ein trocken Klümpgen, welches gelb, und beym Er-kalten weiß wurde, und auf Kohlen gelegt, wieder die gelbe Farbe annahm.

129 Es war daher eine Art weiſſer Vitriol, der-gleichen der, ſo aus dem in Vitriol aufgelöſten Zink entſteht, und enthält etwas Eiſen.

Nach einem Jahr deſtillirte Hr. G. ſein Vi-triolöl zum zweyten mal, es lies aber nicht den mindeſten Rückſtand zurück. Blos im Retor-tenhalſe war etwas ſalziges, weiſſes, durch-ſcheinendes, das ſich im Waſſer leicht auflöſete, und mit durch das filtrum gieng. Der Liquor war ſäuerlich, färbte den Violenſaft roth, und trübte den Bleyeßig mit einer Milchfarbe.

Als das Waſſer abgedampft, blieb eine weiſ-ſe Materie, gleichſam in Lamellen vereinigt, zu-rück, welche ſäuerlich ohne Schärfe, oder anzie-hen, oder ſüße, ſondern mit einer kühlenden Empfindung blos etwas bitter.

130 Ein Theil brennte und kniſterte nicht auf Koh-len, ſondern wallte auf wie Wunderſalz, ward trocken, und löſete ſich bald wieder in Waſſer ganz auf. Die Auflöſung wurde von firen Al-cali nicht getrübt, brauſete nicht auf, und ſchlug das im Scheidewaſſer aufgelöſete Queckſilber weißlich nieder. Folglich war in dieſem Rück-ſtande auſer etwas Vitriolſäure wahrſcheinlich etwas Glauberſalz. Sonſt lies ſich nichts ent-

becken

decken. Ueber den Urſprung des Glauberſalzes p.131
iſt Hr. G. zweifelhaft.

Einen gleichen Erfolg des Verſuchs bemerk- 132.
te Hr. G. als durch Abdampfen und Kochen
zuvor gereinigtes Vitriolöl, deſtillirt wurde.
Hr. G. entdeckte alſo in dem Rückſtande Eiſenerde, einen beſondern Alaun, weiſſen Vitriol,
in welchem Zink und Eiſen ſich offenbarten.

Der Alaun iſt vieleicht von der fremden 1
beygemiſchten Erden entſtanden, die übrige Dinge aber aus dem Vitriol ſelbſt. Die Vitriol- 133
ſäure nimt bey der Deſtillation etwas metalli-
ſches mit über, und der rückſtändige Kalk giebt
nicht alle Säure von ſich. Der Zink verflüchtigt ſich gern, und mit ihm vieleicht das Eiſen
in gröſſerer Menge.

Gemeinen Alaun fand Hr. G. nicht, wie
ehedem Lemery.

Da der weiſſe Vitriol Zink enthält, ſo iſt
leicht einzuſehen, woher der Zink im Rückſtande, welchen Hr. G. allemal gefunden.

Von eingemiſchter Luft war keine Spur zu 134
ſehen, auch nicht nachdem aller Rückſtand ausgeglüet, und der Kalk mit ſauern und alcali-
ſchen Auflöſungsmitteln digerirt wurde. Vie- 1
leicht enthält der engliſche Vitriol am wenigſten
Luft. Er iſt ſelbſt dem zu mediciniſchen Abſichten in Apotheken verfertigten, vorzuziehn.

Auch vom Golde zeigte ſich keine Spur.
Aber der gedachte Rückſtand iſt urſprünglich 135
C 4 dem

dem Vitriol beygemischt, und kein frember Theil
von irgend einer Verunreinigung des Oels.

Das rectificiren des Vitriolöls ist sehr zu empfelen.　Aber die Vorlage ist vorhin zu erwär-
men, und während der Destillation muß nichts
kaltes den Retortenhalß berühren.　Hr. G. destillirt ohne Gfahr etwas schnell, innerhalb sechs
Secunden einen Tropfen.

Das zehnde Kap. vom indischen Salmiak und Borax.　Man hat in Indien
Salmiak der gleichsam natürlich , und einen
mehr künstlichen, obwohl er nicht gewöhnlich in
den Handel kommt.　Hr. Falk meldet von einem Salmiak aus der Gegend Napal, wo ein
See einen Schaum giebt, welcher getrocknet
natürlichen Borax, wenn er aber gekocht wird,
Salmiak liefert.　Vielleicht ist unter Kochen
Sublimiren zu verstehen.

Und vielleicht verfliegt bey dem trocknen etwas flüchtiges, so daß bles Borax zurückbleibt,
und wird der frische Schaum gleich gekocht, und
eingedickt; so entsteht Salmiak.

Pazmandi Probschrift vom Ungarischen
Natro bestätigt Hn. G. Vermuthung.　Dem
einige Seen in Ungarn enthalten ein Salzwesen,
das dem Nitro der Alten ähnlich, fixes minera-
lisches Alcali, Glaubersalz, Kochsalz, flüchtig
Alcali, und eine Hefe, die im starken Feuer geglüet, häufige Dämpfe verbreitet, welche Säure und am Geruch den Salzgeist verrathen.

Vielleicht geben diese Materien sublimir
Sal

Salmiac, wenn aber durch die heiſſe Luft das
flüchtige Alcali zerſtreut, mit Zuſatz des Seda-
tivſalzes Borax.

Das fette am Borax ſcheint ein zugeſetztes
Thierfett, und ein Freund erzählte Hn. G. der
Borax zerfalle in trockner Luft in Kalk, und
verliere ſeine Kraft. Dies werde durch beige-
miſchtes Oel und Buttermilch verhütet, daher
ehe er verſchickt wird, man demſelben auf 150
Pfund, ſieben Pf. Oel und ſo viel Buttermilch
zumiſcht, und denn in Blaſen verſchlieſt.

Eine andre Sorte wohlfeilern Borax, bereiten in Indoſtan auf eine leichte Art die Ziegel-
brenner. Sie miſchen Menſchen und Kühmiſt
und von andern Thieren mit Stroh zuſammen,
machen daraus Kuchen, und brennen ſolche im
Ziegelofen, wo ſie nach dem Erkalten Salmiac
finden, welchen ſie zu metalliſchen Arbeiten und
mediciniſchen Abſichten brauchen.

Beyde Arten dieſes Salmiacs fand Hr. G.
unſerm ähnlich, ſie ſind auch unter ſich nicht un-
terſchieden, der letztere iſt blos undurchſichtiger,
unreiner, und weniger compact. Der Indoſtaniſche Salmiak ſcheint mit dem Aegyptiſchen
einerley Zubereitung zu haben.

Darinne irret Hr. G. daß der Braunſchweigi-
ſche Salmiac theurer als der Aegyptiſche. Die
Mäckler in Holland, welche die Speſen vom
Aegyptiſchen, den ſie verſenden, verlieren würden,
erhöhen aus Bosheit den Preiß des Braunſchwei-
giſchen Salmiaks, der von den Gebrüdern Gra-

p.141

142

143

venhorſt unmittelbar verſchrieben, viel wohlfeiler kommt, und deſſen Güte Hr. Leibarzt Vogel, und andre Chymiſten längſt ächt gefunden.

p. 144   Ohne Zuſatz von Kochſalz, kann aus unſerm Ruß von verbrennten Holz oder Torf, Salmiak bereitet werden.

Grew beſaß natürlichen Salmiak aus den Steinkohlen Gruben von Newcaſtle.

Am Veſuv und Aetna und bey Puzzuolo findet man natürlichen Salmiak, welches Geoffroy irrig leugnet.

145   Meyer erhielt Salmiak aus Ruß von Steinkohlen, und aller Ruß ſcheint welchen zu geben.

Hr. G. glaubt man könne auf Indoſtaniſche Art in allen Holländiſchen Ziegelhütten Salmiak machen.   Von dem angezeigten Buche iſt 1772 zu Jena bey Hartung eine deutſche Ueberſetzung vom Hn. D. Sieffert, mit einigen chymiſchen Anmerkungen des Hn. D. Buchholz herauskommen.   Iſt 152. S. in gr. 8.

B.

IV.

Io. *Friderici Meckel*, Tr. de
morbo herniofo congenito ſingulari et complicato feliciter curato. Berolini ap. Frid. Nicolai 1772. gr. 8. 148. S.

Die

Die Krankengeschichte betrift den Herrn Leibarzt Zimmermann. Seit dem p. 3 Jahre 1764 empfand derselbe Hämorrhoidal-Beschwerden. Im Jahre 1766. veranlaßte eine sehr heftige Windcolik, daß ein Stück Darm durch den linken Bauchring in den angebohrnen Bruchsack herabstieg. Die Vernachläßigung eine Binde anzulegen, gab denn auch zum Netzbruch Anlaß. Man hielt das Uebel erst vor eine varicocele. Der Vorfall des 4 Darms ereignete sich zum öftern, aber er lies sich doch leicht zurückschieben. Seit dem November 1767 blieb eine Schwäche des Magens und Unverdaulichkeit zurück, aber seit 1771 blieb bey der Zurückschiebung des Darmbruchs das Netz und ein nodulus steatomatosus auserhalb des Bauchringes.

Den größten Schmerz verursachte ein Faden 5 im hintern Theil des Bruchsacks, welcher nicht ohne die Empfindung des heftigsten Schmerzes berührt werden konnte, und welcher auch die Anlegung eines Bruchbandes verhinderte.

Denn das angelegte Bruchband verursachte 6 ten heftigsten Schmerz, als wenn der Testikel gedruckt würde, und dieser Schmerz verursachte Angst und Ohnmachten.

Im Hornung 1769 gesellte sich noch zu denen Zufällen des Bruchs eine schmerzhafte Empfindung des rechten Testikels, welcher anschwoll und mit der schmerzhaftesten Empfindung gegen den

den Bauchring zurückgezogen wurde. Dieser
Schmerz erstreckte sich sogar in den linken
Schenkel, Fuß und Arm, derselben Seite, mit
einer grossen Schwäche des Fusses. Der Krampf
und das Ziehen des Testikels lies zuweilen nach,
und mit demselben auch der Schmerz, aber die
Anfälle kamen bald wieder: Oft war der
Schmerz auf der einen Seite heftiger, und auf
der andern schwächer und umgekehrt.

p. 8 Im liegen verschwand der Schmerz, bis der
Herr Patient sich wieder aufrichtete. Endlich
ward das Stehen, Gehen, Sitzen, Schreiben
9 unmöglich und unerträglich. Wie sich der
Bruch vergrösserte, so nahm wegen der Hämorrhoidalgefässe und des Reißes der Nerven,
der Schmerz immer mehr zu, und der Geschwulst des Testikels vergrösserte sich, daß der
Herr. Pat. einen Scirrhum fürchtete, und an
der Genesung verzweifelte. Hr. Meckel, die
Herren Schmucker, Theeden, Pröbisch,
13 fanden fast das ganze Netz durch den erweiter-
ten Bauchring in den Bruchsack herabgefallen.
Es war natürlich beschaffen, ausgenommen einen kleinen Knoten verhärtetes Fett, wie eine
14 Haselnuß groß, am colo transuerso: Es lies
sich alles zurückschieben, bis auf den dünnen Faden am hintern und untern Theil des Bruchs,
welcher schwer zu finden war, und welchen der
Hr. Pat. selbst anzeigen mußte, und beym An-
fühlen den heftigsten Schmerz bis zur Ohnmacht erweckte.

Der

Der linke Testikel war ganz natürlich, und p. 15
wenn das Netz herabgefallen, so schob er den
rechten Testikel aus seiner Lage. Wenn das
Netz in den Bauch zurück gebracht, so lag der
aufwärts zurückgezogne Testikel auf der linken
Seite in der Entfernung von anderthalb Zoll
unter dem osse pubis, veränderte aber diese
Entfernung bald, denn wenn bey der geringsten
Bewegung das Netz hervor fiel, so nahm er
wieder den untern Theil des Sacks ein. Alle
Gefässe des funiculi spermatici waren gesund,
daher sich Hr. M. wundert, wie man das Ue- 16
bel vor eine varicocele ansehen können.

Man beschloß daher, das Scrotum nach der 19
Länge über dem Bruchsack aufzuschneiden, denselben von der Haut abzusondern, den allenthalben freyen Sack zu eröfnen, das natürlich be-
schafne Netz in den Bauch zurück zu bringen,
sodern den Sack unter dem Bauchringe zu unterbinden. Denn da der funiculus spermati- 20
cus und das Netz völlig gesund, so war es nicht
nöthig etwas wegzuschneiden. Durch das bey
der Cur nöthige Lager auf dem Rücken lies sich
erwarten, das Netz und Därme werden sich von
selbst in ihre natürliche Lage zurückbegeben, und
der Bauchring wieder verengern, und die Verstopfungen wieder heben.

Die Operation selbst ward am 24 Junius
1771 in Hn. Meckels Hause auf die beschriebne
Art vorgenommen. Am beschwerlichsten war 25
es, den dünnen Bruchsack vom Darmfell abzu-
son-

p. 27 ſondern. Die Verblutung aus den Geſäſſen des Scroti war ſehr geringe.

Man entdeckte endlich den Teſtikel unten im Bruchſack, welcher von demſelben auf keine Weiſe abzuſondern war, und man erblickte nichts vom Teſtikel als beſſen gerablinichten Rand, in welchen ſich die vaſa ſpermatica hereinbegaben.

28 Es wurde der cremaſter über dem Bruchſacke aufgeſchnitten, und nunmehr erſchien der letztere ganz frey, an beſſen hintern und untern Seite der funiculus ſpermaticus inwendig an-

29 hieng. Herr M. trennte denſelben ſelbſt ab, und wie der Bruchſack ganz frey war, wurde er unter dem Bauchringe unterbunden, und nachher unterhalb nach der länge aufgeſchnitten.

30 Bey dem zerſchneiden der Fäden empfand Hr. Pat. jedesmal den heftigſten Schmerz, ſo oft ein Faden durchſchnitten wurde.

31 In dem Bruchſack war ſonſt das gantze Netz befindlich, aber vollkommen geſund und völlig vom Sack des Darmfells abgeſondert, nur daß in der Gegend, ganz nahe am colo ein kleines Klümpgen verhärtet Fett, wie eine Haſelnuß groß, gefunden wurde.

32 Nachdem das Netz ausgebreitet und aus dem Sack herausgenommen, fand man im untern Theil des Sacks den convexen Cörper des linken Teſtikels, welcher nicht von der tunica vaginali eingewickelt, ſondern von der albuginea überzogen, welche an der Peripherie des gerab-linichten Randes des Teſtikels ſich anheftete.

An

An dem nackenden linken Teſtikel, und zwar p. 33
an deſſen converen Rande, der ſchief innerhalb
des Sacks aufwärts gekehrt, hieng das Netz vermittelſt eines cylindriſchen Fadens, der von
Blutgefäſſen roth, und vom äuſerſten Ende her-
abſtieg, an. Die länge des Fadens war anderthalb Zoll, und die Breite eine halbe Linie.

Beſonders war bey dieſem Bruch, daß der
Bruchſack an dem Teſtikel, wie erwähnt, anhieng, und ſich auf der Fläche deſſelben verbreitete; ſodenn die Lage des blos mit der albugi-
ginea bedeckten Teſtikels innerhalb der Höhle
des Sacks.

Das Herabſteigen der Teſtikel bey Kindern, 34
beſchreibt Hr. M. wie Hunter.

Hr. M. hat bey Leichnamen zwenmal die 37
Verlängerung des Darmfells in das Scrotum,
welche im untern Theil den nackten Teſtikel ein-
ſchloß, wahrgenommen, wo zugleich das Netz
mit in den Sack herabgetreten.

Noch ganz kürzlich zergliederte Hr. M. einen
Leichnam, wo der Teſtikel in dem untern Theil
des Sacks befindlich, welcher von dem Darmfell beym Herabſteigen der Teſtikel gebildet wird.
Dieſer Sack war unten weit, und am Bauch- 38
ringe eng zugeſpitzt, wo ſich noch eine Queerfalte des Darmfells wie ein weiſſes kleines Liga-
ment vorlegte. Dieſe Queerfalte iſt bey Kin- 39
dern immer vorhanden, und verdiente das
Queerband des innern Bauchringes genennt zu
werden. Es iſt nichts anders als die Verdop-
pe-

relung des Darmfells, welches sich in die Quee-
re von den Saamengefässen und deren Ausgange aus dem Unterleibe, verlängert, und hinter
demselben ist die Oefnung vor den Weeg den die
Testikel herabsteigen.

40. Die Scheidenhaut ist nichts anders, als eine
41 Fortsetzung des Darmfells. Wenn sich die
Scheide von dem Darmfell nach der Geburt
des Kindes nicht trennt, so entsteht ein ange-
3 bohrner Bruchsack. Oefters fand Hr. M. bey
Leichnamen, daß die Scheide blos bis zur Helfte des Saamenstrangs sich verlängert. Nach
der Verschiedenheit der tunicae vaginalis ist
die hydrocele gar sehr unter sich verschieden,
44 und man muß einen Bruch genau untersuchen,
um aus der Empfindung der Fluctuation eine
hydrocele von einem Bruch zu unterscheiden.
Wenn bey erwachsenen ein solcher verlängerter
Sack des Darmfells wie bey Kindern, zurückbleibt, so steigt bey einem gewaltsamen Druck
des Unterleibes das Netz oder die Därme sehr
leicht in denselben herab, und es entsteht ein
angebohrner Bruch, welchen der Hr. v. Haller
in s. opusc. pathol. obs. 28. zuerst beschrieben,
und dergleichen auch bey Hn. Pat. nach einer
heftigen Windcolik und Cholera entstand, und
wo das schlüpfrige Netz immer wieder herab-
glitschte, wenn schon der Darm zurückgeschoben war.

45 Das Netz verwuchs leicht mit dem Testikel,
indem die aus dem Darmfell ausschwißende Feuchtigkeit bald geronn. Der

Der angewachsne Faden verhinderte die Anlegung eines Bruchbandes, indem von dem Druck desselben der heftigste Schmerz entstand. Nachdem aber dieser Faden abgeschnitten, und das Netz zurückgebracht, so erweckte das nach der Operation angelegte Bruchband keinen Schmerz.

Wurde vorhin das Netz zurückgeschoben, so p. 47 zog dieser Faden den Testikel mit sich in die Höhe, und fiel das Netz wieder herunter, so nahm auch der Testikel wieder den untersten Theil des Bruchsacks ein. Daher war auch, wenn der Bruch zurückgeschoben, der Bruchsack sehr kurz anzufühlen, und wegen seiner Dinne kaum merklich.

So konnte auch der in die Höhe gezogne Testikel den Druck des Polsters am Bruchbande nicht vertragen.

Die Dinne des Bruchsacks erforderte bey der Operation die größte Vorsicht, damit nicht der funiculus spermaticus verletzt würde.

Nachdem der erwähnte Faden vom Testikel 48 dicht abgeschnitten, so wurde das völlig gesunde Netz durch den Bauchring zurückgeschoben, wobey Hr. Pat. vielen Schmerz empfand, indem es ganz herabgefallen, und sich die Bauchmuskeln zusammenzogen, und den Bauchring verengerten. Dies erforderte also viele Zeit und Behutsamkeit. Die Erkältung des Netzes wurde 49 durch aufgelegte mit warmen Wasser angefeuchtete Schwämme verhütet. Herr Theeden 50

verrichtete die Zurückschiebung des Netzes, wel=
ches nirgend innerhalb der Bauchhöle anhieng.

Von der unvermeidlichen Kälte, so die Där=
me angriff, und dem Druck des Netzes, em=
pfand der Hr. Patient während dem Zurück=
schieben des Netzes den unerträglichsten Schmerz
in dem Testikel, und in den Gedärmen, gleich=
sam wie von einem eingeklemmten Bruch, auch
einen Reiß zum Erbrechen, von denen gereiß=
ten Gekrösnerven. Auch klagte Hr. Pat. über
den heftigsten Schmerz des Testikels, während
der Operation, als ob er gedruckt würde, ob
schon derselbe zu der Zeit gar nicht berührt wurde.

p. 51   Der mit einem doppelten gewächsten Faden
unter dem Bauchringe unterbundne Bruchsack,
wurde nunmehr dergestalt in seiner Unterbin=
dung befestigt, daß über einer dinnen Walze
die gewächste Faden des Pflasters zusammenge=
knüpft wurden. Durch diese Unterbindung
war das Darmfell völlig verschlossen, und der
Vorfall des Netzes und der Därme völlig ver=
hütet. Hinter der Unterbindung waren die va=
sa spermatica und Nerven völlig frey.

52   Die Operation war in anderthalb Stunden
geendigt. Hr. Pat. war zwar schwach, aber
nicht ohnmächtig. Bey der Operation empfand
Er auser den Schmerzen des Schneidens, fast
unerträgliche Schmerzen in den Schenkeln nach
der Länge des Fusses, daß das Kniegelenke stark
mußte gehalten werden, wodurch Hr. Pat. Lin=
derung empfand.

                                        Der

Der Blutverluſt war ſehr gering und betrug p. **53**
kaum ſechs Unzen. Die Wunde wurde trocken
verbunden, und mit gezupfter Leinwand bedeckt,
und mit einem Bauſch von Carpie bedeckt, und
denn alles gehörig mit Compreſſen und der
Kornährenbinde befeſtigt, worauf Hr. Pat. in
erwärmte Betten gebracht wurde.

Jetzt empfand derſelbe von dem Reitz der **54**
Nerven einen allgemeinen Froſt und heftige Co-
likſchmerzen. Der Puls war ſchwach, die
Kräfte des Geiſtes und Cörpers ſehr niederge-
ſchlagen, der Colikſchmerz heftig, der Eckel und
Neigung zum Brechen groß.

Wider dieſe Zufälle ward der Unterleib mit **55**
einer Miſchung aus Mandel und Leinöl und
Campher eingerieben, und mit doppelten Fla-
nell in ein Decoct, aus Hollunderblüte und Cha-
millenblumen, Leinſaamen in Rheinwein gekocht,
eingetunkt, und aufgelegt, beſtändig fomentirt.

Zugleich ward alle Stunden ein Eßlöffel **56**
voll von einer Miſchung aus Mandelöl,
Mohnſyrup und etwas von Eydenhams
flüßigem Laudanum gegeben; ingleichen Hafer-
grütze mit Citronenölzucker. Die Schmerzen
verloren ſich hierauf, und es fand ſich ein Schlaf
ein, der zwey Stunden lang dauerte. Die **57**
Nacht ward ruhig zurückgelegt. Der Urin
war am Morgen etwas mehr als natürlich ge-
färbt, und gab einen röthlichen Bodenſatz.
Des Abends vorher ward noch ein erweichend
Clyſtier gegeben. Für einen Auszug des täg-
D 2 lichen

lichen Befindens, ist das Tagebuch des Hn. M. nicht unsrer Absicht gemäß, und wir schränken uns blos auf die wichtigere Veränderungen in den Zufällen ein.

Die Colikschmerzen verloren sich nach und nach, durch die erwähnte Clystiere und Fomen-

p. 62 tationen. Der erste Verband war schmerzhaft.

Es ward mit einer Salbe aus balf. Arcaei mit Mandelöl vermischt, verbunden, worauf der Schmerz sich milderte und bald vergieng.

63 Es wurde mit Einsalben und Fomentiren fort-gefahren, und Hühnerbrühe mit frischen Kräu-tern gekocht, zur Nahrung gegeben. Der Puls war wenig fieberhaft.

64 Beym zweyten Verbande ließ sich die Wun-de zur Heilung an, aber wegen der Schmerzen konnte noch nicht alles Carpie abgenommen werden. Die Nahrung blieb dieselbe.

65 Beym dritten Verbande war schon gutes Eyter vorhanden, aber der Schmerz war an den rohen Stellen der Wunde heftig.

69 Am 30. Jun. erfolgte nach einem erweichen-den Clystier mit Seiffe ein häufiger Stuhlgang, und Clystiere, ingleichen der Gebrauch der Chi-nerinde leerten den lange verhaltnen und ange-häuften Unrath jetzt reichlich aus, welcher sich nothwendig hatte sammeln müssen, da das her-abgefallne Netz die Därme ganz aus ihrer na-türlichen Lage verschoben hatte, zumal das Co-lon. Daher auch vor der Operation in drey Wochen kaum ein natürlicher Stuhlgang sich

ein-

ſich einfand, und jedesmal nur wenig Unrath
mit vieler Beſchwerde abgieng.

Von der nemlichen Urſache, rührte die Angſt
nach Tiſche her, und der Eckel des Magens,
der vom Colon und Netz gedehnt wurde, ſo
daß Hr. Pat. das Stehen, und den Druck bey
dem Schreiben nicht vertragen konnte, auch die
wenige und beſchwerliche Wirkung der Purganzen

Der Unterleib war nun ganz natürlich be-   P. 73
ſchaffen, und die Lage des Hn. Pat. auf dem
Rücken, trug ſehr viel dazu bey, daß der Ma-   74
gen, das Colon und Netz wiederum ihre natürliche Lage bekamen, und der Creißlauf des
Bluts im Unterleibe wieder gehörig frey wurde.

Es erfolgte kein Zufall auf das Zurückſchie-   75
ben des Netzes, und der Bauchring verengerte
ſich gehörig, welches alles nicht erfolgt wäre,
wenn man unnöthiger Weiſe das Netz wegge-
ſchnitten hätte. Die daher entſtehende Eite-   76
rung im Unterleibe würde nur gröſſern Schaden verurſacht haben

Den Bauchring zu ſcarificiren iſt ganz un-   77
nütz und ſchädlich.

Während der ganzen Cur iſt weiter nichts   81
widriges vorgefallen, als daß etwas wild Fleiſch
in der Gegend des Bauchringes die Heilung
verzögerte, weil der Gebrauch der Aetzmittel
dem Hn. Pat. jedesmal den heftigſten Schmerz
bis zur Ohnmacht und Verzweiflung verurſachte.

Am heftigſten waren die Zufälle am 15 Ju-   91
lius, nachdem das wilde Fleiſch mit dem Höllen-

D 3   ſtein

stein war berühret worden. Denn es fand sich
Frost, krampfiger Puls, kalter Schweiß, die
größte Reizbarkeit, ein Krampf der maxillae
inferioris und Zunge, die größte Entkräftung,
beynahe Convulsionen, und sogar ein Durchfall ein.

P. 94   Es wurde daher mit einer Salbe verbunden;
aus frischgepreßten Mandelöl, weissem Wachs,
und Goulardischem Bley Extract. Diese verursachte keinen Schmerz. Es ward mit dem
95 Decoct aus der Chinerinde fortgefahren. Das
Wundliegen zu verhüten, wurde Kalchwasser,
Goulardisches Bley Extract und obige Salbe
vermischt, äuserlich aufgeschlagen. Niemalen
hat daher der Hr. Pat. sich wund gelegen.

   Auch die Auflösung des lapidis diuini erweckte den heftigsten Schmerz, als damit das
wilde Fleisch benetzt wurde.

96   Sogar das Kauen ward dadurch gehemmt
und beschwerlich.

97   Von der grossen Empfindlichkeit des Hrn. Pat.
entstand sogar nach dem Verbande, die heftigste Zusammenschnürung des intestini recti, daß
kein Clystier beygebracht werden konnte.

100   Die gleiche schmerzhafte Empfindung ward
bey wiederholten Auflegen des Aetzmittels empfunden, so daß Hr. Pat. am Geist ganz niedergeschlagen wurde.

101   Es ward daher eine andre Salbe, aus balf.
Arcaei und balf. Commendatoris gemischt,
angewendet.

                                Eben

Eben so schmerzhaft war der Druck der Com= p. 10²
pressen auf das wilde Fleisch.

Dasselbe wurde daher blos mit einer Mi= 103
schung aus Kalchwasser und Goulardischen Bley
Extract bestrichen, welches keinen besondern
Schmerz machte, und die Wunde reinigte.

Auch der gebrennte Alaun erweckte beym Auf= 104
streuen den heftigsten brennenden Schmerz.

Nach verschiednen Versuchen mit allerhand 113
Aeßmitteln, war am 19. August die Wunde
fast geschlossen, die jetzt mit dem Goulardischen
Bley Extract in Rosenwasser vermischt, bedeckt
wurde.

Am 21. August war die Wunde völlig mit 114
Haut überzogen, und geschlossen. Blos der
untere Theil am Scroto, war noch nicht völlig
geheilt.

Am 4. Sept. stieg Hr. Pat. zum ersten mal 116
auf, war aber noch schwach, und am 11. konn= 117
te derselbe zum erstenmale die Treppe hinaufsteigen.

Noch wurde eine Bruchbinde zur Sicherheit 118
getragen.

Am 14. Sept. gieng Hr. Pat. zum ersten= 119
mal in den an Hn. Meckels Hause gelegnen
Garten, und am 16. wo die Wunde völlig ge= 120
heilt, empfieng derselbe den Hn. Generalchirur=
gus Schmucker, welcher die Operation ver= 121
richtet, und nahm zum erstenmale wieder bey
Tische Wein.

Am 18. Sept. fuhr Hr. Pat. zum ersten=
male wieder im Wagen.

D 4 Wider

p.122 Wider die Verstopfung der Hämorrhoidalgefässe wurden nunmehr gummichte Seiffenpillen und ein Magenelixir angewendet, auch sechszehn Flaschen Pyrmonter Brunnen getrunken.

123 Es kam zuweilen ein Hämorrhoidalschmerz im rechten Testikel, Arm und Fuß wieder, auch war der rechte Testikel wieder etwas angelaufen.

Die Tragebinde hatte vornemlich durch ihren Druck diesen Schmerz veranlaßt. Ein Queck-silberpflaster mit Campher konnte Hr. Pat. auch nicht vertragen.

124 Das Fahren, welches den freyen Creißlauf des Bluts im Unterleibe beförderte, hob diesen Schmerz bald wieder.

Achtzehn Unzen Blut durch Blutigel abgezapft, linderten den Schmerz, welcher sich durch das Fahren vollend verlor. Drey Tage hernach zeigten sich die blinde Hämorrhoiden.

125 Pyrmonter Wasser, Fahren, vertrieb den Hämorrhoidarischen Schmerz, und am 30. Sept. gieng Hr. Pat. sechzig Schritt auf der Gasse, bekam aber von Erkältung ein leicht Catarrhalfieber, das einige Tage dauerte, und das Zunehmen der Kräfte verzögerte.

Nach einer Bewegung zu Fuß am 6. und 7. October empfand der Hr. Leibarzt im rechten Fuß und Testikel einen heftigen Schmerz und Schwäche, daß Er die Treppe nicht allein steigen konnte, befand sich aber nach einer ruhigen

126 Nacht am 9. und 10. October besser, und ließ sich fahren. Ein längerer Spaßiergang ent-kräf-

kräftete denselben abermals. Der wiederkom=
mende Schmerz im rechten Fuß und Testikel
gab Anlaß, wieder zwölf Blutigel am 13. O=
ctober anzulegen.

Niemals aber störten erwähnte Schmerzen
des Nachts den Schlaf, sondern sie verloren
sich gleich im Bette.

Von Flatulenz erneuerte sich jener Schmerz, p. 127.
und verschwand mit jener, wurde aber beym
Schreiben vermehrt, und verlor sich bald beym
Fahren.

Woraus zu schliessen, daß dieser Schmerz
blos vom gehemmten Creißlauf des Bluts im
Unterleibe entstanden, und blos ein Zufall von
Hämorrhoidal Beschwerden.

Warme Bäder von Eisenkugeln und vene= 129
discher Seiffe, thaten gute Wirkung.

Eine kleine Reise nach Charlottenburg ent=
kräftete den Hn. Leibarzt ungemein, aber ein
Bad hob die Schwäche bald wieder.

Hierauf reisete der Hr. Leibarzt nach Potsdam,
und sprach daselbst den König von Preussen.

Am 8. November reisete der Hr. Leibarzt wie=
der von Berlin weg, bey vollkomner Gesundheit.
In Hannover empfand derselbe keine Beschwer=
de, auser daß zuweilen von Flatulenz und Lei=
besverstopfung, sich zuweilen im rechten Testikel 136
und Schenkel der vorige Schmerz wieder einfand.

Hr. M. antwortet noch auf einige ausge= 137
streute Verläumbungen, und widerlegt, daß der
Hr. Leibarzt weder an der Auszehrung noch

D 5   Schwind=

Schwindsücht in Berlin krank gewesen, eben so
wenig jetzt krumm und gebückt gehe, auch eben
so wenig der rechte Testikel scirrhös, als wenig
gegründet die Verläumdung, daß der Hr. Leibarzt nicht geheilt nach Hannover zurück gereiset,
imgleichen eben so ungegründet, daß derselbe
vom Wundliegen und am Brande gestorben.

P. 139

Auch hat sich der Hr. Leibarzt nicht einge-
bildet am Herzchonder krank zu seyn, sondern wirklich viel gelitten.

140   Zuletzt erklärt sich Hr. M. noch wider die
kalte Bäder, und schränkt den Gebrauch der
Aetzmittel in der Chirurgie ein.

144   Noch fügt Rec. hinzu, daß der Hr. Leibarzt
bis auf diesen Tag von dem hier beschriebnen
Bruch völlig befreiet ist, und dessen Wieder-
kunft ganz ungegründet, auch nicht wieder zu
befürchten ist, wie einige, um Hn. Meckel zu
verläumden, vorgegeben haben. Aber zuweilen
wohl hat der Hr. Leibarzt einige Beschwerden
der Hypochondrie und Hämorrhoiden erlitten.

Von dem angezeigten Buche ist eine deutsche
Uebersetzung, unter folgender Aufschrift vorhan-
den: Beschreibung der Krankheit des Hn. Leib-
arzt Zimmermann, und der dabey glücklich
angewendten Operation und Cur, vom Herrn
Professor Meckel, aus dem lateinischen, von
E. G. Baldinger. Berlin und Stettin, bey
Friedrich Nicolai 1772. 8. 208. S.

B.

V.

V.

Academische Schriften.

E. G. Baldinger Progr. Controuersia de se-
de pleuritidis. Ien. 1770. 2 Bogen in 4.

Der Streit von dem Sitze der Pleuritis besteht
darin, ob er in dem Brustfelle selbst oder in den
Lungen sey. Der Hr. V. führt die Schriftsteller
von beyden Seiten auf, erwägt ihre Gründe und
sucht den Streit beyzulegen. Hippocrates machte schon einen Unterschied zwischen Peripneumonia und Pleuritis und suchte den Sitz der letztern
Krankheit nicht in dem Brustfell, sondern in den
Muskeln, die zwischen den Rippen liegen und
deren Gefäßen. Celsus bestimmt nichts gewisses
von dem Sitze der Pleuritis. Aretaeus, Galenus,
Coelius Aurelianus, Paul. Aegineta, Alexander Trallianus, Aetius, Scribonius Largus und
mehrere andre Alte, wie auch Auicenna gaben die
pleuram als den Sitz der pleuritis an. Von den
neuern Schriftstellern und deren Streit über diese
Sache verspricht der Hr. V. nächstens zu reden.

Diss.

Diff. inaug. de doloribus poſt partum, et
agendi modo remediorum, eos aut le-
nientium, aut excitantium, Praeſ. *E.G.*
Baldinger, auct. *Io. Hertel*, Ien. 1770.
4 Bogen in 4.

Eine allgemeine Betrachtung der Wehen wird
vorausgeſchickt.   Der Hr. V. beſtreitet die Le-
vretſche und Roedererſche Theorie, daß durch
den Druck des Muttergrundes der Hals derſelben paralytiſch gemacht und auf dieſe Art
dem Kinde ein freyer Ausgang verſtattet würde.
Den Gründen des H. v. Hallers, womit er die
Unrichtigkeit dieſer Theorie ſchon gezeigt hat,
fügt er noch einige bey.   Die Nachwehen haben entweder ihren Sitz in der Mutter ſelbſt,
oder in andern Theilen des Unterleibes.   Von
beyden werden die Urſachen gehörig angegeben.
Zuweilen fehlen die wahren Nachwehen ganz,
beſonders bey denen, die zum erſten male nie-
derkommen, welches aber ſeine Ausnahmen leidet: denn die Stärke der Mutter, welche bey
Erſtgebährenden die Nachwehen verhindert,
wird bey ſolchen ſehr oft durch eine zu groſſe
Empfindlichkeit, durch Furcht und Traurigkeit
geſchwächt.   Zu Umſchlägen geſellen ſich leichter Nachwehen, als zu natürlichen Geburthen,
weil dort die Urſachen, die ſolche hervorbringen, weit öfter eintreten.   Die Nachwehen haben ihren guten Nutzen, wenn ſie nicht bloß
sympto-

symptomatisch sind, wenn sie nicht zu stark und heftig sind, und wenn sie nicht zu lange anhalten. Sie reinigen die Mutter von fremden Dingen, befördern die Absonderung der Milch und setzen die Mutter in ihren vorigen Zustand.

Zur Linderung der Nachwehen gehören das Binden des Unterleibes, die Reinigung der Mutter von der Nachgeburth, geronnenen Geblüth u. f. w., Windtreibende und stärkende Arzneyen, Krampfstillende Mittel, Stahls oder Bechers balsamische Pillen, ein ruhiges Verhalten und gehörige Diät. Erregt werden sie durch stärkende, hitzige, reißende Mittel, durch kaltes Wasser und Anlegung der Binden.

VI.

Kurzgefaßte Nachrichten von neuen medicin. Schriften.

S. T. Tissot — *Epistolae medico-practicae auctae et emendatae.* Denuo edidit Ern. Godofr. Baldinger, Ph. et Med. Doct. Med. theor. et Bot. Phyf. O. in Acad. Ienenfi. Ienae et Lipfiae fumtib. Chrift. Frid. Gollner 1771. 264 Seiten in 8.

Durch diese deutsche Auflage ist die Sammlung der Tissotschen Briefe wohlfeiler geworden, wozu

wozu der engere Druck den Verleger in Stand
gesetzt hat. In der Zuschrift vertheidigt sich
der Hr. Prof. Baldinger wider die Vorwürfe die ihm Hr. Tissot wegen des Nachdrucks
seiner Schriften gemacht hat.

S. A. D. Tissot societ. Reg. Lond. A-
cad. medic. phyſ. Baſil. et ſociet. oecon.
Bern. soc. *Epistolae medico-practicae,
auctae et emendatae.* Lauſannae apud
Franc. Graſſot et ſoc. 1770. 552 Seiten
in 8.

Verschiedene der hier unter dem Namen der
Briefe gesammleten lehrreichen Abhandlungen
haben wir schon einzeln angezeigt. In dieser
neuen Ausgabe ist der Ausdruck verschiedentlich
ausgebessert worden, und manche neue Beobachtungen sind hinzugekommen. Insonderheit
gilt dies von dem Briefe an den Hrn. Leibmedicus Zimmermann von der schweren Krankheit. Auf diesen folgt der Brief an den Hrn.
v. Haller, von den Pocken, dem Schlag und
der Wassersucht mit dem Anhang von der Bley-
colik. Darauf der Brief an den Grafen Ron-
calli von der Einpfropfung der Pocken, und
zuletzt der Hrn. Backer zugeschriebene Auffatz
von der schädlichen Wirkung des Mutterkorns
aus dem 55sten Band der Philosophischen
Trans-

Transactionen. Hr. Tissot hat sich in dem
letztern auf fremde Zeugnisse verlassen, und in
so ferne die Kriebelkrankheit von den Kennzeichen hergeleitet. Er handelt bey der Gelegenheit auch die andern Fehler des Getraides, wodurch die Gesundheit leiden kan, ab, nehmlich
den Rost und den Brand.

VII.

Medicinische Neuigkeiten.

Göttingen. In der am 9ten Nov.
1771. gehaltenen Versammlung der Kön. Soc.
der Wiss. ist folgende physische Preißfrage auf
das Jahr 1772 bekannt gemacht worden:
Quaenam est vaporum letiferorum in ca-
vernis nonnullis prope acidulas natura?
num subducta aeri elastica vi respirationem
intercludunt? an illi acidam naturam habent et vesiculis pulmonalibus contractis
mortem inferunt? an ad cerebrum tendunt
et facultates animales subito supprimunt?
Was ist die eigentliche Natur der töd-
tenden Dünste in verschiedenen Grüf-
ten um natürliche Sauerwasser? Brechen sie der Luft ihre Schellkraft?
Sind sie sauer und ziehen sie die Luft-
röhr-

röhrgen zusammen, oder würken sie auf das Gehirn? Der für diese Frage ausgesetzte Preiß besteht in einer güldenen Schaumünze von funfzig Ducaten, und wird am Einweihungsfeste der Societät, im November 1772. ertheilt werden. Die Aufsätze aber müssen aufs späteste vor dem Anfange des Octobers gedachten Jahres eingelaufen seyn, wenn sie zugelassen werden sollen.

Haarlem. Die Holländische Gesellschafft der Wiss. hieselbst hat in ihrer Versammlung am 21. May 1772. die Frage von den Krankheiten der Einwohner Hollands, an denen die natürliche Beschaffenheit des Landes schuld ist, nicht hinlänglich beantwortet befunden, und die Frage noch einmal auf und bis Ablauf des Jahres 1774. aufgegeben.

Bromfild. Der geschickte Apotheker Alexander Blakrie, der sich unlängst durch ein nützliches Werk über die Steinschmelzenden Mittel bekannt gemacht, ist am 29 May 1772 alhier verstorben.

Erstes Register

der im achten Bande recensirten Schriften.

Erstes Register.

Zweytes Register

derer im achten Band enthaltenen vornehmsten Materien.

Butter

Zweytes Register.

Harlem,

Zweytes Register.

Phascum

Schleim-

Zweytes Register.

Wie-

Zweytes Register.

www.ingramcontent.com/pod-product-compliance
Lightning Source LLC
Chambersburg PA
CBHW020858210326
41598CB00018B/1706